鉤針從入門到上手
只要這一本

瀨端靖子

CONTENTS

基本篇

1 有關線與鉤針

線的材質………8

線的粗細………8

鉤針種類………9

蕾絲針與線的粗細參考標準………9

鉤針・大鉤針的粗細參考標準………9

2 針的拿法與掛線法

線頭拉出法・針的拿法・掛線法………10

3 首先，先從「起針」試試看

鎖針的起針………11

平針的起針挑法………12

輪狀起針………14

在塑膠環上鉤織………18

Column 針目的高度與立針………19

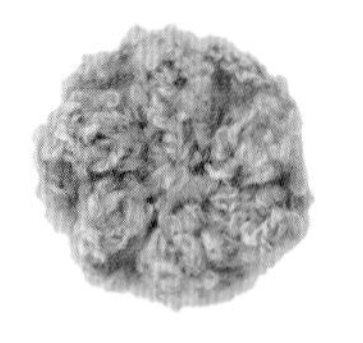

4 學會基本鉤法

短針………20

中長針………22

長針………24

5 嘗試基本鉤法

平編………26

Column 何謂「分開鉤入」、「整束鉤入」「目間挑法」?………28

從中心開始鉤織………29

Column 依加針位置不同，鉤織出的形狀也會不同………31

橢圓形編………32

Column 中途線不夠怎麼辦？／有關針眼密度………33

立體編………34

杯墊與墊子的鉤法………36

套疊式小物置放籃的鉤法………37

應用篇

1 編入花樣

每1段鉤橫條紋………40

每2段鉤橫條紋………42

輪編換線的鉤法………43

縱向渡線………44

隱藏渡線………46

2 緣邊

從起針挑針………50

從起針整束挑起………50

段落針目分開挑針、挑束挑針………51

從結束處挑起………51

3 鉤織主題花樣

鉤織四角形主題花樣………52

鉤織各式主題花樣………54

Column 試著用不同線鉤織主題花樣………56

鉤織立體主題花樣………58

Column 如何改變花瓣顏色鉤出美麗花樣？／網編主題花樣結尾處的處理………62

4 邊鉤織主題花樣邊拼接

以引拔針拼接………63

換針後引拔針拼接………64

以引拔針鉤分開拼接………65

以短針拼接………66

以長針拼接花瓣尖端………67

以引拔針拼接4片主題花樣………68

Column 使用塑膠環拼接連續主題花樣的方法………70

5 綴縫法與併縫法

拼接段落與段落的「綴縫法」

鎖針引拔綴縫………71

引拔綴縫………72

鎖針短針綴縫………73

Column 使用綴縫針的縫合法………73

拼接針目與針目的「併縫法」

鎖針引拔併縫………74

引拔併縫………74

卷縫併縫………75

6 完成主題花樣後拼接

以鎖針、短針拼接………76

以鎖針、長針拼接①………76

以鎖針、長針拼接②………77

以鎖針、引拔針拼接………78

以引拔針拼接4片主題花樣………78

以卷縫拼接4片主題花樣………79

Column 線頭的處理………80

7 鉤入串珠

將線穿入串珠的方法………81

鉤入串珠法………81

串珠鑲邊，更顯時尚………83

8 鉤織扣眼、扣環

短針扣眼………84

短針扣環………84

引拔針扣環………85

9 製作線繩、線球、穗、流蘇

蝦編線繩………86

引拔針線繩………87

線球………87

穗………88

流蘇………88

10 完成美麗作品的秘訣

洗滌法………89

熨燙法………89

筆袋的鉤法………90

小飾巾的鉤法………91

髮圈的鉤法………92

髮飾品的鉤法………93

事典篇

鎖針………96

引拔針………96

短針………97

中長針………98

長針………99

長長針………100

三卷長針………101

四卷長針………102

逆短針………103

彎曲短針………104

扭轉短針………105

短針畝編………106

短針筋編………106

中長針筋編………107

長針筋編………107

Column 未完成的針目………108

中長針3針的玉編………109

變形中長針3針的玉編………109

長針3針的玉編………110

長針5針的玉編………111

長長針5針的玉編………112

中長針5針的爆米花編………113

長針5針的爆米花編………114

從背面鉤長針5針的爆米花編………114

長長針6針的爆米花編………115
中長針交叉編………116
長針交叉編………117
長長針交叉編………118
變形長針交叉編（右上）………119
變形長針交叉編（左上）………120
Column 成品是否整齊漂亮的關鍵在於針腳長度／交叉針與引針要保持平衡………121
長針十字編………122
長長針十字編………123
Y字編………124
逆Y字編………125
鉤入短針2針………126
鉤入短針3針………127
鉤入中長針2針………128
鉤入中長針3針………128
鉤入長針2針………129
鉤入長針3針………129
2針短針鉤成一針………130
3針短針鉤成一針………131
Column 各種鉤入形式………132
2針中長針鉤成一針………134
3針中長針鉤成一針………134
2針長針鉤成一針………135
3針長針鉤成一針………135
表引短針………136
裡引短針………136
表引中長針………137
裡引中長針………137
表引長針………138
裡引長針………138
Column 各類鉤法的組合………139
短針環編………141
長針環編………142
Column 3個線圈的環狀圖樣………143
卷針………144
七寶針………145
鎖針3針的結粒編………146
鎖針3針的引拔結粒編………146
鎖針3針的短針結粒編………147
Column 在鎖針中鉤鎖針3針的引拔結粒編………147
Column 可愛的結粒編………148
方眼編與其變化
鏤空方眼編增加1方格………149
實心方眼編增加1方格………150
鏤空方眼編減1方格………151
實心方眼編減1方格………151
串珠鑲邊的鉤法………152
圍巾的鉤法………153
提包的鉤法………154
索引………156

基本篇

套疊式小物置放籃（鉤法與織圖p.37）

本章將協助初學者，輕鬆學習鉤針的拿法以及基本篇織法，請您按照順序練習，藉此學會基本的鉤針編織法。比較熟悉後，不妨立即動手嘗試編織作品。已經有鉤針編織經驗的人，也可以閱讀本章作為複習。

杯墊與墊子（作法與製圖p.36）

1 有關線與鉤針

鉤針編織首先必須準備線與鉤針，讓我們先來了解以下線的大致材質、種類，以及鉤針的種類吧！

線的材質

毛線

保溫性、伸縮性佳，經常用於編織秋冬用品。隨線的粗細可分為「極細」、「超極粗」等種類，還有線的組成方式、形狀特殊的線種，例如「圈紗」、「毛圈紗」、「節紗」等。

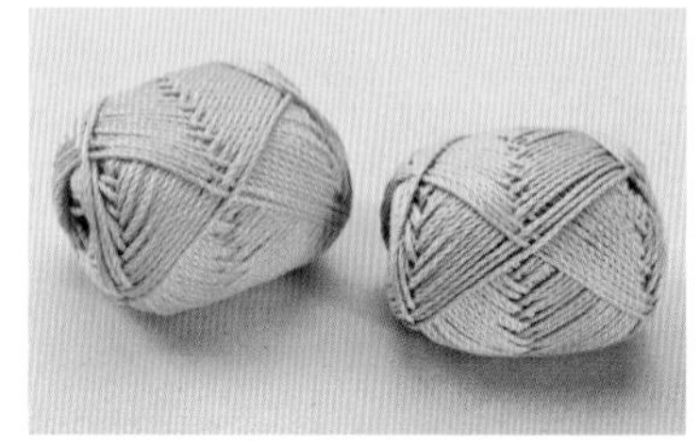

棉線

伸縮性較差，但吸濕性、吸水性佳，經常用於編織春夏用品。精選有機綿等原料的線種眾多，可廣泛用以編織小物、嬰兒用品、服裝等。

蕾絲線

蕾絲編用線，基本原料是綿。粗細以編號表示，數字越大越細。一般為有光澤的平滑白線，但原色、自然色系線種也很受歡迎。

此外，適合秋冬用的線還有毛海、喀什米爾、安哥拉、壓克力等線種，適合春夏用的則有麻線、黃麻、嫘縈、聚酯等線種。鉤針編織用線除了材質不同外，粗細與強度也各異，因此請配合用途謹慎選擇。

線的粗細

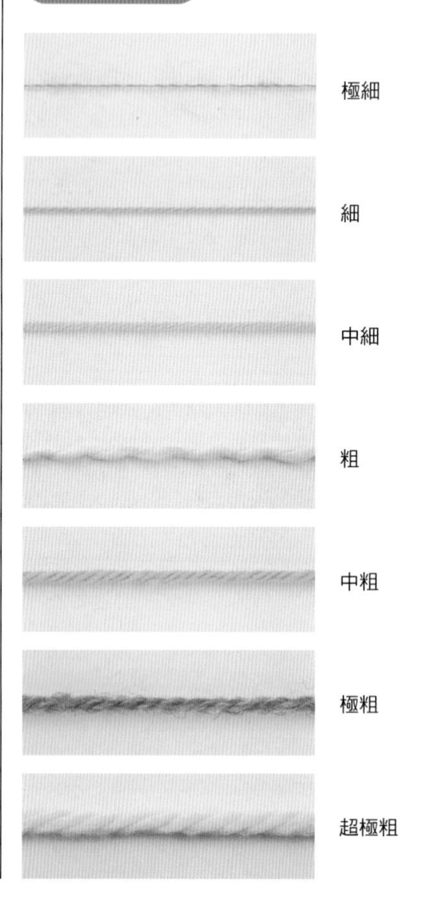

線標籤解說

綿100%	標示線的材質
20g線球(約56m)	標示1球的重量與線的長度。
4/0~5/0號	最適合此一線種的鉤針編號。
5~6號 平面編 密度 10X10 21~23針 29~31段	最適合此一線種的棒針編號，及以適合的針編織時，10平方公分的針目與段數。
手洗 30、漂白、中、乾洗、平	清洗時的注意事項（參閱p89）

此外，標籤上還會標示色號與批號（染色時的生產編號）。買線時，請務必確認這2個號碼。

鉤針種類

蕾絲針

與普通鉤針相比較細，用以編織蕾絲線。編號為0、2、4、6、8、10、12、14號8階段。數字越大針越細。

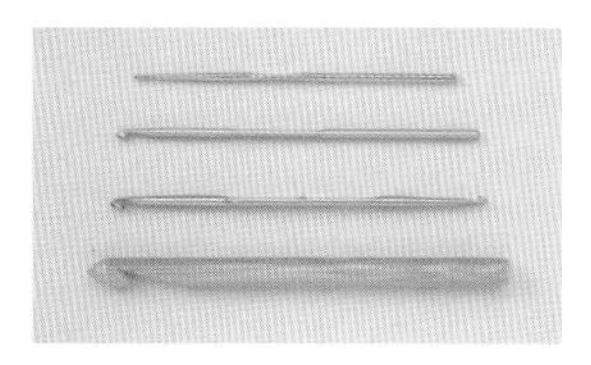

鉤針

鉤針編織用針，除了單頭針外，還有兩頭都呈鉤針狀的「雙頭鉤針」。有2/0、3/0、4/0、5/0、6/0、7/0、8/0、9/0、10/0等編號，鉤針是數字越大針越粗。

大鉤針

比鉤針更粗的針，用以編織極粗以上的粗線種。尺寸有粗7mm、粗8mm、粗10mm、粗12mm、粗15mm、粗20mm等。

縫針

是毛線用的較粗針種，特徵為針尖較圓，針孔也比一般縫衣針大。用於併縫編織片或處理線頭。長短、粗細種類多，可配合您使用的線粗細做選擇。

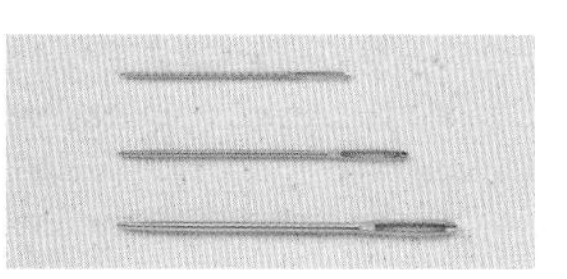

蕾絲針與線的粗細參考標準

實物大	編號	蕾絲線
	14	80～100號
	12	70～80號
	10	50～80號
	8	40～60號
	6	20～30號
	4	18～30號
	2	10～20號
	0	8～18號

鉤針・大鉤針的粗細參考標準

	實物大	編號	極細	中細	中粗	極粗	極極粗	超極粗
鉤針		2/0	1～2根	1根				
		3/0						
		4/0	2根	1～2根	1根			
		5/0						
		6/0						
		7/0		2根		1根		
		7.5/0						
		8/0			2根			
		9/0						
		10/0					1根	
粗鉤針		粗7mm				1～2根		
		粗8mm						
		粗10mm					2根	
		粗12mm						1根
		粗15mm						
		粗20mm						1～2根

＊大鉤針至12mm為實物大。

2 針的拿法與掛線法

準備好針跟線後，讓我們馬上來試試看。學會正確的拿針法與掛線法，手指頭比較不容易累，可以織得比較順手。

線頭拉出法

把手指頭插進線球中央的孔內，找到線頭後拉出。如果從外側線頭開始用，編織途中線球可能會滾動而變得比較難編。

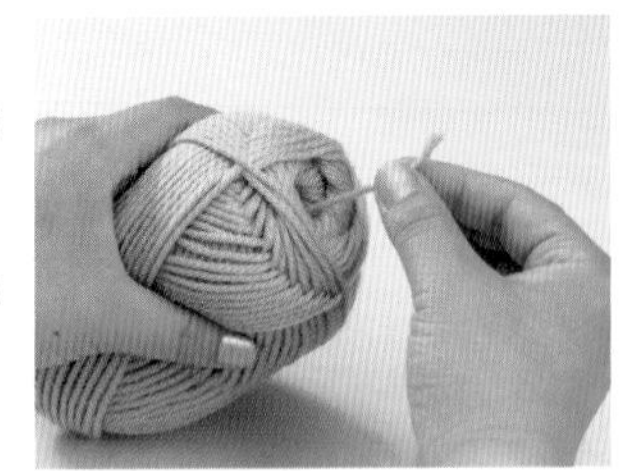

針的拿法

在針頭後方4cm左右處，以右手大拇指、食指握住，再以中指輕輕支撐。中指可以用來協助針的動作，或壓住掛在針上的線跟織片。

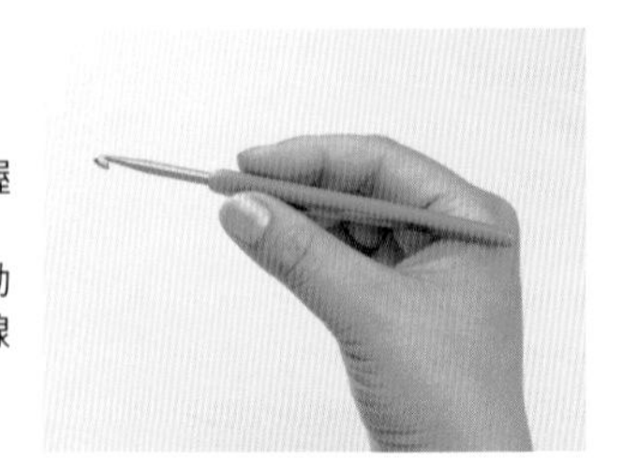

掛線法

掛線法有2種，一般使用右側照片的掛線法。下方照片的掛線法會在小指上繞一圈，是為了防止比較細或容易滑的線鬆脫，並調整線量。

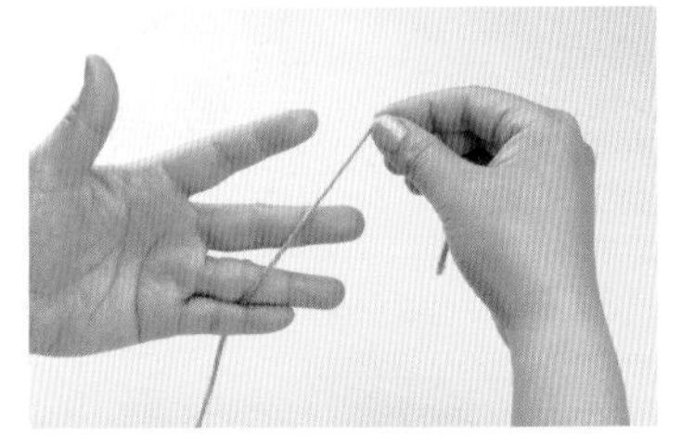

1 用右手拿起線頭，從左手小指、無名指間拉出，並把線掛在食指上。

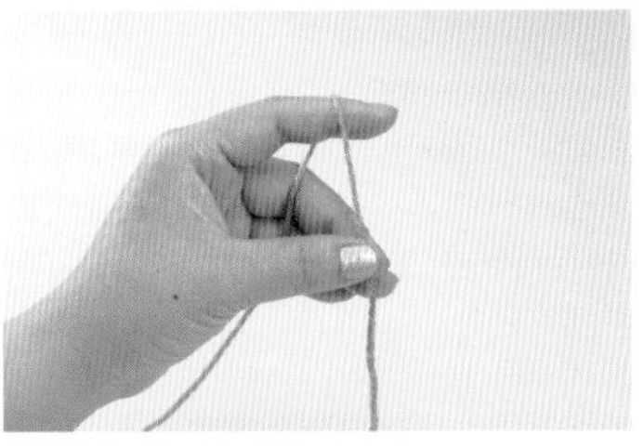

2 立起食指，把線繃緊，並以大拇指、中指握住線頭起8～10cm處。

●在小指上繞一圈的掛線法

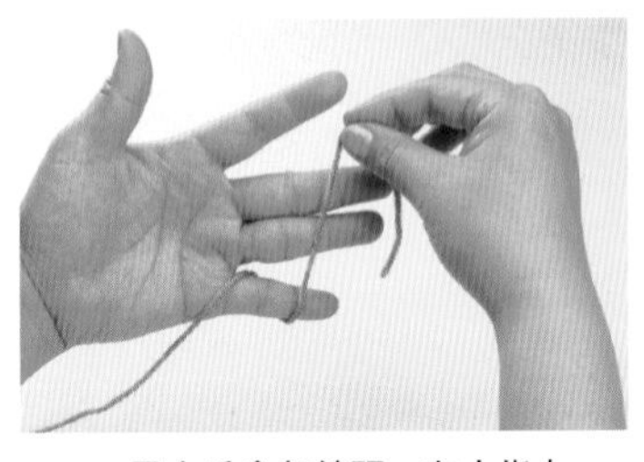

1 用右手拿起線頭，在小指上繞一圈。

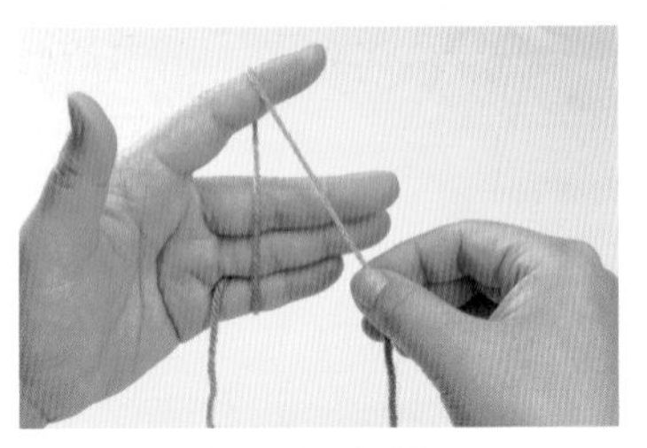

2 立起食指，把線繃緊。

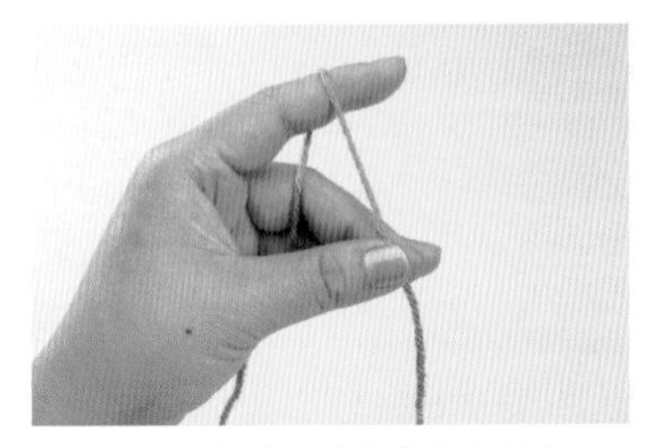

3 以大拇指、中指握住線頭起8～10cm處。

預先準備便利性工具

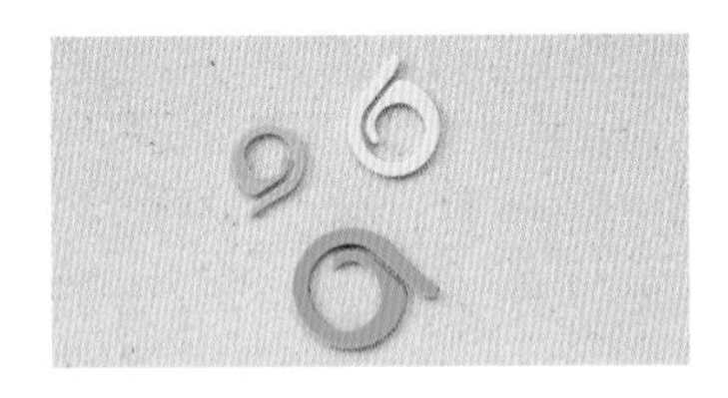

段數環

為了容易分辨已經鉤到第幾段，可以每隔幾段掛上作記號。

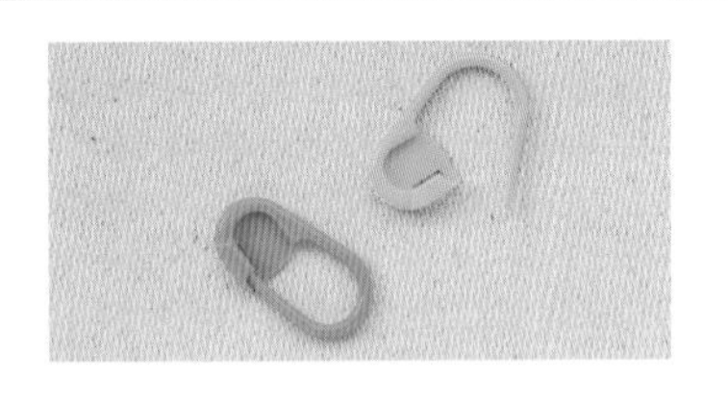

段數標記

跟段數環一樣，用來作記號。鉤衣服時段數較多，非常好用。

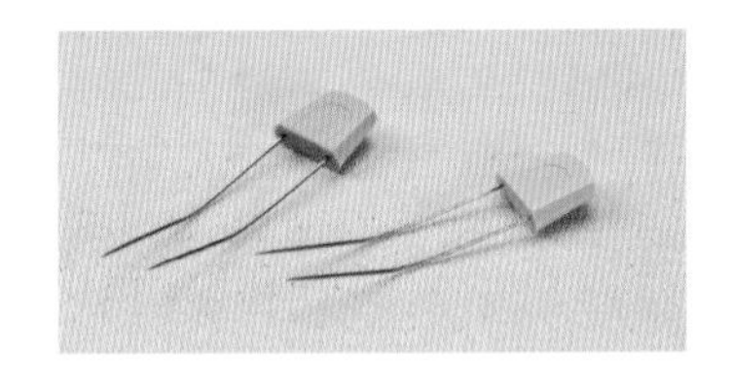

叉子針

完成的織片熨燙時，可以用來把織片固定在熨燙台上。

3 首先，先從「起針」試試看

編織作品第一段時必要的針腳名為「起針」，鉤鎖針時，有時候起針會從環狀中心開始鉤。

鎖針的起針

每段正面、背面反覆鉤的「平編（來回編）」的起針是鎖針。此外，也可能從鎖針起針開始作輪編（參閱p.17）。

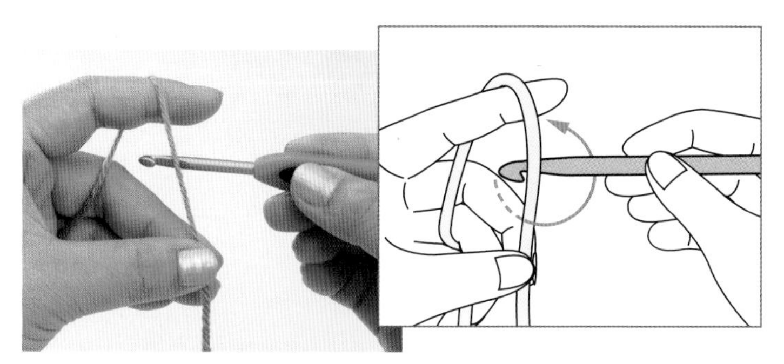

1 將針從線的對面依箭頭所示反轉。

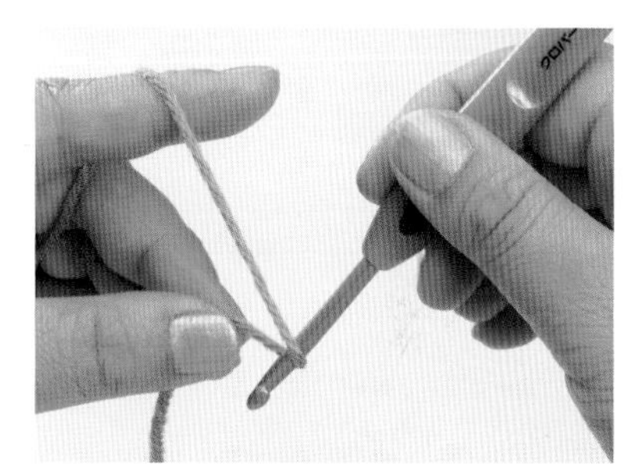

2 首先，針頭向下移動。

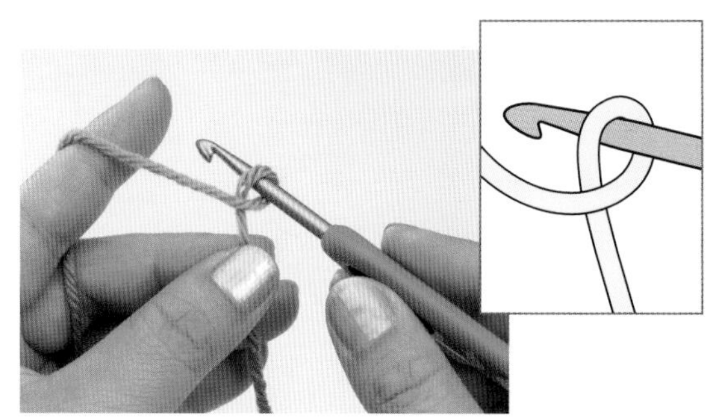

3 線會捲在針上。

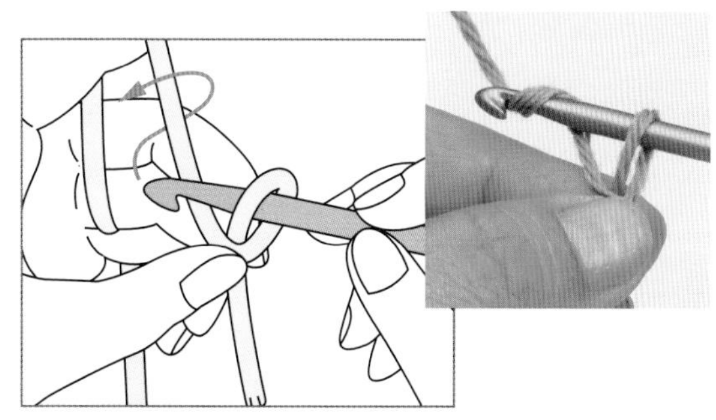

4 線的交叉處以左手大拇指、中指壓住，再依圖上箭頭所示移動針頭，將掛在食指上的線拉起，從環中拉出。

5 拉起線頭，將環拉緊。

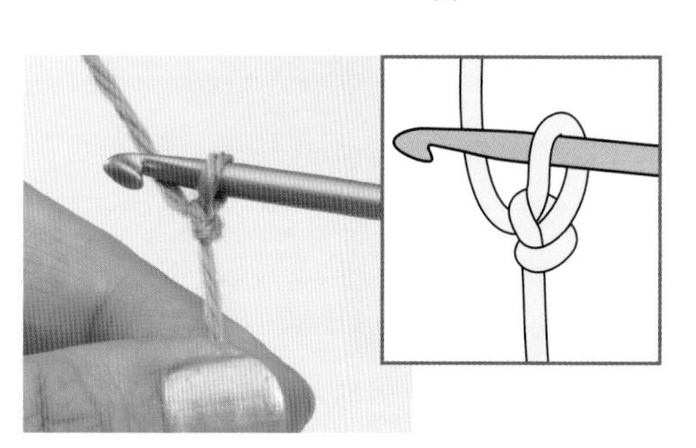

6 環已經拉緊。這針不算在起針數內，繼續將線掛在針上，從環中拉出線，鉤鎖針。

7 完成鎖針3針。

平針的起針挑法

學會編起針後，讓我們試著將針插入起針編第一段。平針的起針挑法有3種。

先觀察鎖針（鎖針的起針）的正面、背面

鎖針有正面跟背面。穿過背面正中央的1條線（插圖中顏色較深的部分）成為鎖針的「裡山」，裡山左右的線稱為「半針」。

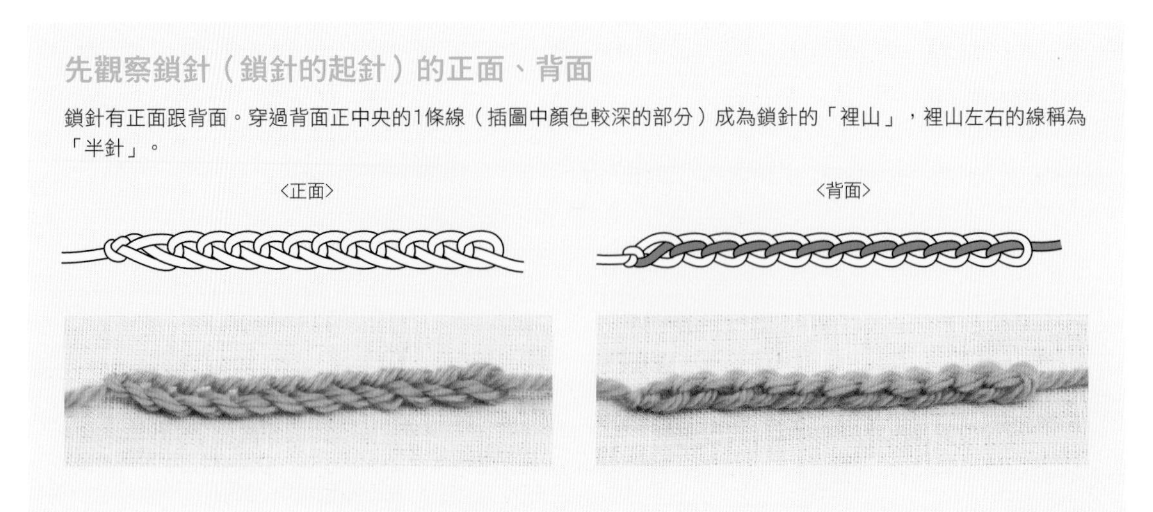

①挑鎖針裡山

邊緣整齊，所以適合不需要緣編的作品。挑鎖針裡山時，參考標準為使用大2號的鉤針來編起針（鎖針）。

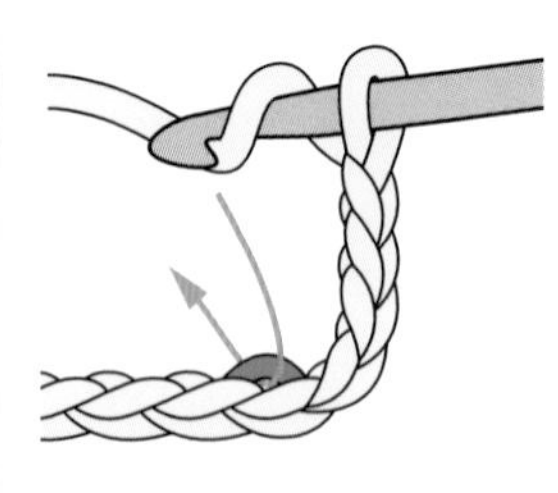

1 以鎖針鉤起針，編立起鎖針3針。將線掛在針上，如箭頭所示挑起鎖針裡山，編長針（參閱p.24）。

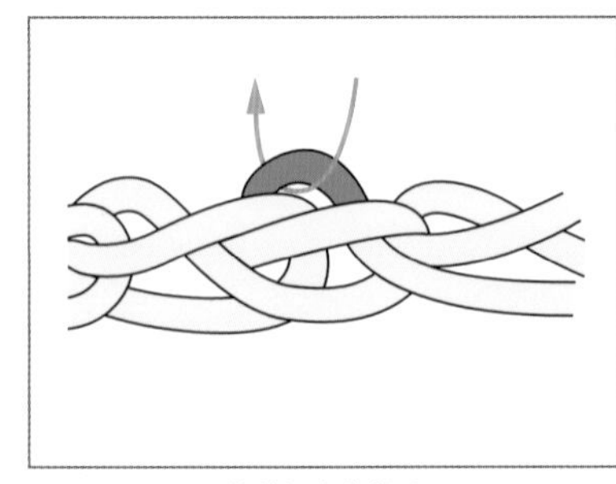

鎖針裡山的部分

2 完成1針長針（立針也算1針）。再挑起下一個鎖針的裡山，重複同樣步驟。

3 編好10針。

②挑半針鎖針

挑針位置容易辨認，但缺點是起針容易變形拉長。挑半針鎖針時，以同樣編號的鉤針來鉤起針（鎖針）。

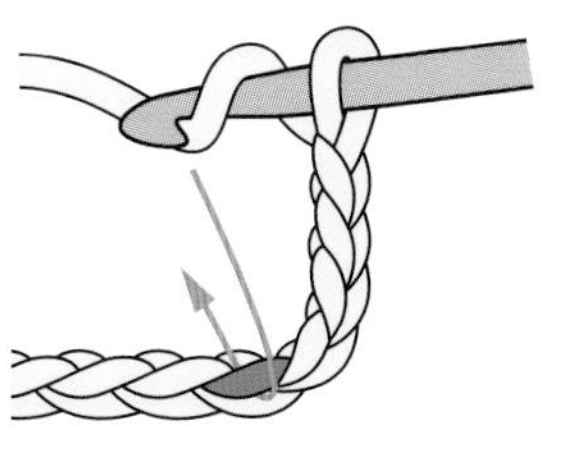

1 以鎖針鉤起針，編立起鎖針3針。將線掛在針上，依箭頭所示挑起半針鎖針，編長針。

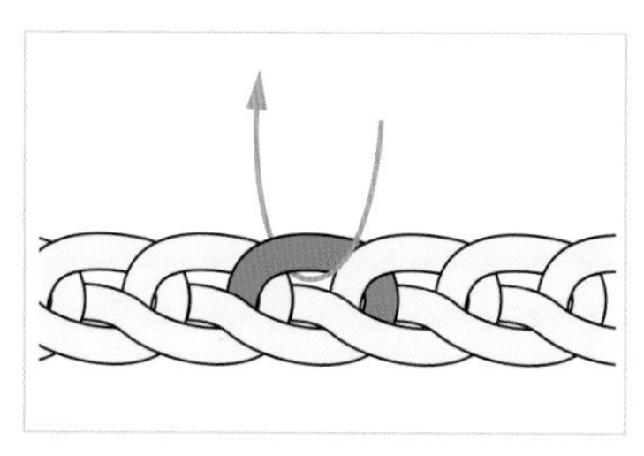

半針鎖針的部分

2 編好1針長針，再挑起下一個半針鎖針，重複同樣步驟。

3 編好10針。

③挑鎖針的裡山與半針鎖針

挑2針鎖針，因此很安定。適合跳過鎖針挑針的編織法。挑半針鎖針與裡山時，如果是較密的織片，建議以大1號的鉤針鉤起針，如果是較鬆的織片，則建議以相同編號的鉤針鉤起針。

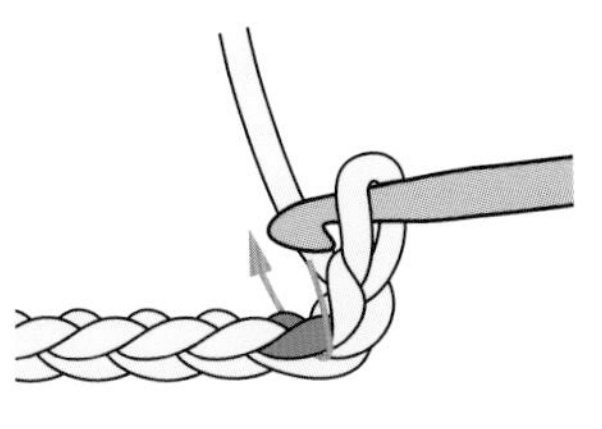

1 以鎖針鉤起針，編立起鎖針1針。依箭頭所示挑半針鎖針與裡山2條線，編短針（參閱p.20）。照片為挑起的2條線。

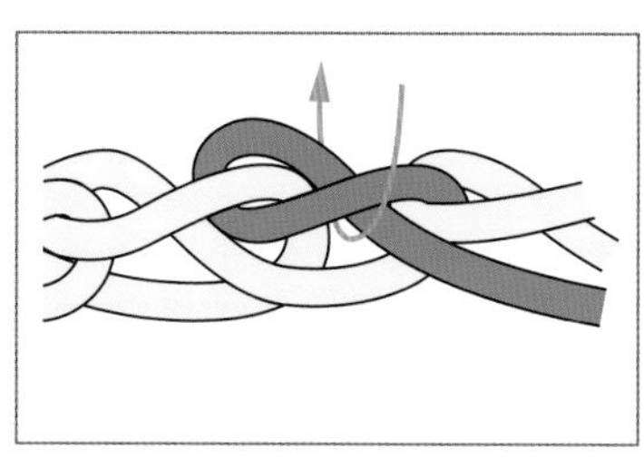

半針鎖針與裡山的部分

2 完成1針短針，編5針鎖針，跳過起針與4針鎖針，挑半針鎖針與裡山，編短針。

3 組合鎖針與短針編成的網編。

輪狀起針

鉤織主題圖案或帽子等圓形作品時，輪狀起針從中心開始編。輪狀起針有以下幾種鉤法。

①單層的輪狀起針

以線頭捲起單層圓圈，將針插進圓圈中鉤織的方法。

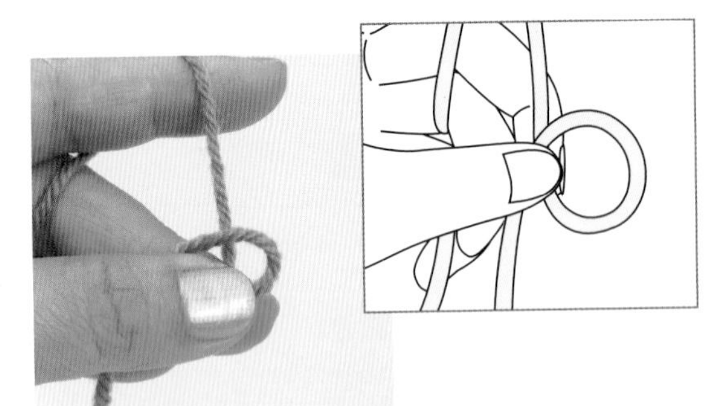

1 以線頭（留下7～8cm左右）做出環，壓住。

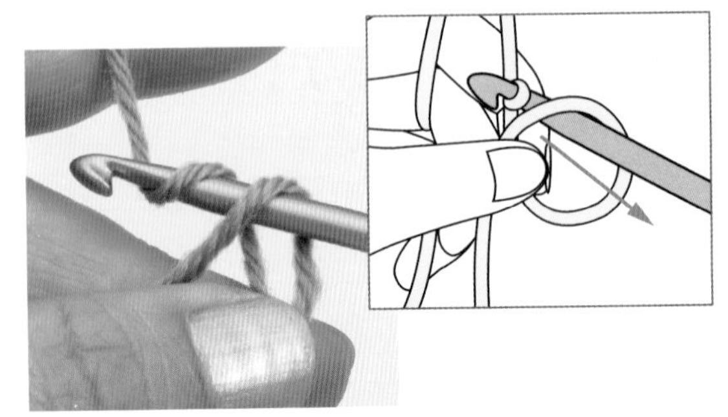

2 將線掛在針上，依箭頭所示從環中拉線。

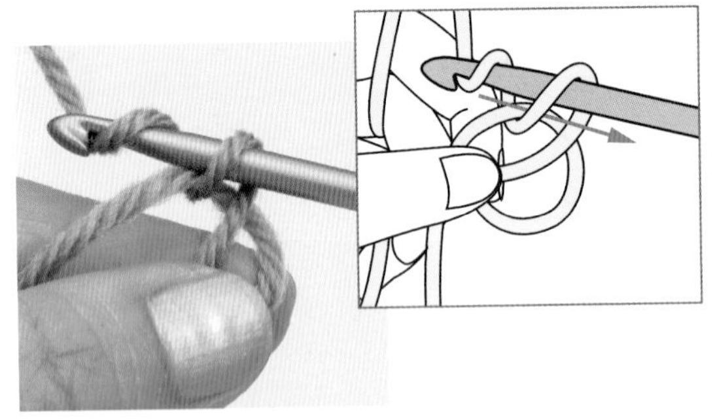

3 鉤鎖針1針，這針算1針立針。

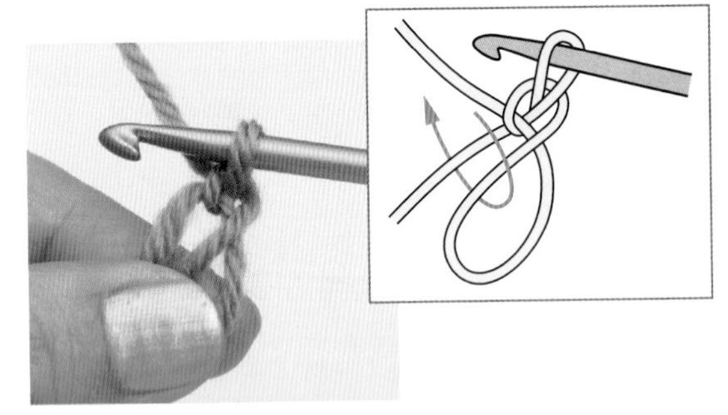

4 完成立起鎖針1針。如插圖所示挑起2條線後鉤織。

也有這種方法！

鎖針1針的起針：也有鉤1針鎖針，將針插進去鉤織的方法。

1 將線繞在針上，掛線拉出。

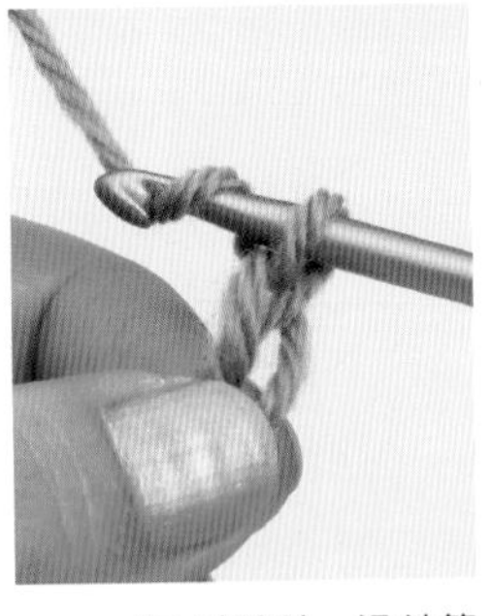

2 鉤1針鎖針。這針算1針立針。

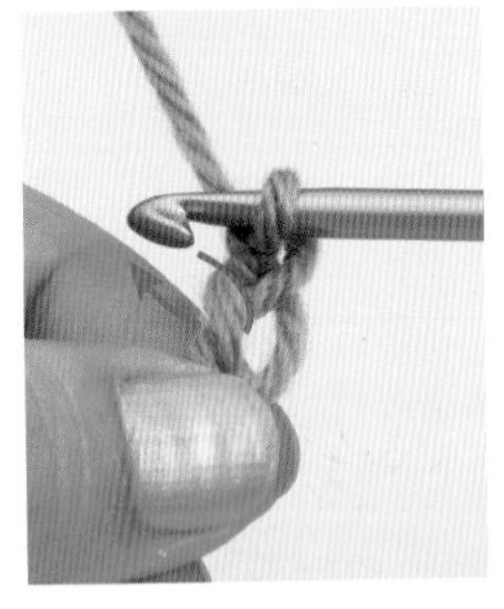

3 依箭頭所示將針插入，挑起2條線鉤短針。

4 完成1針短針。接下來也一樣挑起2條線後反覆鉤織。

②雙層的輪狀起針

將線頭在手指上繞二圈，將針插進圓圈中鉤織的方法。

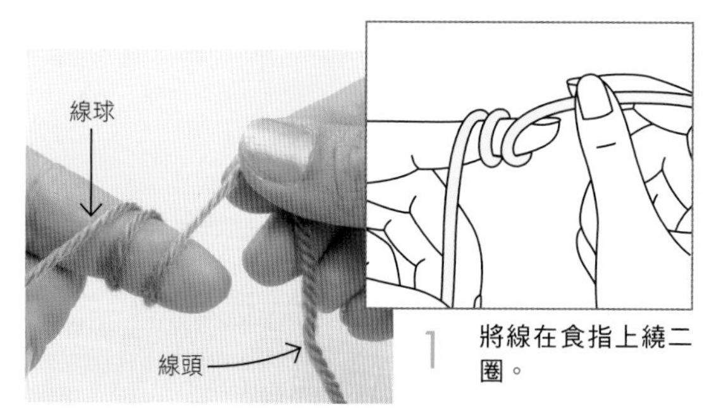

1 將線在食指上繞二圈。

2 從手指上拿下圈圈，線頭留下7～8cm左右。

3 把線球側的線掛在左手食指上，環則以大拇指、中指夾住拿好。將針插進環中，掛線拉出。

4 掛線拉出的情形。

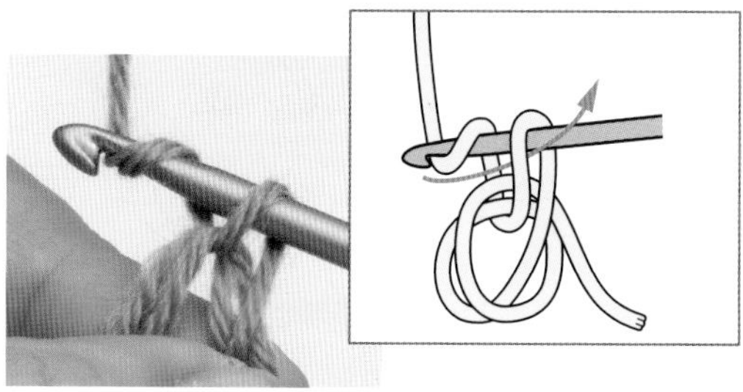

5 再一次掛線拉出。

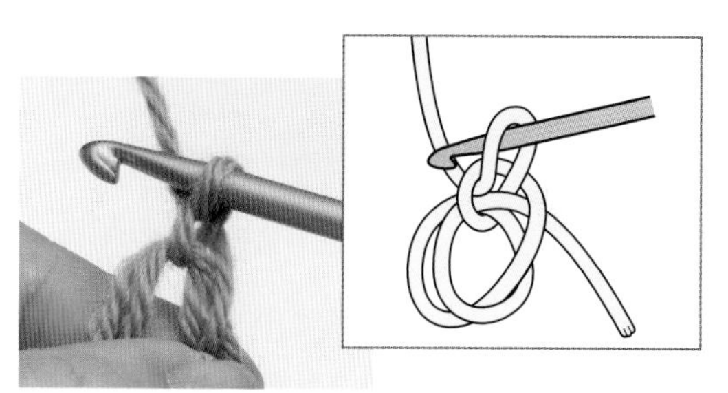

6 起針完成。這針不算1針。

從雙層的輪狀起針開始鉤織

起針完成後，就可以鉤第一段的短針。

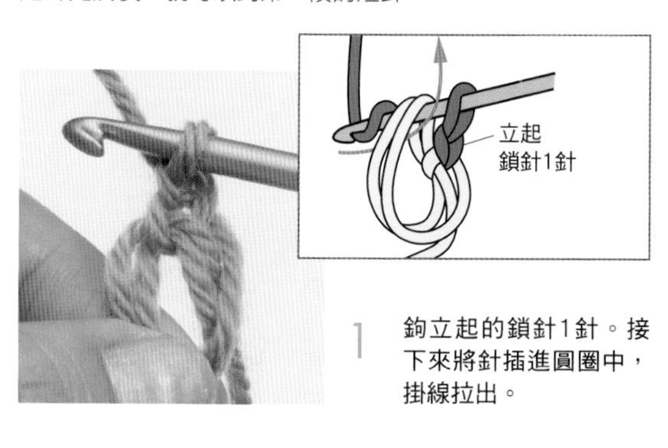

1 鉤立起的鎖針1針。接下來將針插進圓圈中，掛線拉出。

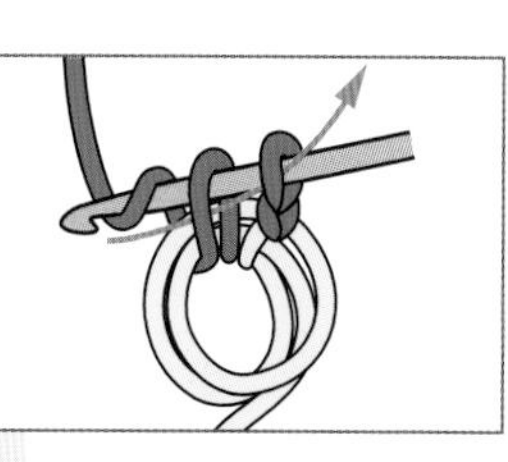

2 再一次掛線，依箭頭所指示引拔2條線。

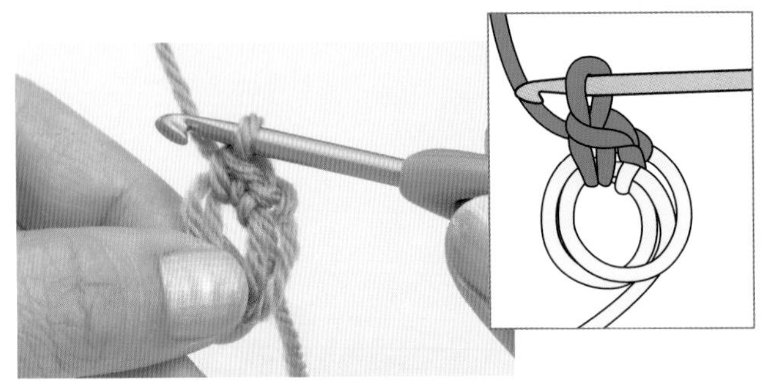

3 完成短針1針的情形。接下來以相同方式鉤5針。

4 完成短針6針的情形。在這裏拉緊起針圈。

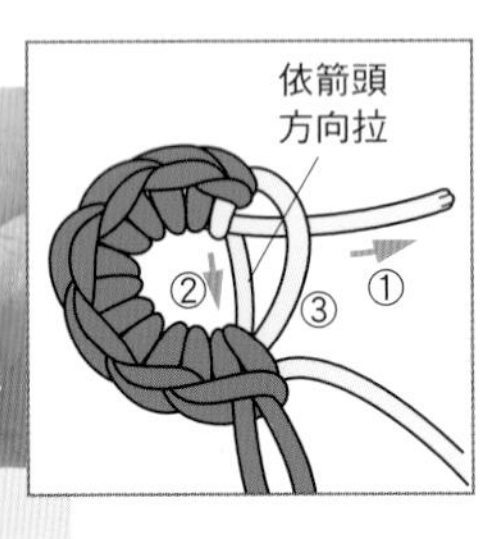

5 將線頭依箭頭方向稍微拉緊（①），從形成圓圈的2條線中找出會動的一方，依箭頭方向拉緊（②），縮小③的線。

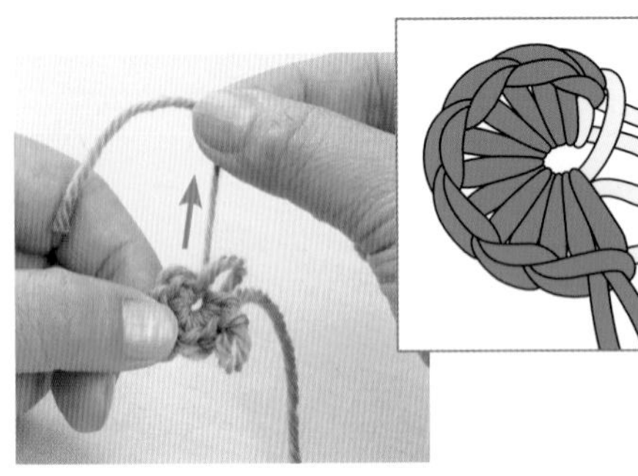

6 再次拉緊線頭，將環拉緊。

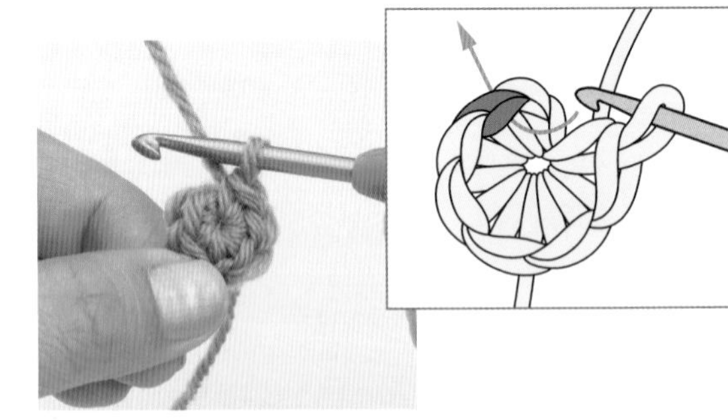

7 第一段結尾處，挑起最初短針的上方鎖狀2條線，插入針，鉤引拔針。

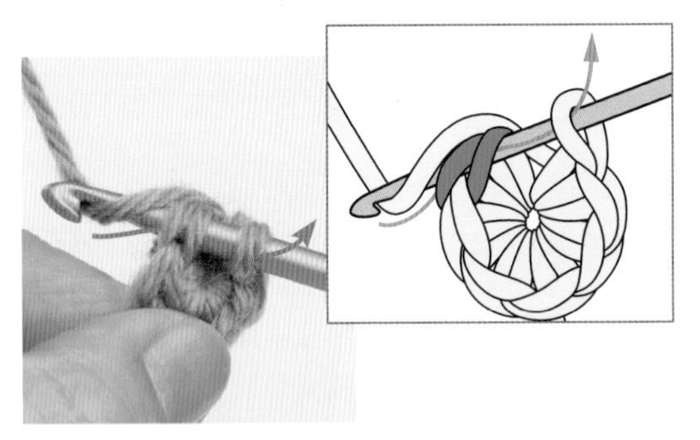

8 將線掛在針上，引拔。

9 引拔針完成。

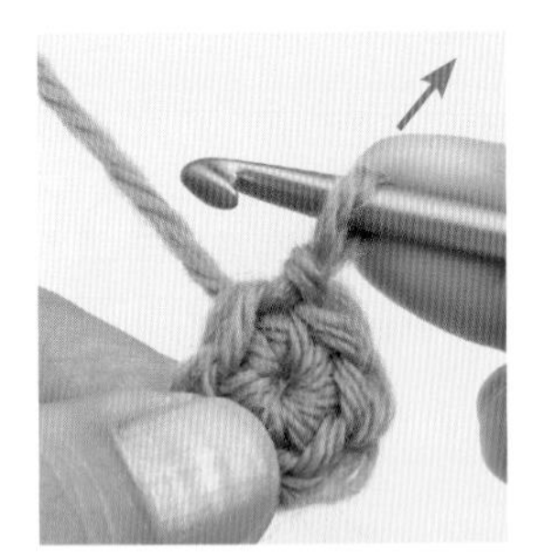

10 以右手中指壓住針上的環形，依箭頭方向拉，以縮小引拔針目。

從鎖針起針開始鉤成環

以鎖針鉤成環，再以這個環當作起針，將針插入後鉤織的方法。

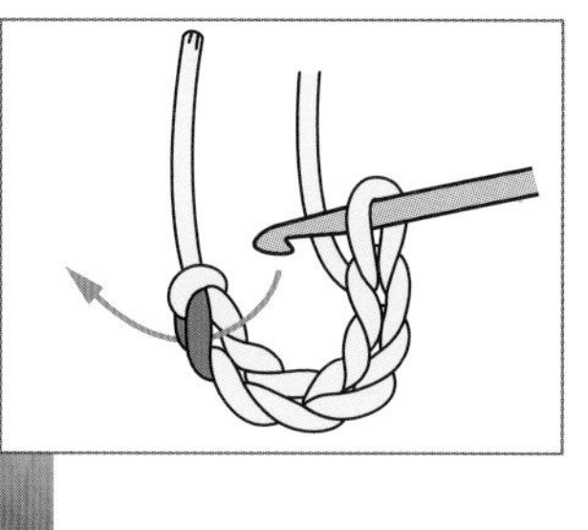

1 編織輪狀起針的6針（配合織圖編織必要的針目數）。挑第1針鎖針外側的半針鎖針與裡山2條線。

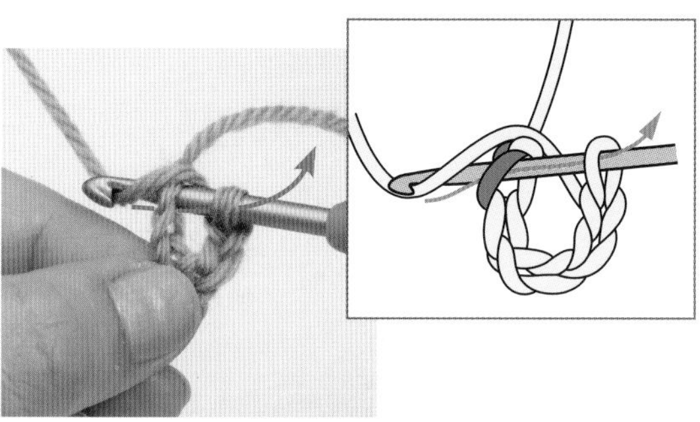

2 掛線拉出。

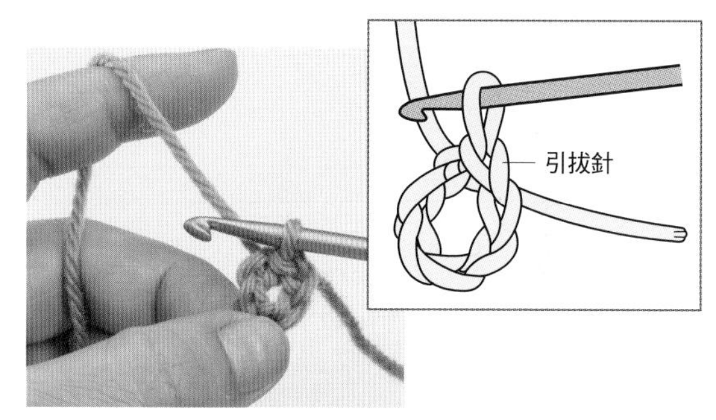

3 完成引拔。完成鎖針鉤的環。

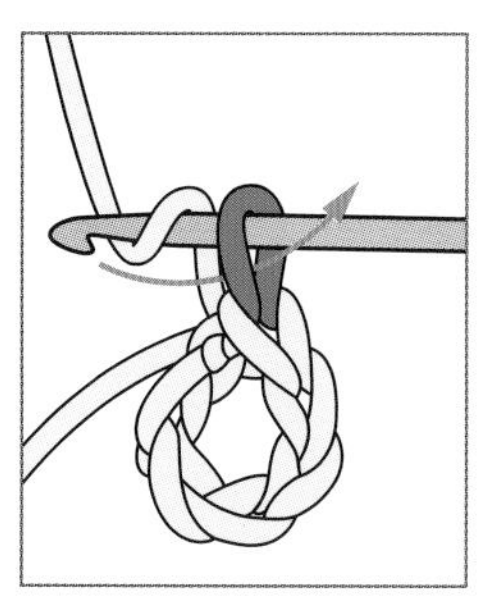

4 鉤立起鎖針1針。

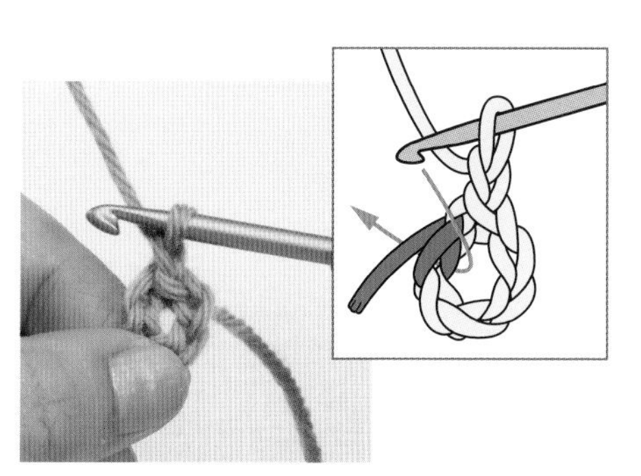

5 將針插進環中，掛線拉出。

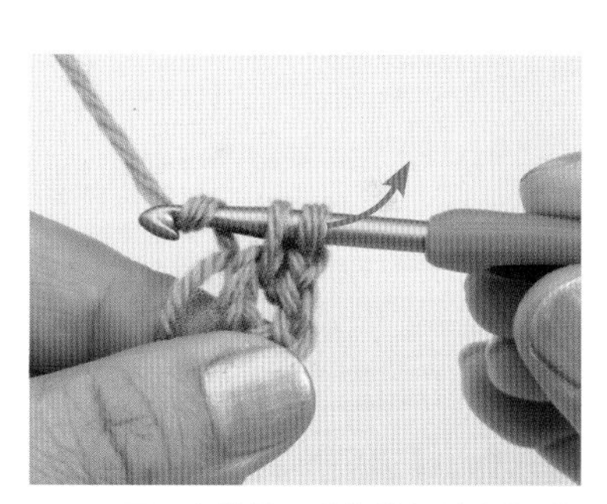

6 再一次掛線，引拔掛在針上的2條線。線頭一起鉤進去。

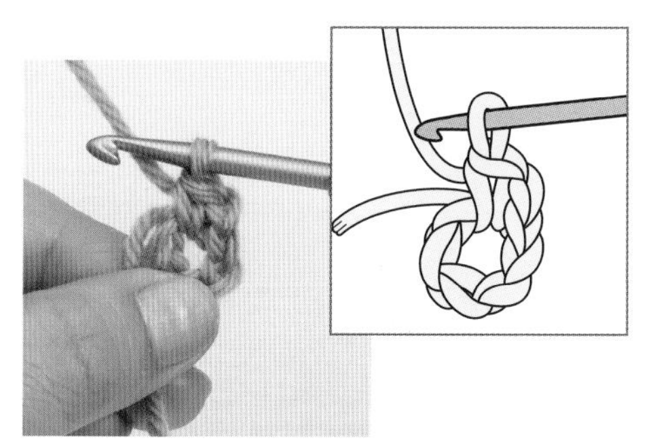

7 完成短針1針的情形。以同樣方法總共鉤12針短針。

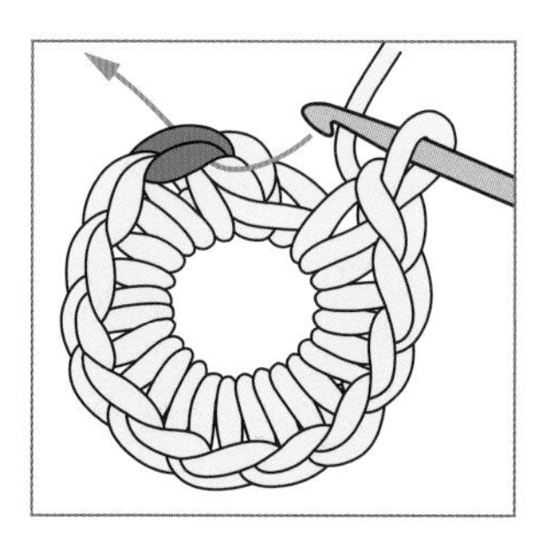

8 結尾處，挑最初短針上方鎖狀的2條線，掛線引拔。

9 第1段完成。

在塑膠環上鉤織

以輪狀起針開始鉤織時，手藝用塑膠環相當方便，可以取代以線捲成圓圈。鉤織連續主題圖案（參閱p.70）時經常使用。

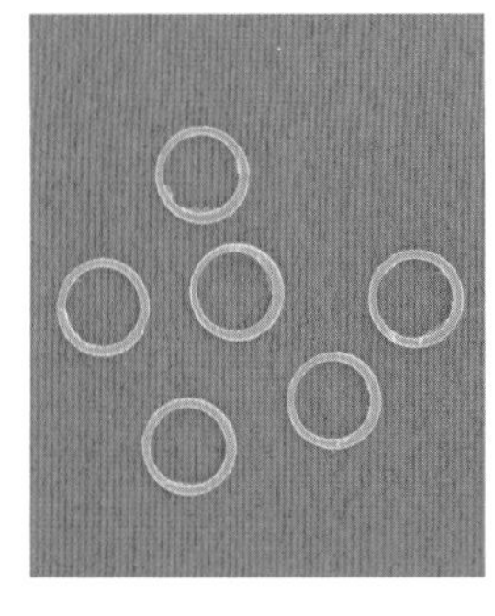

塑膠環
幾乎所有塑膠環都以聚酯樹脂製成，防水性強，可以水洗。

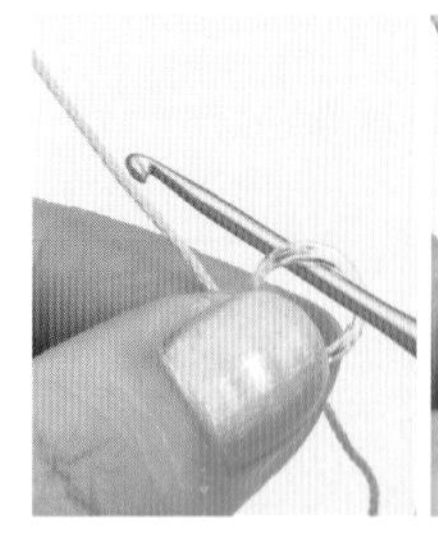
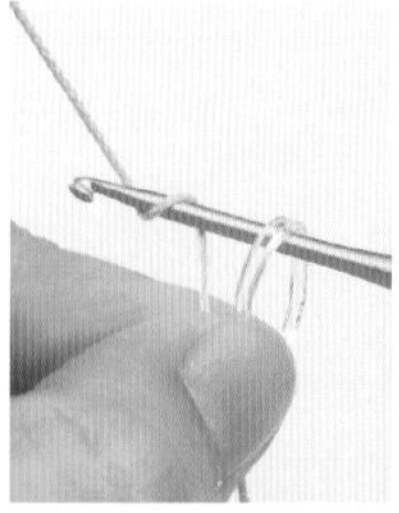
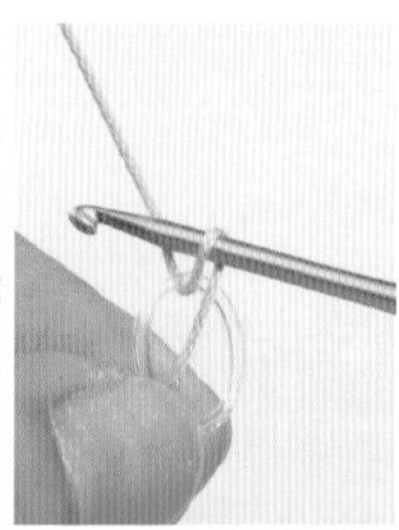

1 將針插進塑膠環中，掛線拉出。

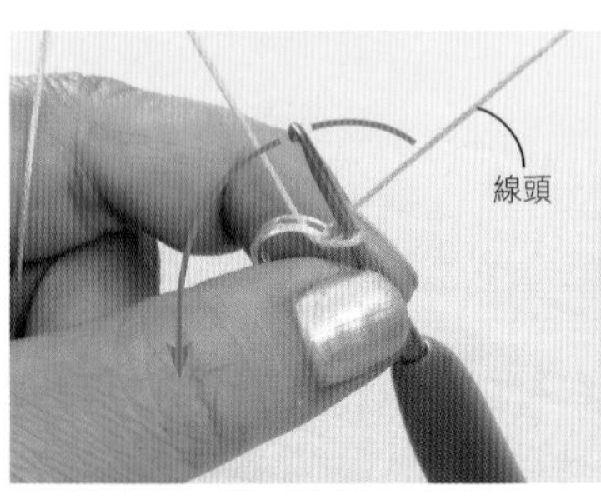

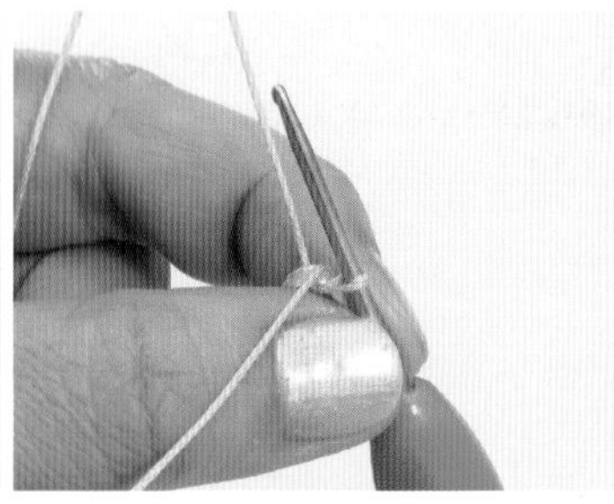
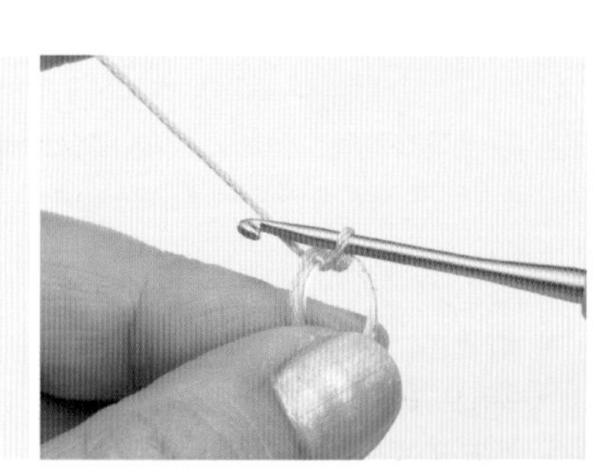

2 將線頭從右向左繞，貼緊塑膠環後拿好。接下來線頭與塑膠環鉤在一起。

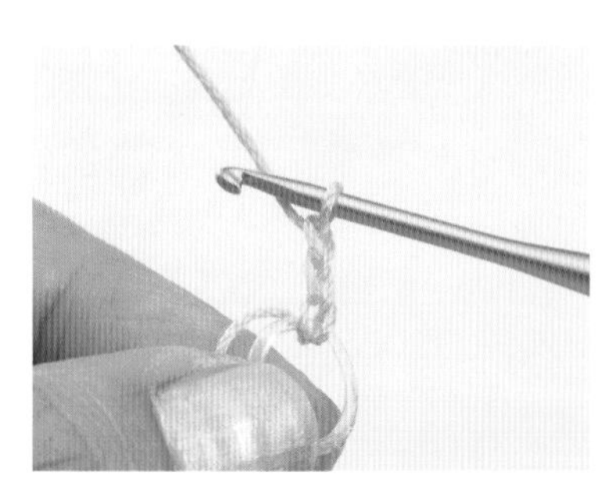

3 鉤立起鎖針3針。

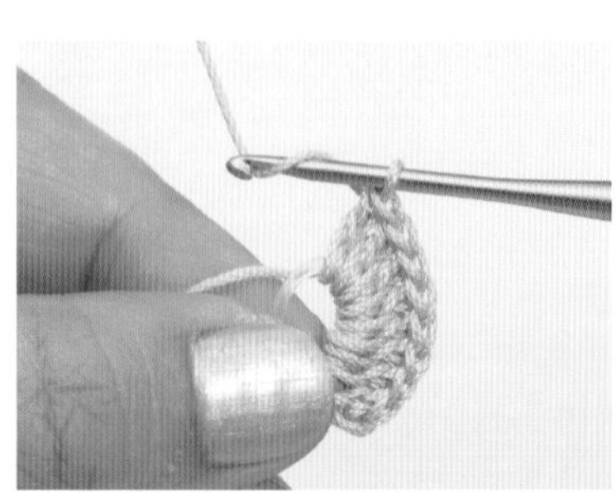

4 同時挑塑膠環與線頭後將針插入，鉤長針。照片是環鉤到一半的情形。

5 結尾處，將針插入立起鎖針最上面的針目中，鉤引拔針。

6 在塑膠環上完成1段長針的情形。

Column

針目的高度與立針

織片

織圖

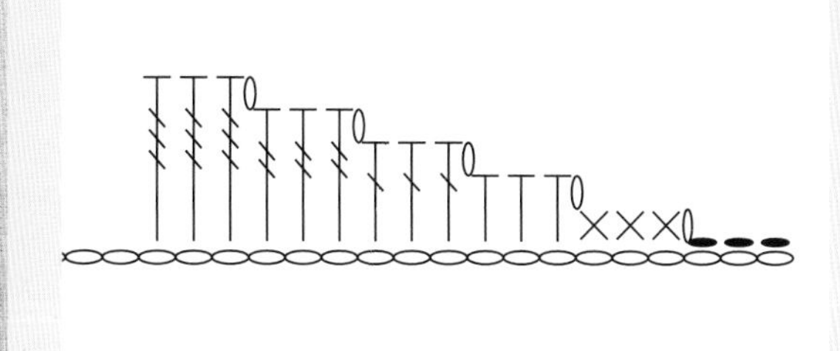

針目記號

針目記號是表示各針目狀態的記號，由JIS（日本工業規格）規定。此外，將織片以針目記號標示者稱為「針目記號圖」（織圖），織圖都是以從正面看到的狀態描繪。

針目記號

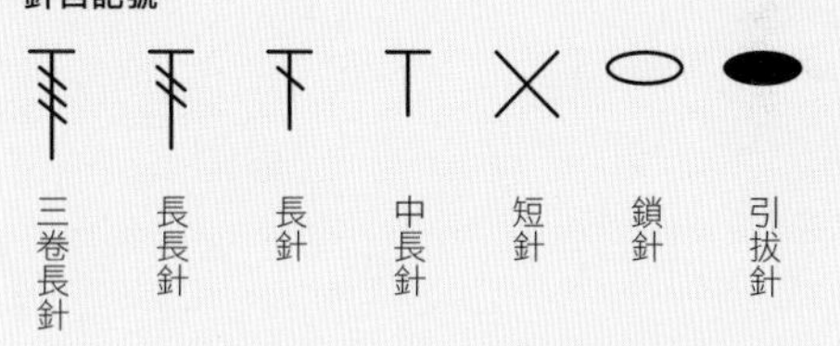

針目高度

短針、中長針等針目都有一定的高度。因此每段的起始處，必須以鎖針區分針目高度。這部分的鎖針稱為「立起鎖針」，不同針目需要的鎖針針目不同。短針以外，立起鎖針都算1針。

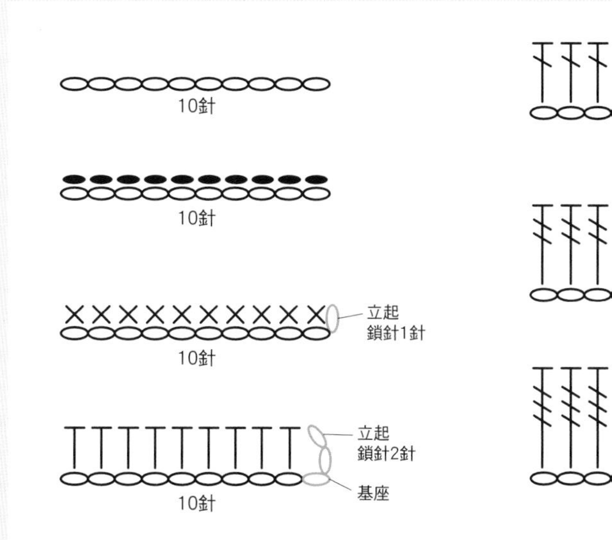

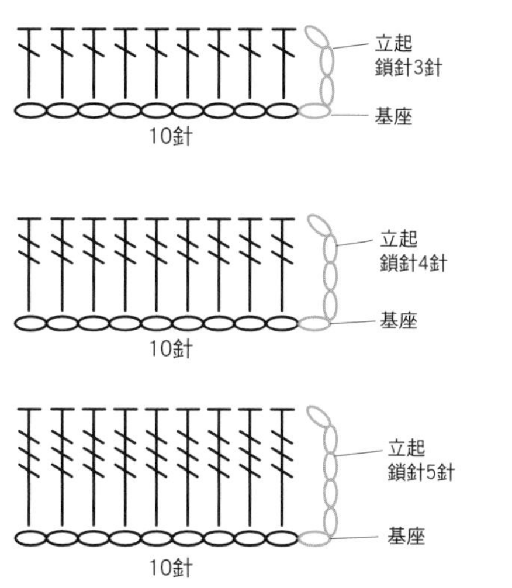

4 學會基本鉤法

如果已經會鉤起針了，接下來讓我們學習基本鉤法吧！只要能學會這裡介紹的3種鉤法，就能相互組合變化出不同作品。

短針

短針的高度為立起鎖針1針的高度。

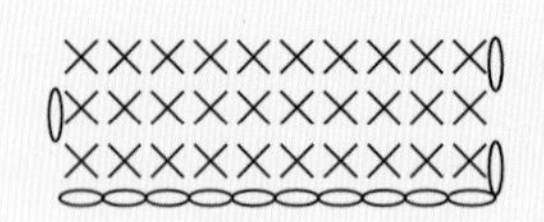

第1段

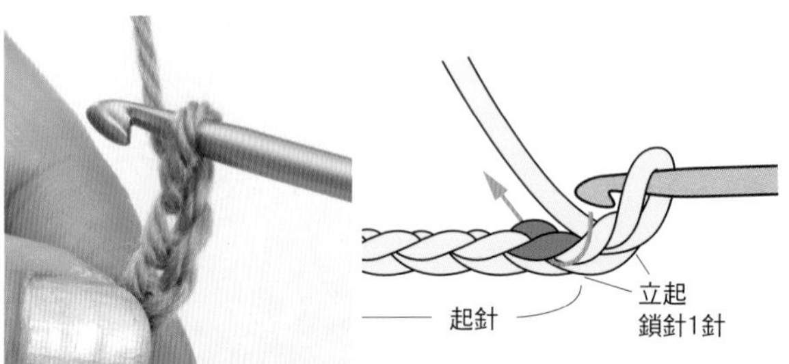

1 鉤必要的鎖針數當作起針。接下來，再鉤1針鎖針（立起鎖針），依箭頭所示挑半針鎖針與裡山。

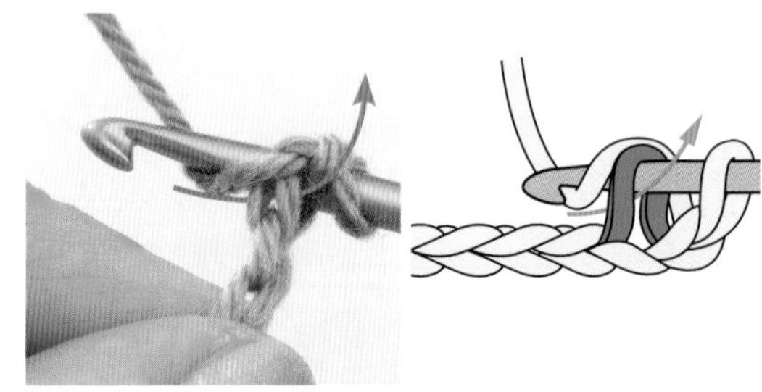

2 掛線，依箭頭所示移動針頭，拉線。

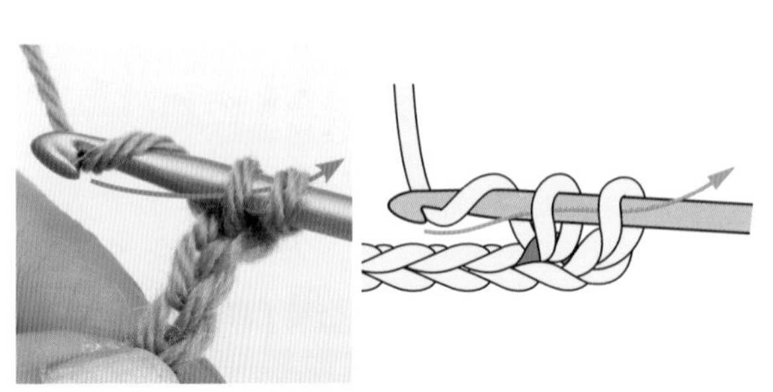

3 再一次掛線，依箭頭所示移動針頭，引拔拉線。

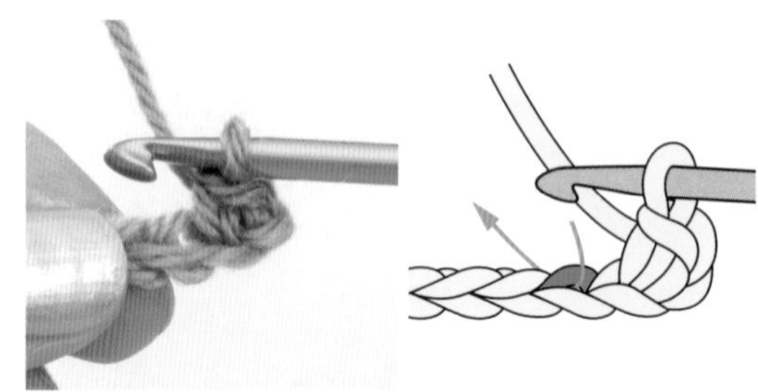

4 完成短針1針，接下來再挑半針鎖針與裡山。

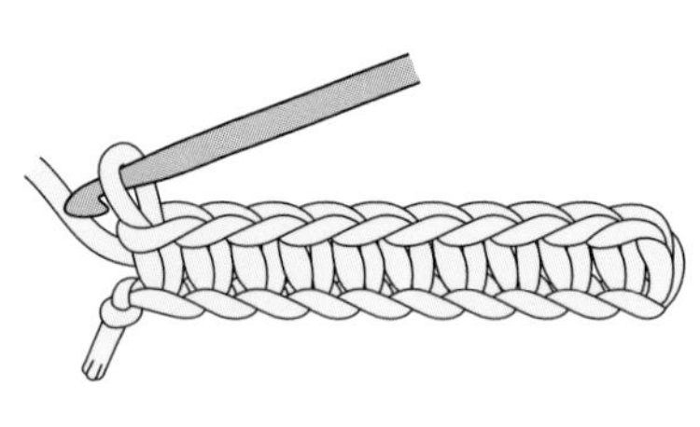

5 完成第1段。

第2段

6 掛線，鉤立起鎖針1針。

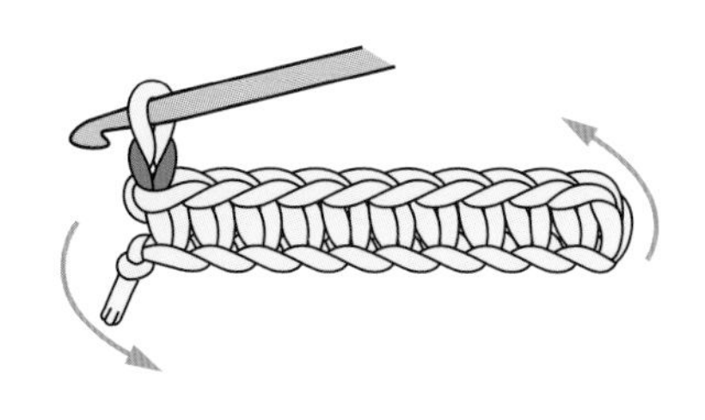

7 轉動織片，將右端翻到背面。

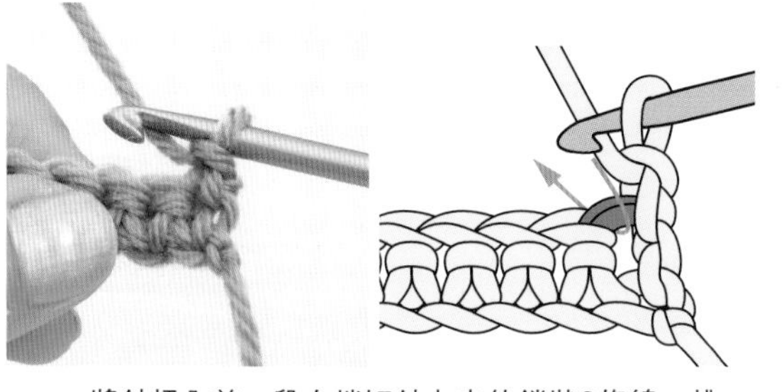

8 將針插入前一段右端短針上方的鎖狀2條線，挑針。

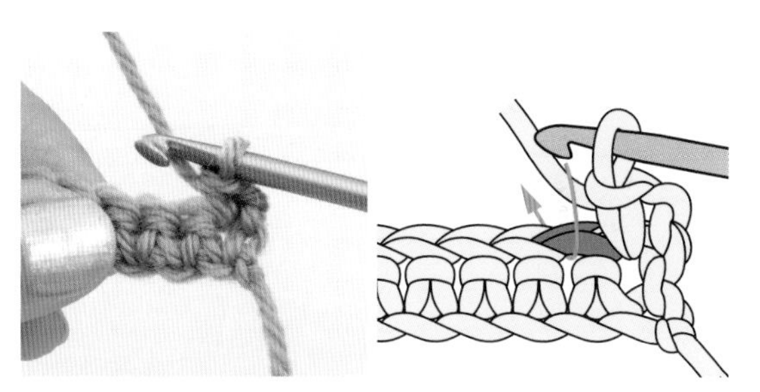

9 完成第2段最初的短針。下一針的鉤法相同。

10 第2段的最後一針，也是在前段短針上方的鎖狀2條線處挑針。

11 完成第2段。第3段也跟6一樣，完成立起鎖針1針後，轉動織片。

結尾處的線該怎麼辦？

鉤1針鎖針（織圖上沒有這針鎖針），留下10cm左右線頭後，把線剪斷。

以鉤針拉出線。

拉線頭，把鎖針針目拉緊。

中長針

中長針高度為立起的鎖針2針的高度。

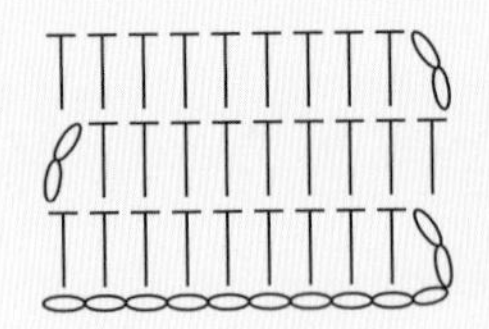

第1段

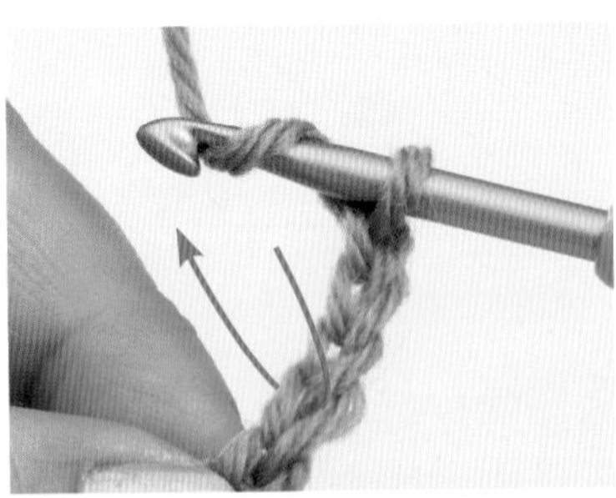
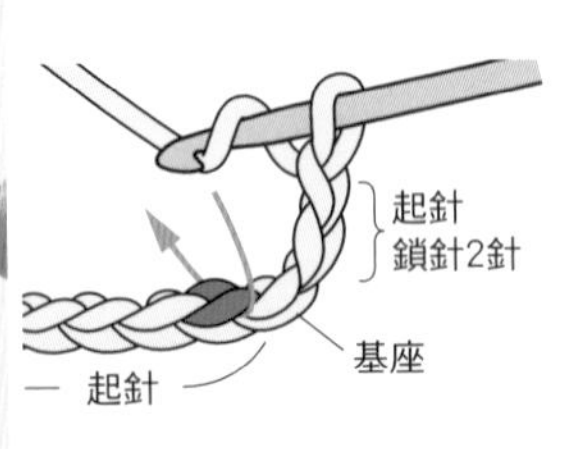

1 鉤必要的鎖針針數。並再鉤2針鎖針，依箭頭所示挑起半針鎖針與裡山。

2 掛線，依箭頭所示拉線。這時候必須將線拉到相當於鎖針2針的高度。

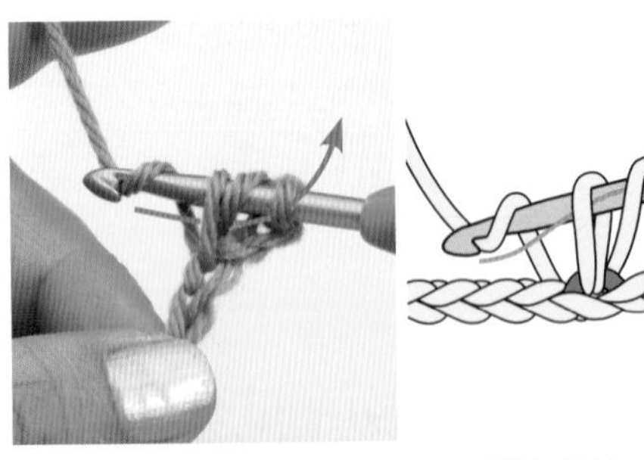

3 再一次掛線，依箭頭所示一次引拔3條線。

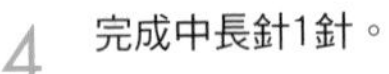

4 完成中長針1針。

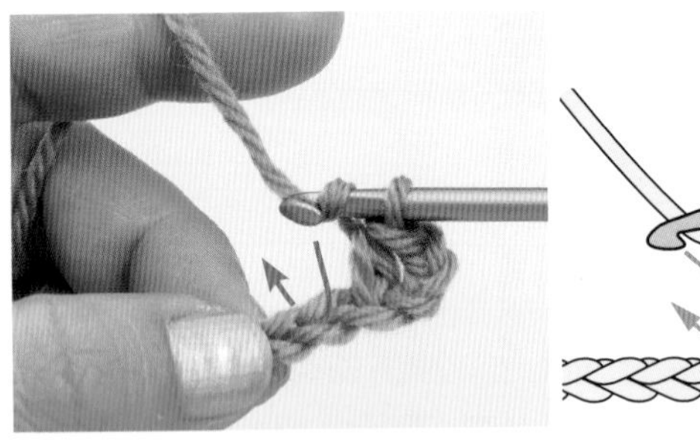

5 接下來，挑半針鎖針與裡山。

6 完成第1段。

第2段

7 鉤立起鎖針2針後，轉動織片，將右端翻到背面。

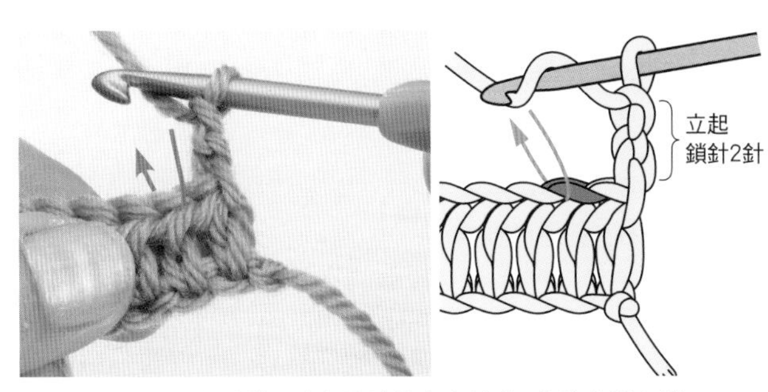

8 從前一段右端第2針中長針的上方鎖狀2條線上進行挑針，掛線拉出。

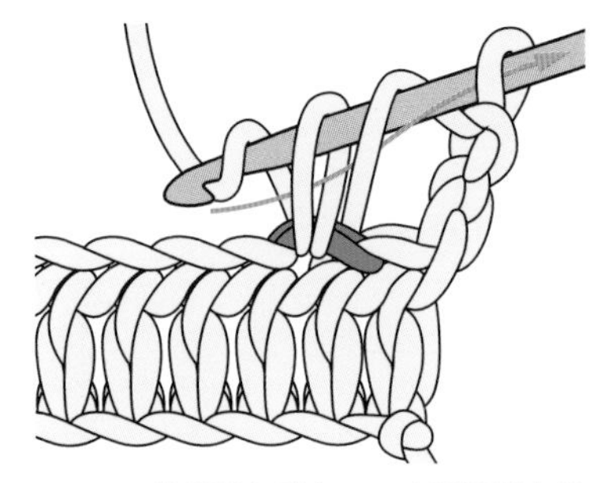

9 再一次將線掛在針上，一次引拔掛在針上的3條線。

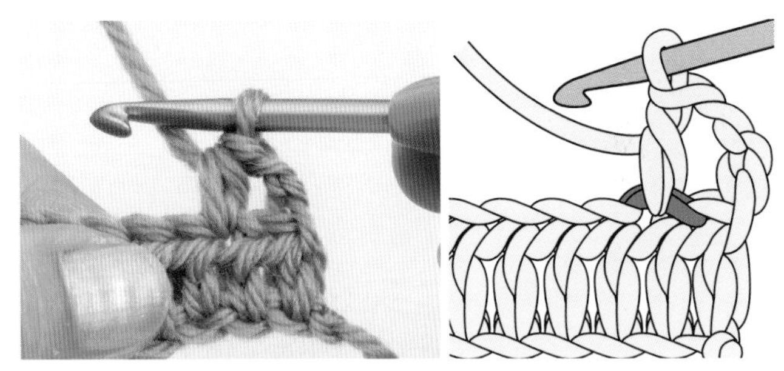

10 完成第2段中長針1針。下一針目開始也以同樣方法鉤織。

11 第2段的最後一針，請挑起前一段立起鎖針第2針的裡山與半針鎖針2條線後鉤織。

12 完成第2段。

第3段

13 以同樣方法完成第3段。第3段的最後一針，也要挑起上一段立起鎖針第2針的裡山與半針鎖針2條線後鉤織。

長針

長針高度是立起的鎖針3針的高度。

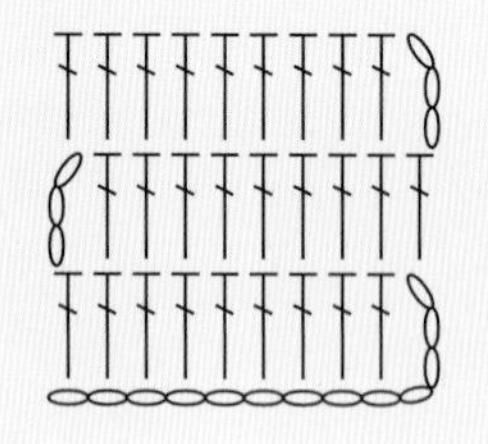

第1段

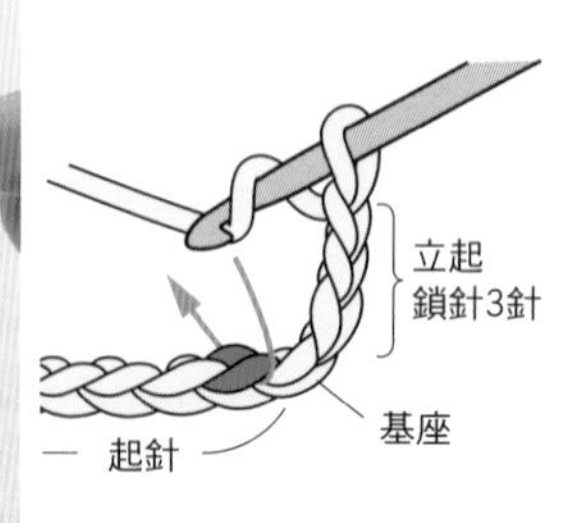

1 鉤必要的立起鎖針針數。並再鉤3針鎖針，依箭頭所示挑起半針鎖針與裡山。

2 掛線，拉出2針鎖針高度的線。

3 再掛線，依箭頭所示從2條線形成的環中引拔。

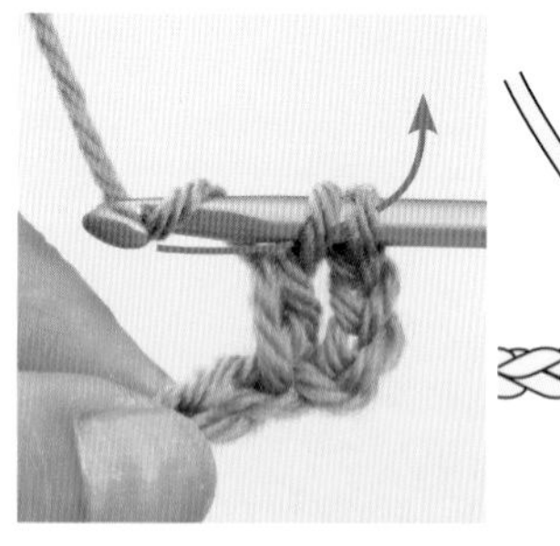

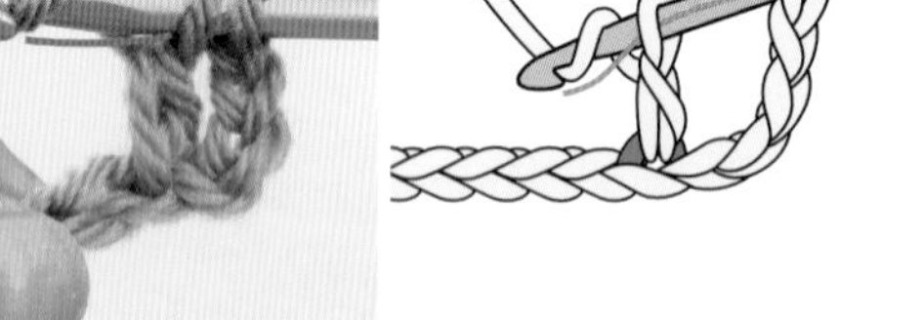

4 再次掛線，依箭頭所示引拔剩下的2條線。

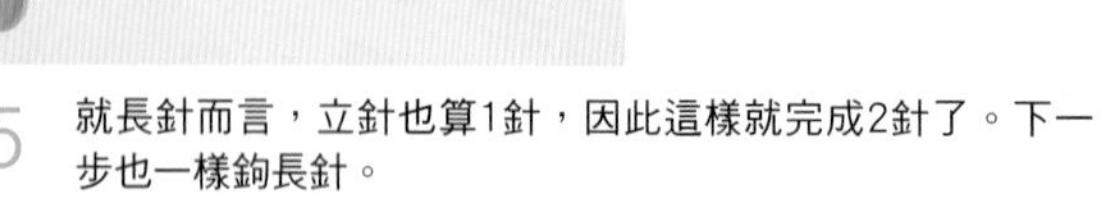

5 就長針而言，立針也算1針，因此這樣就完成2針了。下一步也一樣鉤長針。

6 完成第1段。

第2段

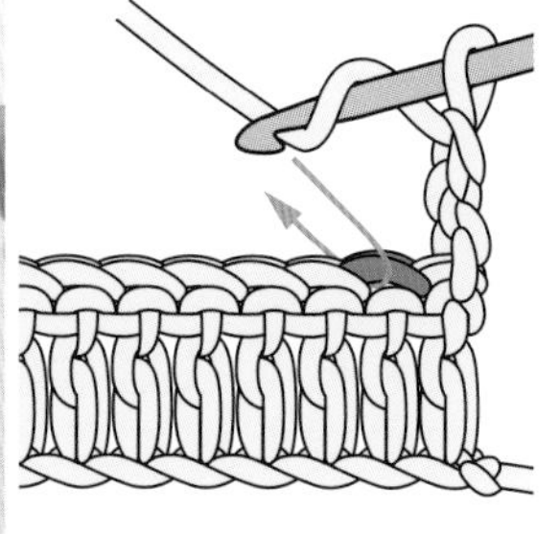

7 鉤立起鎖針3針後，轉動織片，將右端翻到背面。

8 從前一段右端第2針長針的上方鎖狀2條線上進行挑針，鉤長針。

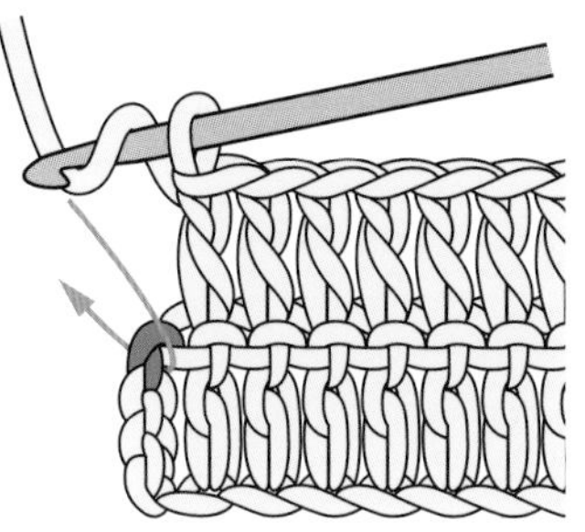

9 第2段的最後一針，請挑起上一段立起鎖針第3針的裡山與半針鎖針2條線後鉤織。

第3段

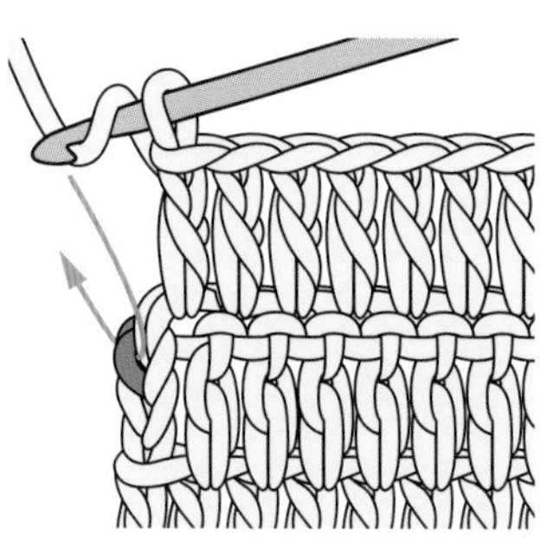

10 以同樣方法鉤第3段，最後請挑起上一段立起鎖針第3針的裡山與半針鎖針2條線後鉤織。第2段以後，可能跟第一段的立針看到的方向不同，不論如何，都要挑起立針最上方的半針鎖針與裡山後鉤織。

頭與腳是哪個部分？

短針

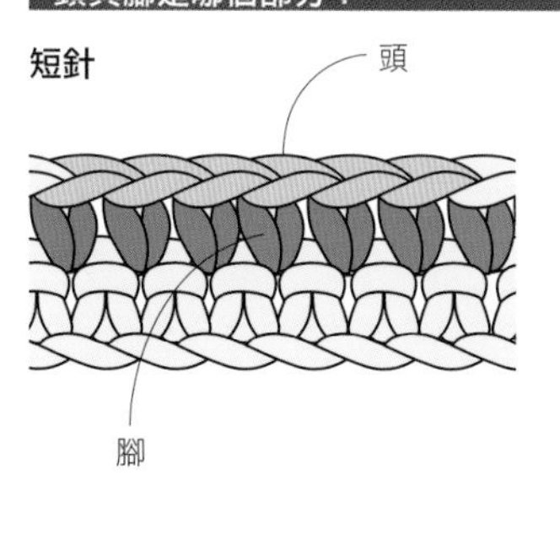

長針

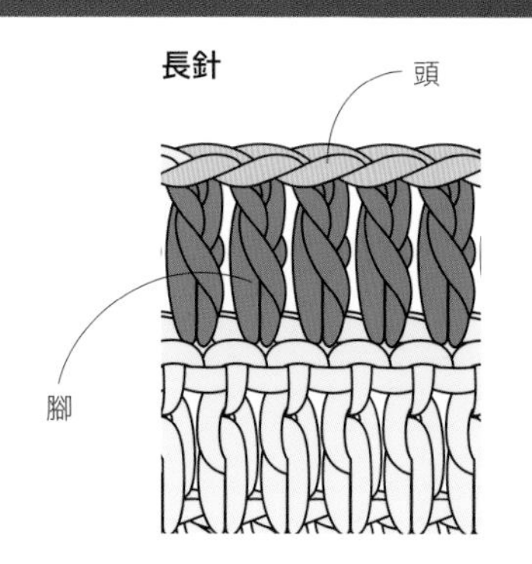

短針、長針等有高度的針目上端鎖針部分稱為「頭」，下方部分則稱為「腳」（或軸）。通常（畝編、筋編、引上編以外）挑起前一段「頭」部分的鎖針2針後鉤織。

5 嘗試基本鉤法

學會基本鉤法後，不妨試著鉤圖樣、圓形、橢圓形或立體等。

平編

●只用鎖針、短針鉤織的圖樣（畝編）

重複以鎖針與短針來鉤織。

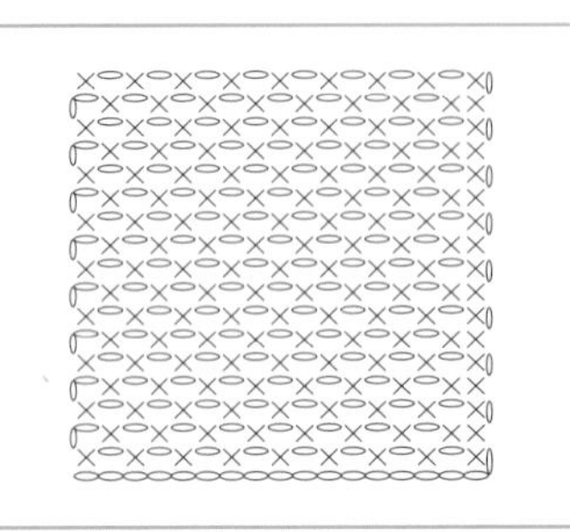

1 掛線，鉤鎖針。

2 接下來鉤短針。將針插入箭頭處，掛線拉出。

3 再一次掛線，將掛在針上的2條線一次引拔。反覆鉤織鎖針、短針。

●只用鎖針、長針鉤織的圖樣（方眼編）

反覆鉤鎖針、長針，特徵是如方眼格子一樣的圖樣。中間鉤2針鎖針的2針方眼很常用。
可以選擇是否鏤空方眼來形成圖樣。

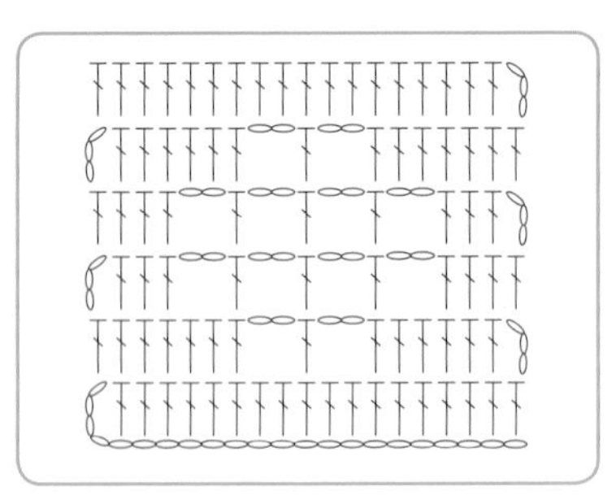

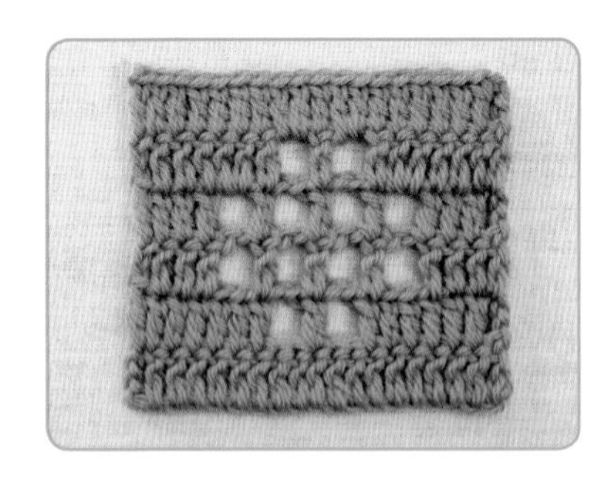

1
掛線，針從箭頭處插入拉線，鉤2針長針。

2
完成2針長針的情形。並在前一段長針的上方再鉤1針。

3
鉤2針鎖針，並在箭頭處鉤1針長針。

4
可以選擇鏤空方眼或實心方眼來形成圖樣。

●以鎖針、短針、長針鉤織圖樣（網編）

組合鎖針、短針、長針，就能鉤出如網子一般的美麗鏤空圖樣。

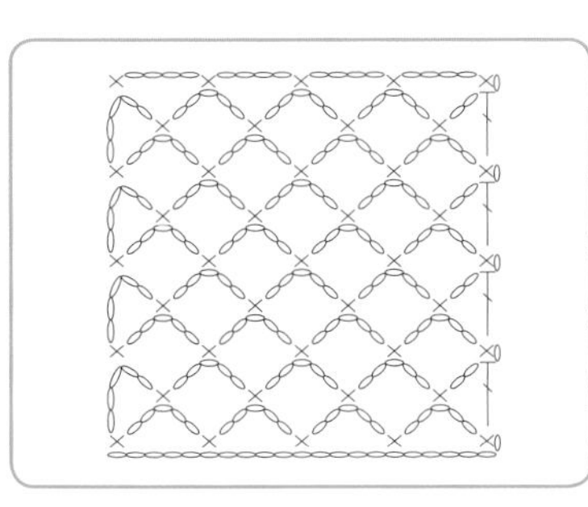

1 鉤鎖針5針，前一段的鎖針整束挑起，將針插入。

2 鉤短針。

3 段落結尾處鉤2針鎖針，挑起前一段短針上方的鎖狀2條線後鉤長針。

Column 何謂「分開鉤入」、「整束鉤入」、「目間挑法」

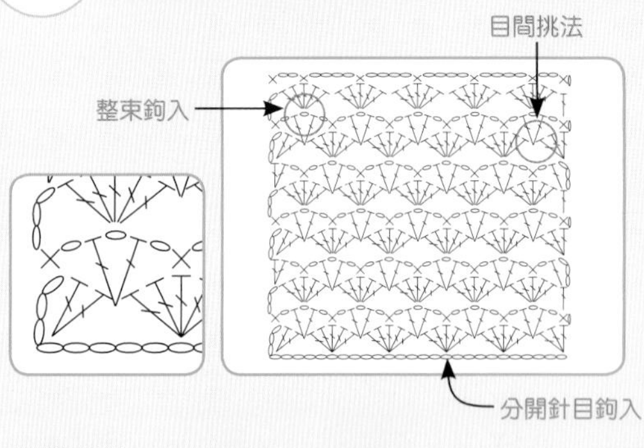

分開鉤入　將針插入前一段鎖針中鉤織的方法，針目根部固定。

1 掛線，挑起起針鎖針的半針鎖針與裡山後，將針插入拉線。

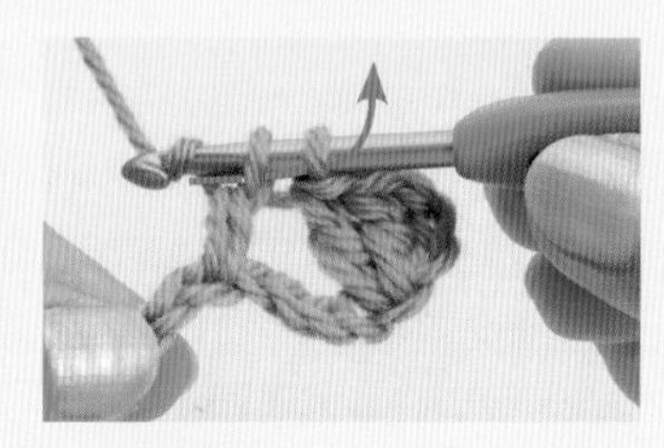

2 鉤長針。

3 1針鎖針鉤入5針長針。

整束鉤入　挑起前一段整束鎖針後鉤織的方法。

1 掛線，挑起前一段整束鎖針後將針插入，拉線。

2 鉤長針。

3 鉤入5針長針。

目間挑法　挑起前一段針目與針目間鉤織的方法。

1 掛線，將針插入前一段長針與長針間，拉線。

2 鉤長針。

3 鉤入2針長針。

從中心開始鉤織

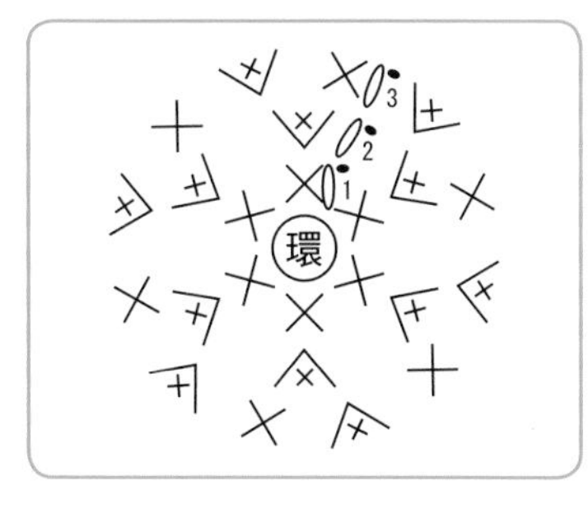

<正面>

<背面>

●短針

從中心開始鉤織時，第2段以後必須一邊加針（為了加大增加針目）一邊鉤。輪狀起針的鉤法與第1段的鉤法請參閱p.14～16。

第2段

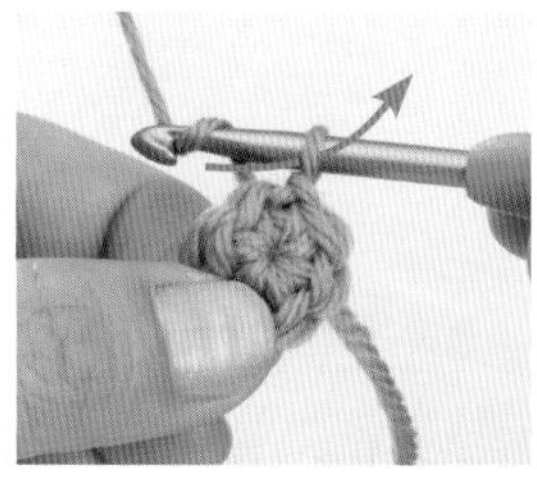

1 鉤立起鎖針1針。

2 挑起前一段短針的上方鎖狀2條線後鉤短針。此外，在同一個針目中再次鉤短針（加針）。

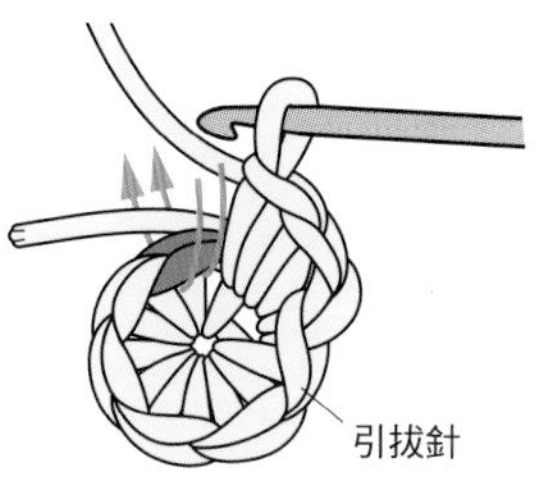

3 在最初1針完成2針短針的情形。從下1針開始，還是在前一段1針中鉤進2針。

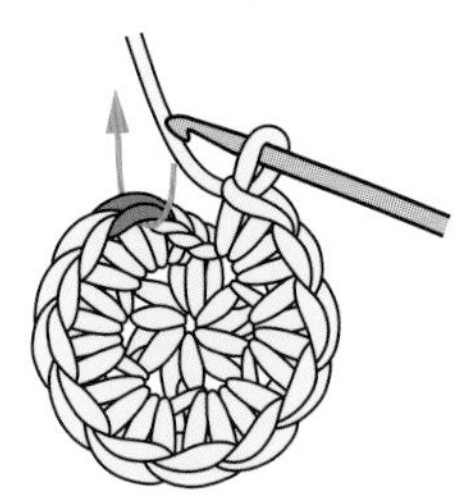

4 結尾處，將針插入前一段短針的上方鎖狀2條線後鉤引拔針。

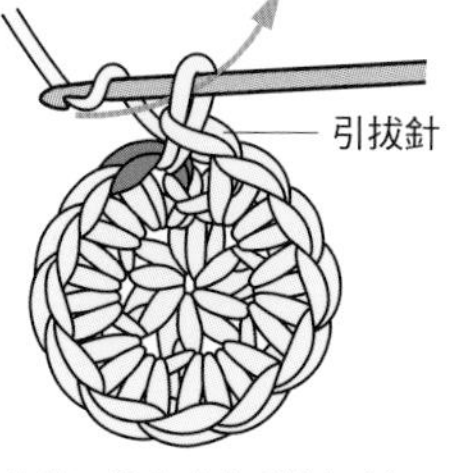

5 完成第2段的情形。其次鉤第3段的立起鎖針1針。

第3段

6 跟前一段鉤引拔針的地方一樣，挑起同一針的上方鎖狀2條線後鉤短針。下一針鉤2針短針（加針）。第3段則是每隔1針，一邊加針一邊鉤織。

●長針

想鉤圓形，請先學會如何加針．輪狀起針的鉤法請參閱p.14～15。

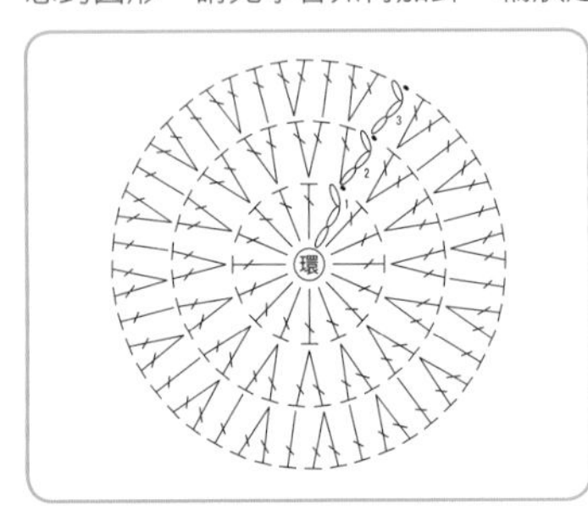

〈正面〉

〈反面〉

第1段

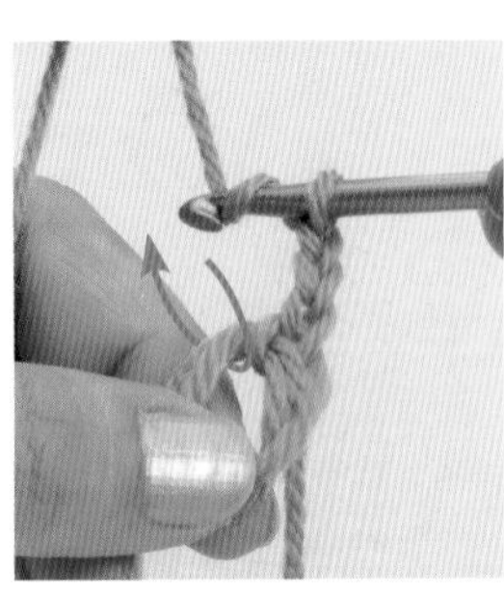

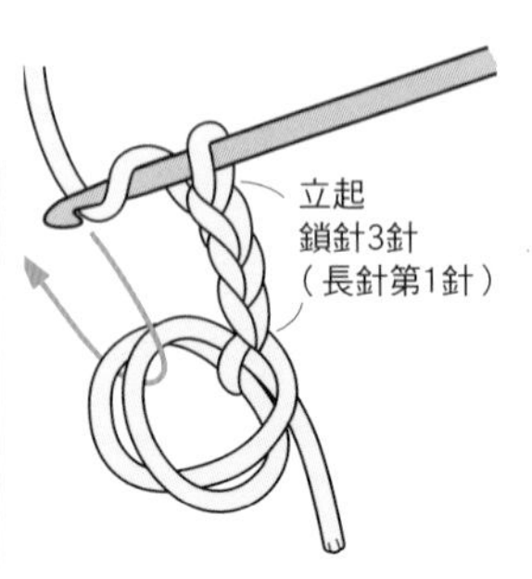

1 鉤立起鎖針3針，掛線，挑起環的2條線鉤長針。

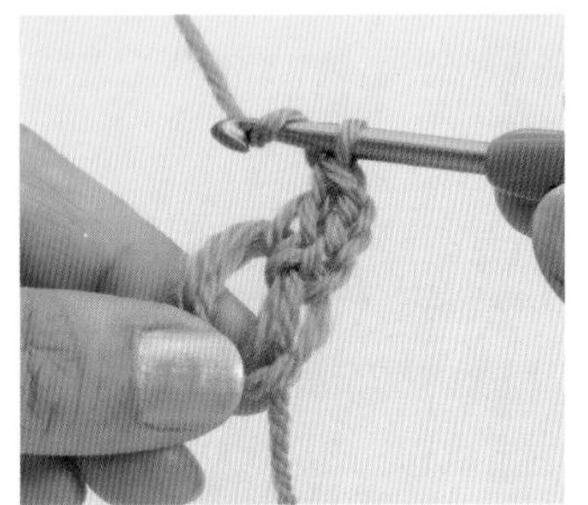

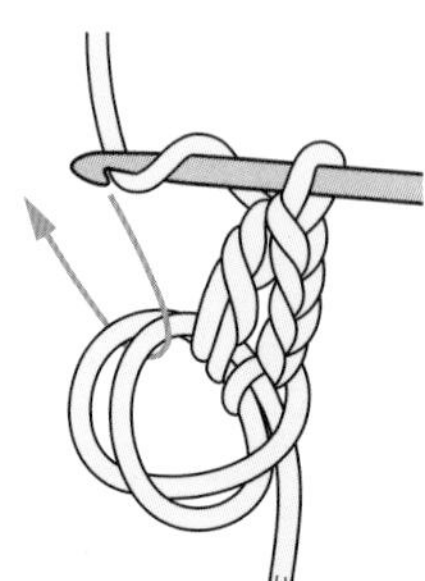

2 鉤1針長針，共鉤2針（立起也算1針）。繼續鉤長針。

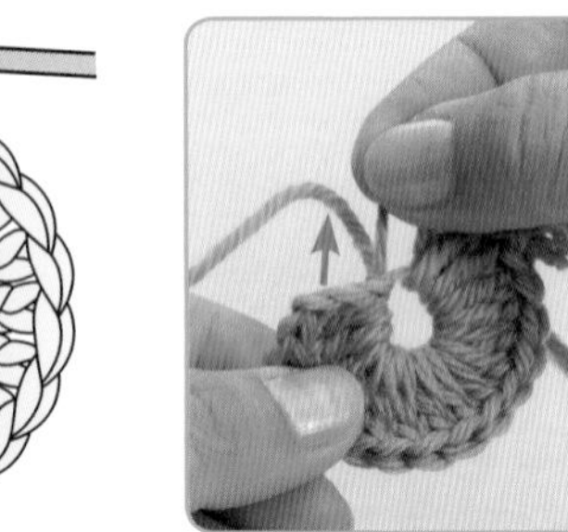

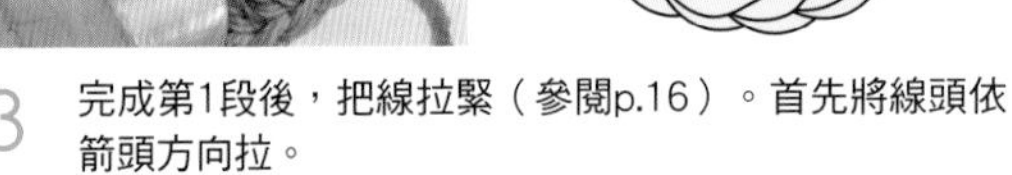

3 完成第1段後，把線拉緊（參閱p.16）。首先將線頭依箭頭方向拉。

拉緊能動的環。

拉線頭以拉緊另一個環。

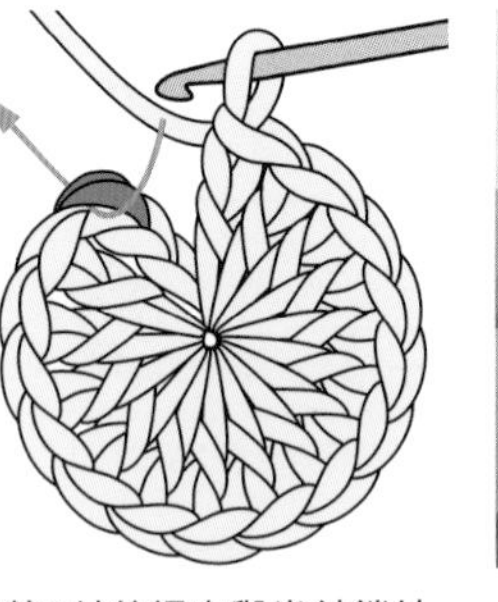

4 結尾處，請挑起立起鎖針第3針的裡山與半針鎖針的2條線。

5 掛線引拔。

6 完成第1段。

第2段

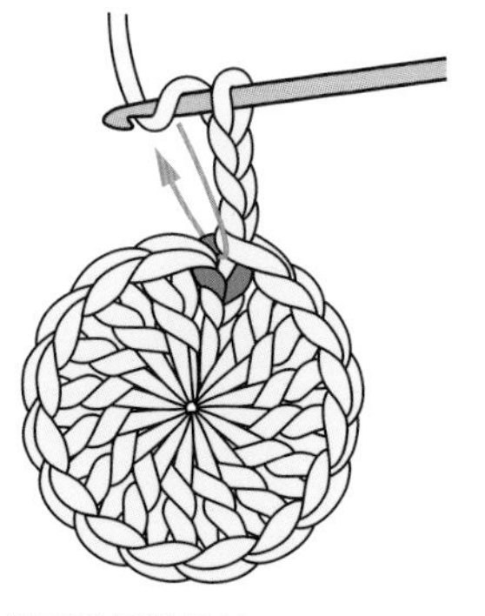

7 鉤立起鎖針3針，掛線，將針插入箭頭位置鉤長針。

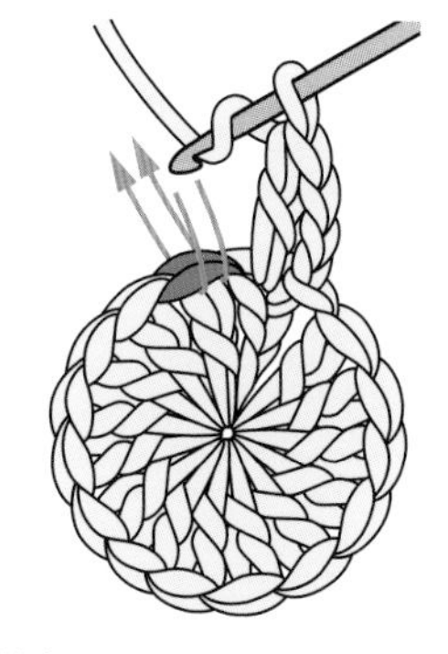

8 挑起前一段長針的上方鎖針2條線，鉤長針2針（加針）。

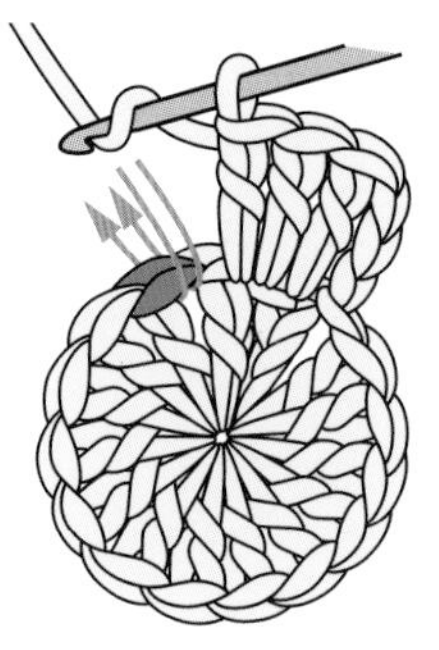

9 下一針也同樣逐一鉤2針長針。

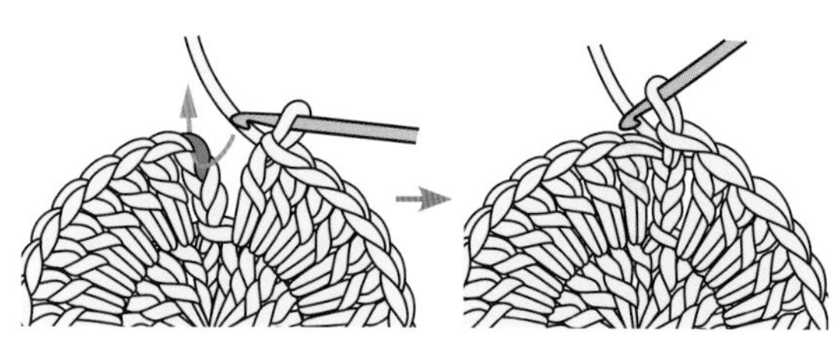

10 第2段的結尾處也一樣挑起前一段立起鎖針第3針的裡山與半針鎖針2條線，掛線鉤引拔針。第3段要在前一段的長針針目中，每隔1針就鉤2針長針（加針）。

Column 依加針位置不同，鉤織出的形狀也會不同

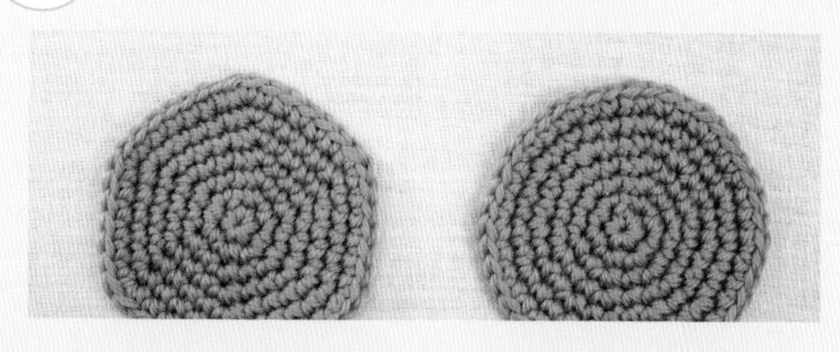

從中心開始鉤織時，如果每段在相同位置加針（左），織片會變成六角形。相對地，如果錯開加針位置（右），織片則會變成圓形。

每段最後應該徹底引拔

每段最後的引拔針請參考「p.16之10」的要領拉緊縮小。如果不拉緊引拔針（左），連接位置會非常顯眼，但如果拉緊引拔針（右），連接位置就不顯眼，成品也會更美觀。

橢圓形編

鉤織橢圓形時，必須在鎖針兩側加針。適合在鉤織室內鞋、提包底部等時使用。

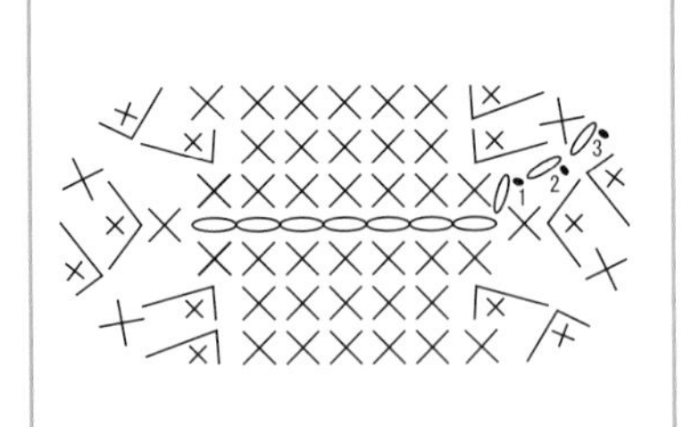

1 鉤必要的起針鎖針數目，鉤立起鎖針1針。挑起第2針鎖針的裡山與半針鎖針2條線，鉤短針。

2 同樣繼續鉤短針。

3 鉤到起針末端時的情形。

4 在端目再鉤2針短針，這次挑起起針剩下的半針鎖針後鉤短針。線頭要鉤起包住。

5 鉤到起針末端時，同一針目再一次鉤短針。結尾處依箭頭所示將針插入最初短針的上方鎖狀2條線處，引拔。

6 完成第1段。

7 第2段起鉤立起鎖針1針，然後在兩端加針鉤織。

Column 中途線不夠怎麼辦？

鉤到一半如果線不夠時，請儘可能以不留下打結處的方法連接。

1 未完成的長針（參閱p.108），引拔最後的線時，換新線（照片中為粉紅色）。

2 拉出新線的情形。

3 以新線完成長針1針。

Column 有關針眼密度

針眼密度指的是針目的密度，一般而言是10x10cm織片中的針目、段落數目。即使針目、段落數目相同，因鉤織的手法不同，針目密度也可能不同，因此可以先試鉤（15cm左右的正方形）來測量針眼密度。鉤出希望大小的衣服等時，針眼密度的1/10相當於1cm的針目、段落數目，因此乘以想鉤的尺寸就可以算出。

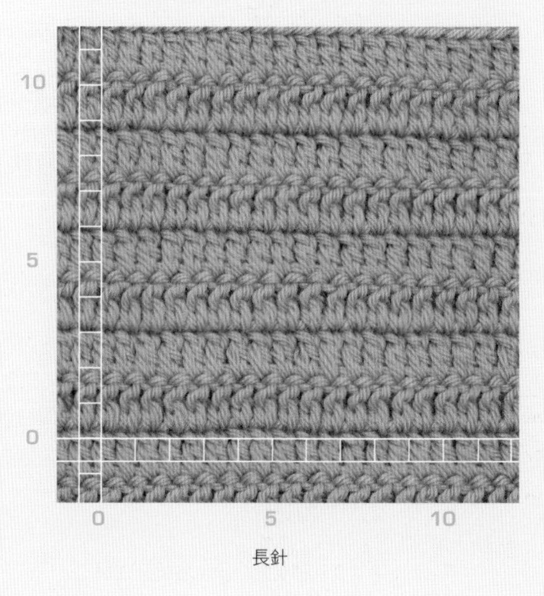

長針

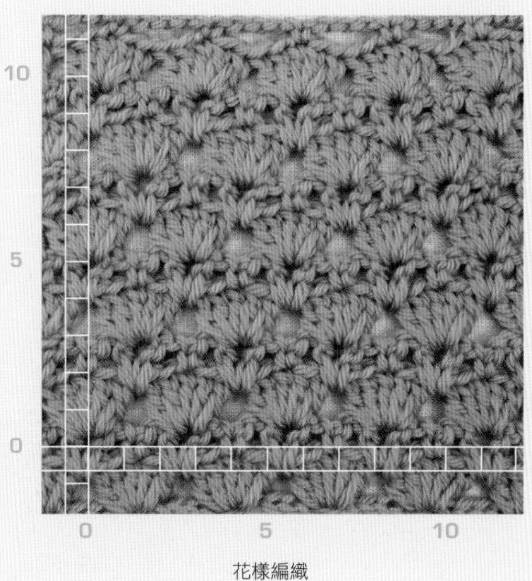

花樣編織

立體編

鉤織帽子、人偶等時，鉤立體圓筒狀的方法稱為輪編。輪編有每段鉤相同方向的方法，還有每段改變方向來回鉤的方法。不問短針、長針，要領都一樣。

●單方向輪編（短針為例）

第1段

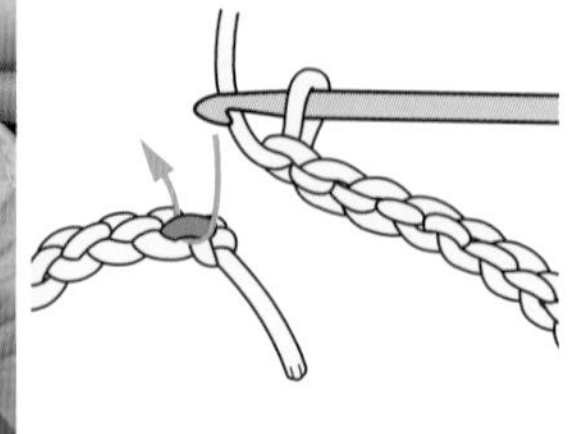

1 鉤必要的起針鎖針數目，挑起最初一針的裡山，將針插入。

2 掛線，鉤引拔針。

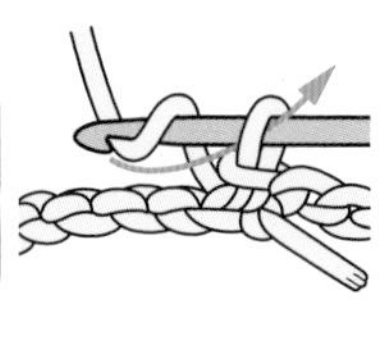

3 鉤立起鎖針1針。

立起鎖針1針

4 在引拔後的鎖針裡山鉤短針1針，接下來繼續挑起鎖針的裡山鉤織。

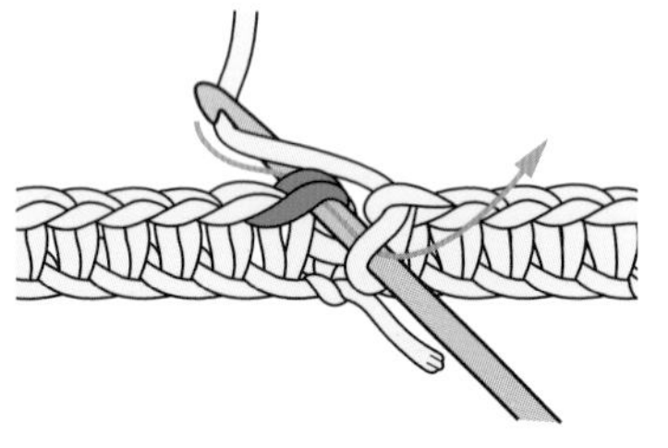

5 結尾處挑起一開始鉤的短針上方鎖狀2條線，鉤引拔針。

第2段

6 鉤立起鎖針1針，挑起前一段短針上方的鎖狀2條線，鉤一圈。

第3段

7 完成第3段。立起位置逐漸向右側錯開。

●來回輪編（長針為例）

第2段

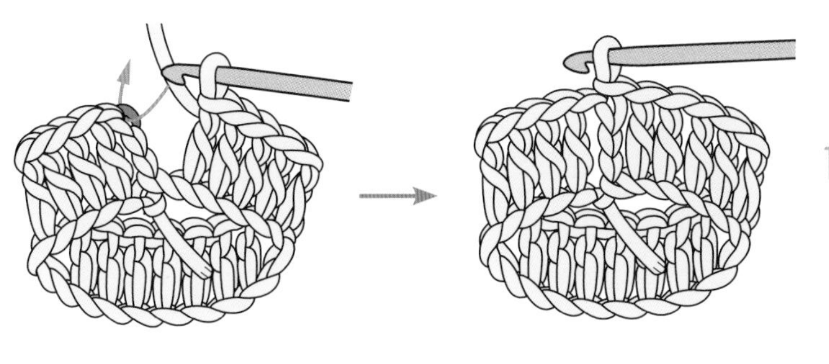

1 鉤必要的起針鎖針數目，與單方向輪編一樣，鉤長針。第1段結尾處挑起立起鎖針第3針的半針鎖針與裡山，鉤引拔針。

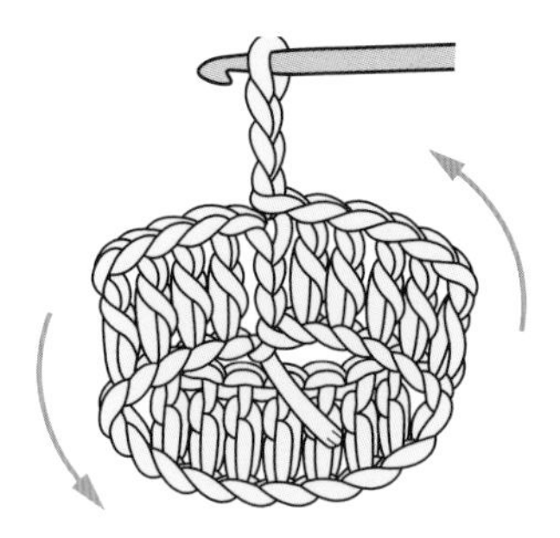

2 第2段先鉤立起鎖針3針，再將織片右側向後方押，轉動織片。

3 第2段請一邊看著環的內側，一邊挑起前一段長針上方的鎖狀2條線，鉤一圈長針。

完成長針。

4 第2段結尾處請挑起立起鎖針第3針的裡山與半針鎖針2條線，鉤引拔針。

5 完成第2段。第3段也先完成立起鎖針後，轉動織片，以同樣方法鉤織。

第3段

6 完成第3段。立起位置成垂直狀。

杯墊與墊子的鉤法　作品為p.6

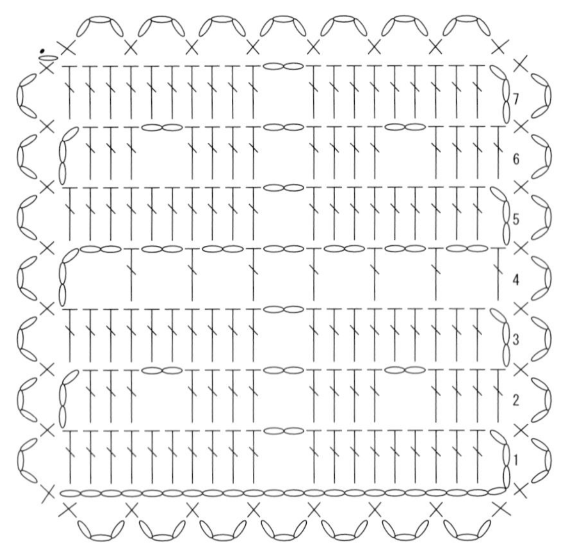

綠色杯墊

[準備物品]
線／Hamanaka Cotton Charkha（5）　5g
針／鉤針　5/0號

[鉤法]
※以單根線鉤
①鉤22針鎖針，再鉤7段方眼編。
②繼續緣編。

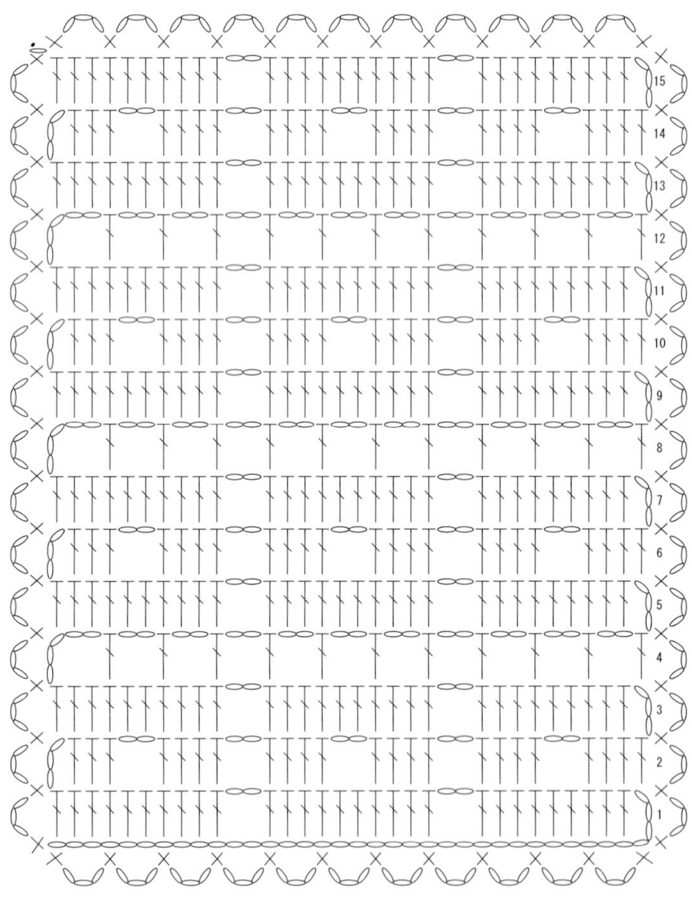

白色墊子

[準備物品]
線／Hamanaka Cotton Charkha（2）　10g
針／鉤針　5/0號

[鉤法]
※以單根線鉤
①鉤34針鎖針，再鉤15段方眼編
②繼續緣編。

套疊式小物置放籃的鉤法　作品為p.6～7

小物置放籃（小）

[準備物品]
a線／Clover Nostalgia（60-978・灰色） 10g
b線／Clover Nostalgia（60-971・粉彩色） 少量
c線／Clover Nostalgia（60-974・紅色） 少量
針／鉤針 9/0號

[鉤法]
※以2條線編織
①a線從輪狀起針開始鉤，一邊加針一邊鉤5段
②不加針也不減針完成4段後，再以b線、c線鉤引拔針。

小物置放籃（中）

[準備物品]
a線／Clover Nostalgia（60-974・紅色） 25g
b線／Clover Nostalgia（60-971・粉彩色） 少量
c線／Clover Nostalgia（60-978・灰色） 少量
針／鉤針 9/0號

[鉤法]
※以2條線鉤
①a線從輪狀起針開始鉤，一邊加針一邊鉤6段。
②不加針也不減針完成5段後，再以b線、c線鉤引拔針。

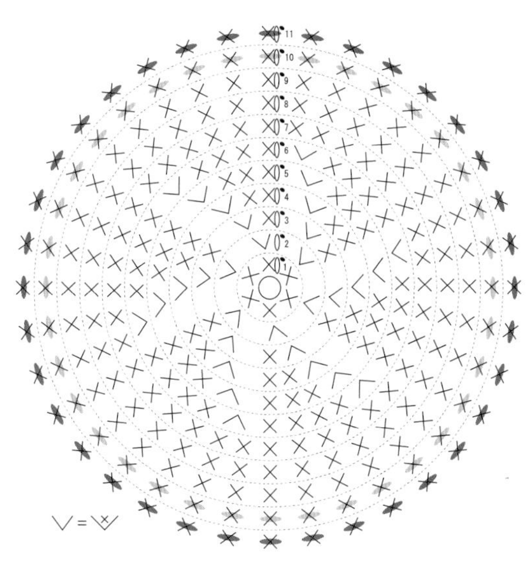

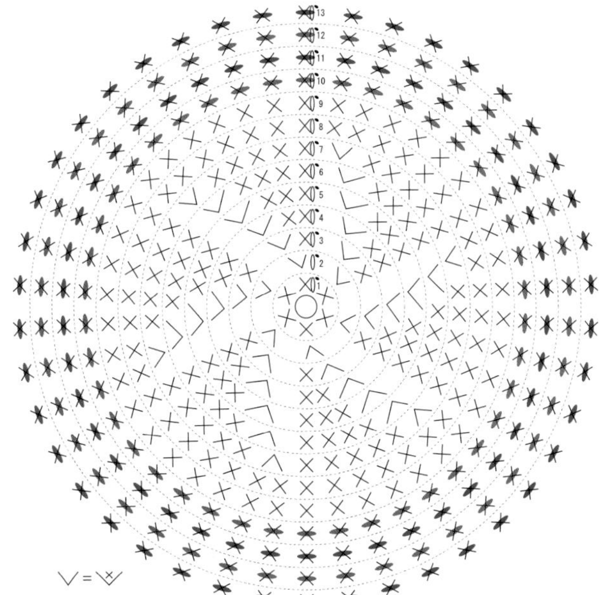

小物置放籃（大）

[準備物品]
a線／Clover Nostalgia（60-971・粉彩色） 40g
b線／Clover Nostalgia（60-974・紅色） 少量
c線／Clover Nostalgia（60-9781・灰色） 少量
針／鉤針 9/0號

[鉤法]
※以2條線鉤
①a線從輪狀起針開始鉤，一邊加針一邊鉤7段
②不加針也不減針完成7段後，再以b線、c線鉤引拔針。

應用篇

學會鉤針的基本鉤法後，接下來讓我們試著採用各種鉤法和技巧吧！只要組合不同鉤法，就能鉤織出不同的形狀、圖樣，讓作品的涵蓋範圍更加廣泛。從小包、提包等小物，到球狀髮飾、披肩等時尚配件，不僅能鉤織出各種不同的作品，還能配合自己的喜好做設計。

小飾巾杯墊（鉤法與織圖p.91）

筆袋（鉤法與織圖p.90）

球狀髮飾、髮圈（鉤法與織圖p.92、p.93）

1 編入花樣

編入花樣是以2色以上或不同種類的線鉤出色彩鮮豔作品的方法。線的穿法依據想鉤的圖樣而有所不同。

每1段鉤橫條紋 ……長針為例

線先不剪斷暫時放置，在要換線段落的邊端引拔。每1段改變顏色時，線穿在兩側。

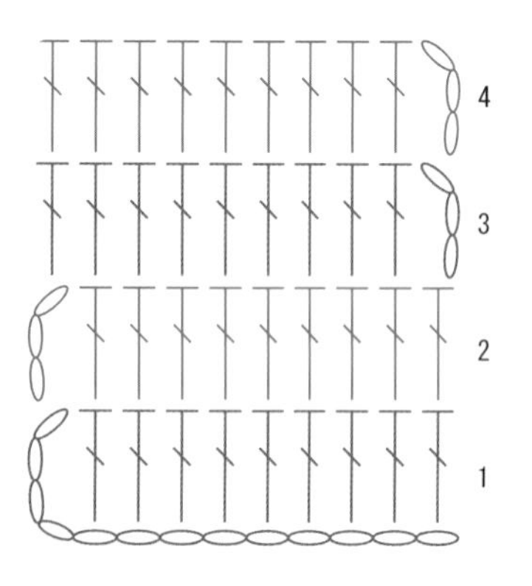

〈正面〉

〈背面〉

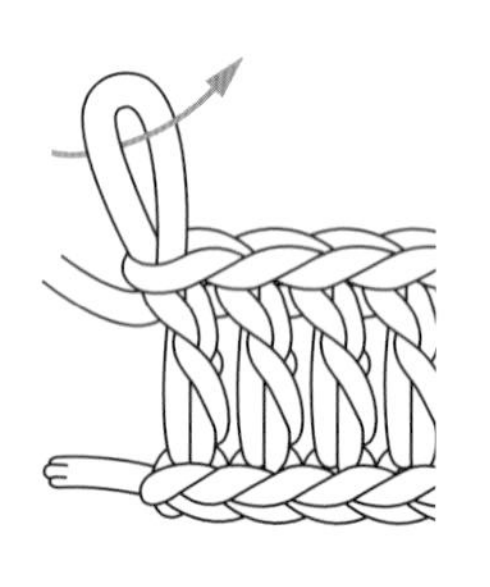

1 第1段結尾處，依箭頭所示將線球穿過環後拉緊線，暫時放置。

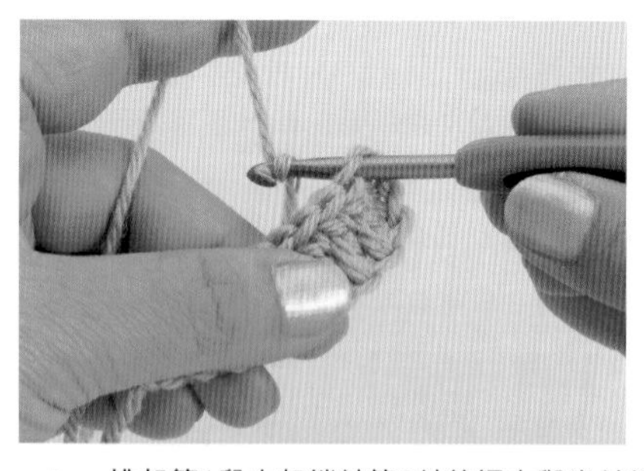

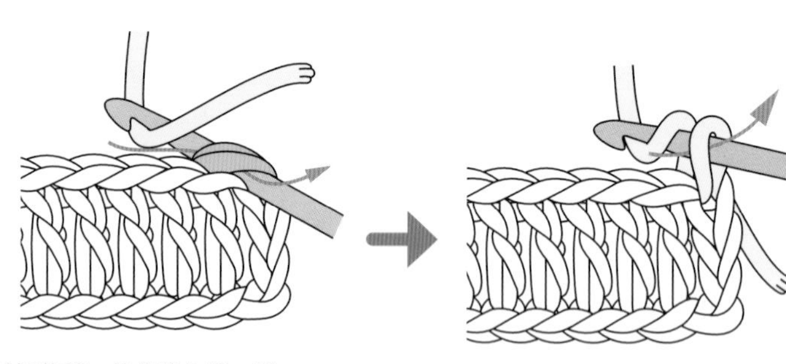

2 挑起第1段立起鎖針第3針的裡山與半針鎖針2條線，鉤住配色線，開始鉤第2段。

3 以配色線鉤立起鎖針3針，繼續鉤長針。

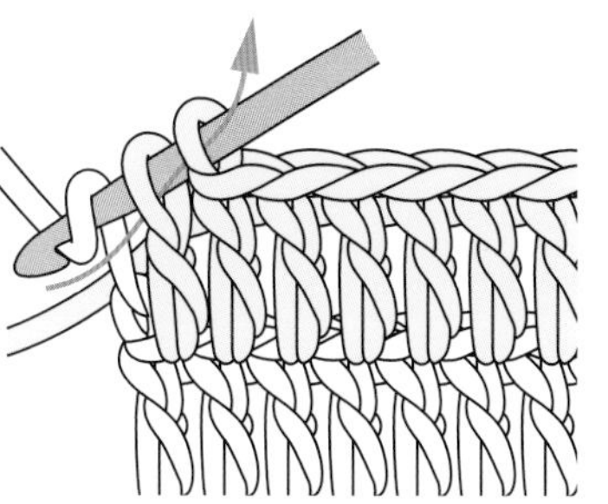

4 第2段的最後一針，引拔第1段暫時放置的線，配色線則也暫時放置。

5 鉤立起鎖針3針，改變織片方向。

6 繼續鉤第3段。

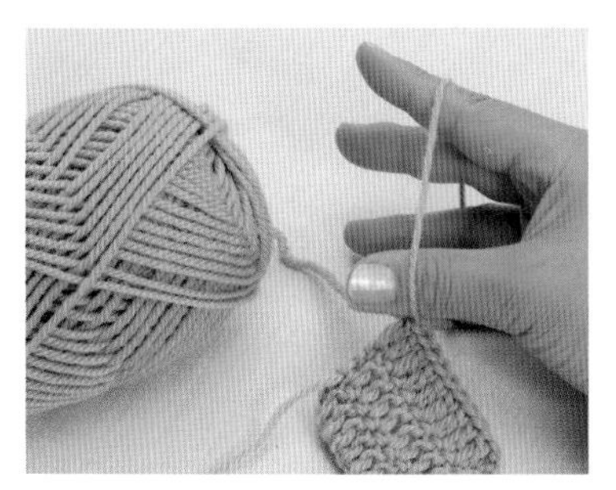

7 最後跟 1 一樣穿過線球後拉緊線，暫時放置。

8 挑起第3段立起鎖針第3針的裡山與半針鎖針2條線，將針插入。

9 拉出在 4 中暫時放置的配色線。這時候，小心不要鬆開穿在兩端的線。

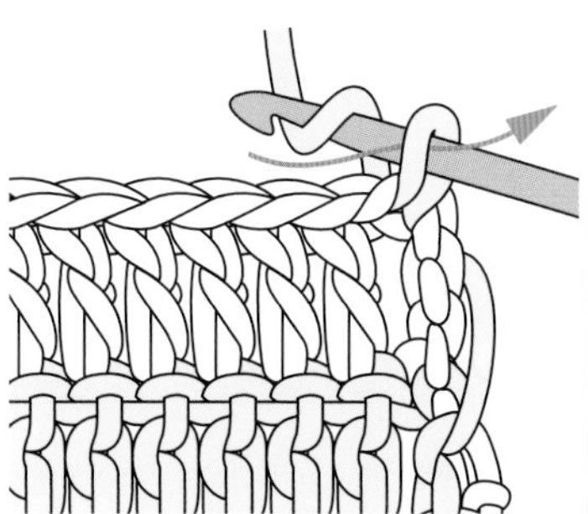

10 鉤第4段的立起鎖針3針，繼續鉤織。

每2段鉤橫條紋 ……長針為例

每2段換顏色時，只有單側穿線。暫時放置時，請小心不要鬆開由下往上穿的線。

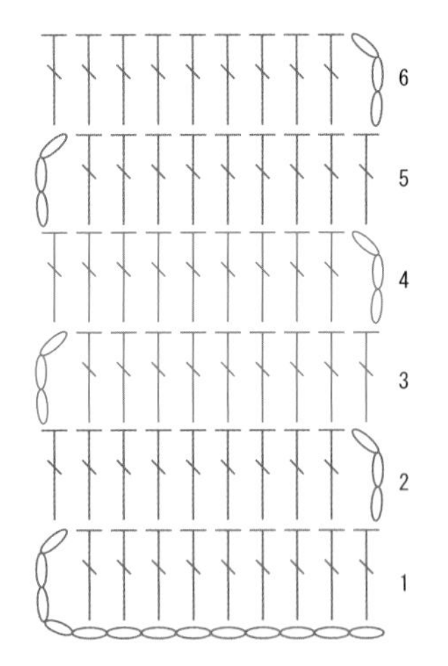

<正面>

<背面>

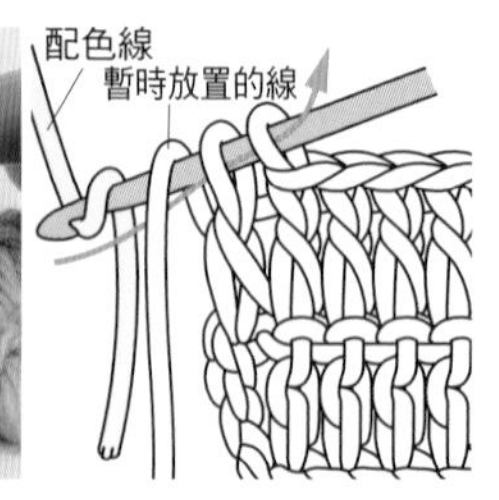

1

引拔第2段的最後一針時，以針鉤住配色線拉出。這時候，暫時放置的線也從後面拉到前面來。

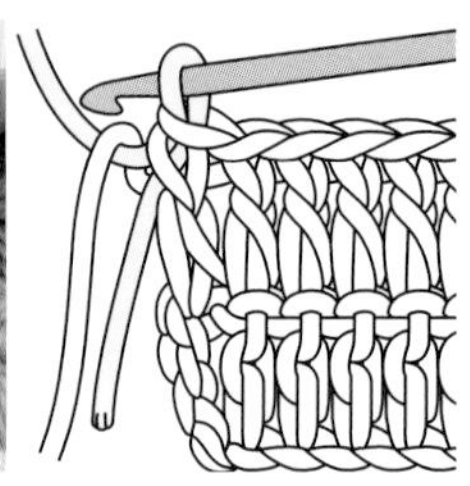

2

引拔配色線的情形。繼續鉤第3段的立起鎖針3針後，改變織片方向。

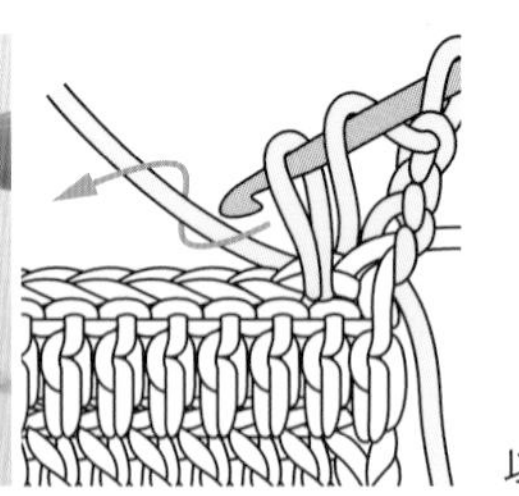

3

以配色線鉤長針。

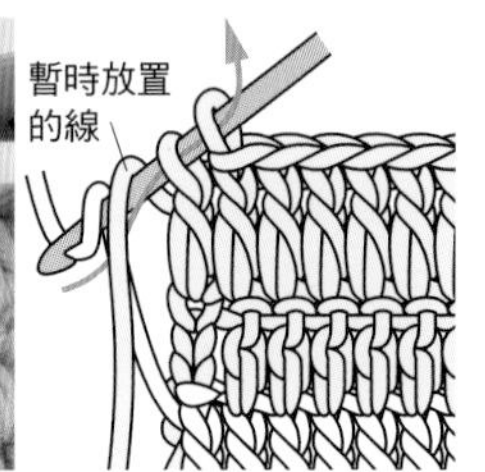

4

鉤到第4段末端時，以針鉤住暫時放置的第2段線，從最後一針引拔。這時候，暫時放置的線也從後面拉到前面來。

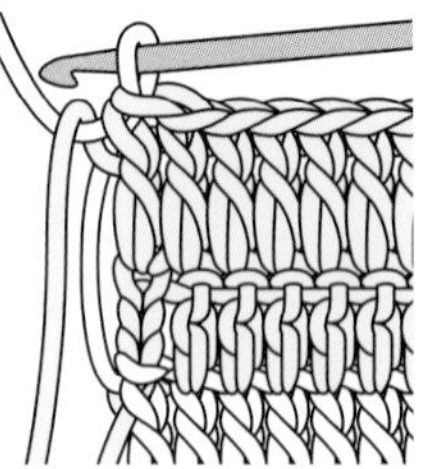

5

引拔的情形。繼續鉤第5段的立起鎖針3針，改變織片方向後繼續鉤織。

輪編換線的鉤法 ……短針為例

輪編換線時，也一樣在段落最後一針完成時換成配色線後拉出。

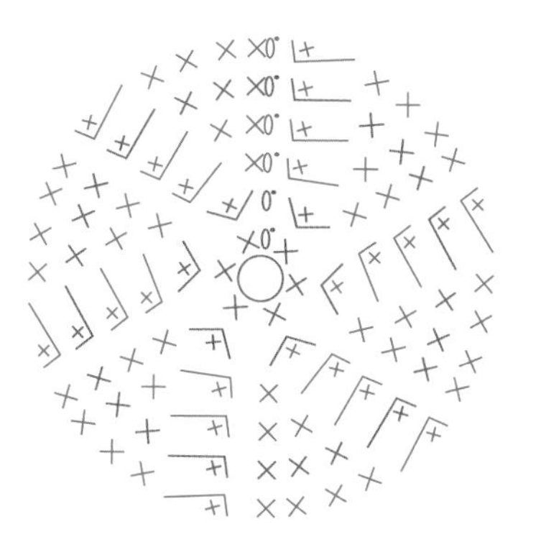

＜正面＞

＜背面＞

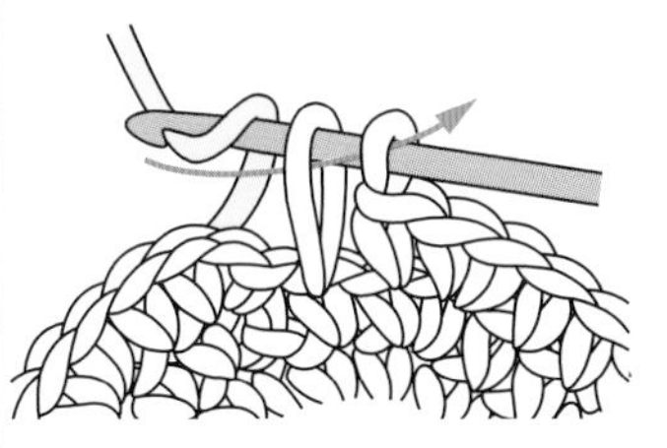

1 從輪狀起針開始鉤2段，在最後的短針針目引拔時，以針鉤住配色線後拉出。鉤第1、2段的線暫時放置。

2 拉出配色線的情形。

3 將針插入段落最初短針的上方鎖狀2條線處，鉤引拔針。

4 拉緊縮小引拔針的針目後，鉤立起鎖針1針。繼續鉤第3、4段。

5 完成第4段最後的短針時，以針鉤住暫時放置的線後拉出。

6 引拔暫時放置的線。繼續鉤第5、6段。引拔針的針目，每段都要拉緊縮小，這樣成品會比較美觀。

縱向渡線 ……長針為例

適合鉤條紋或大型圖樣的鉤法。不把暫時放置的線包住，將它穿過背面。

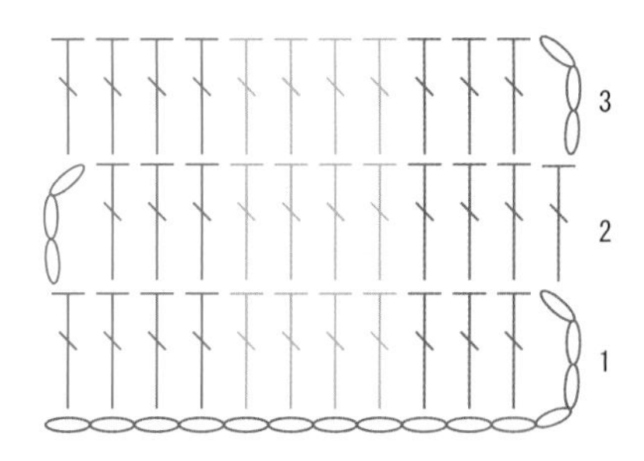

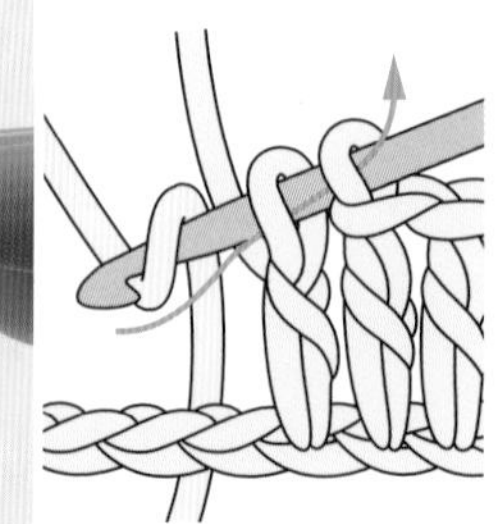

1 完成換新線（B線）前的長針時，以針鉤住新線（B線）後拉出。

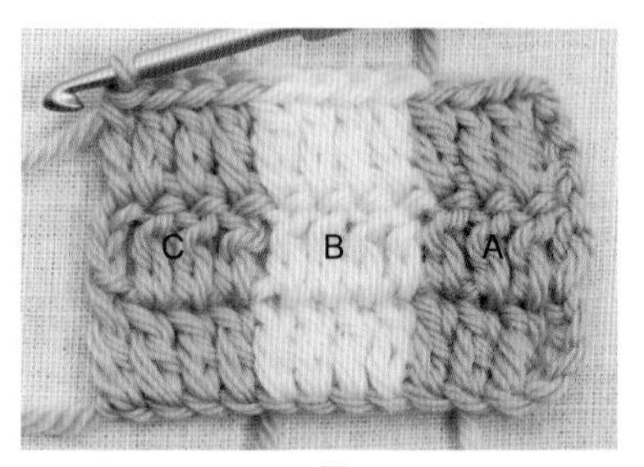

<正面>

2 拉出B線的情形。繼續以B線鉤長針。

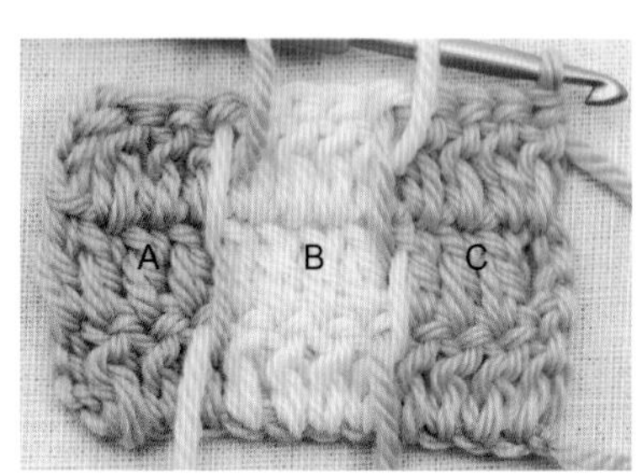

<背面>

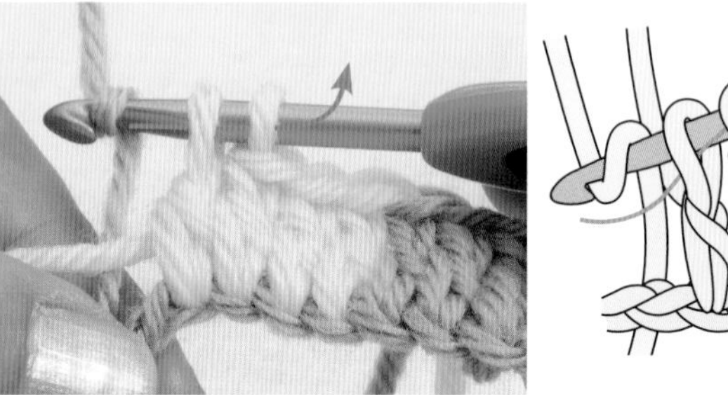

3 換C線時，鉤法也跟 1 一樣。

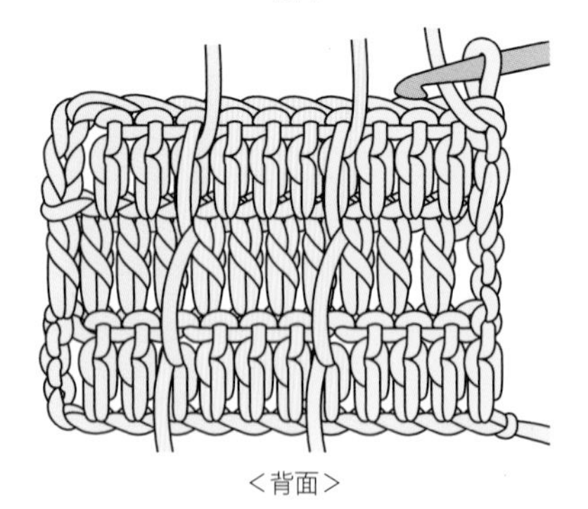

<背面>

4 第1段結尾處鉤立起的鎖針3針後，改變織片方向。

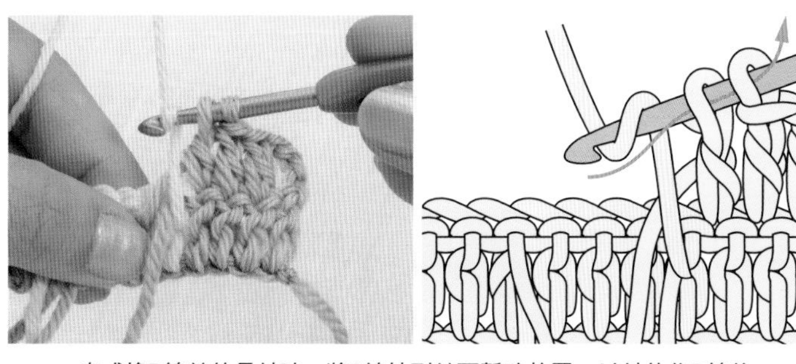

5 完成換B線前的長針時，將C線拉到前面暫時放置，以針鉤住B線後拉出。

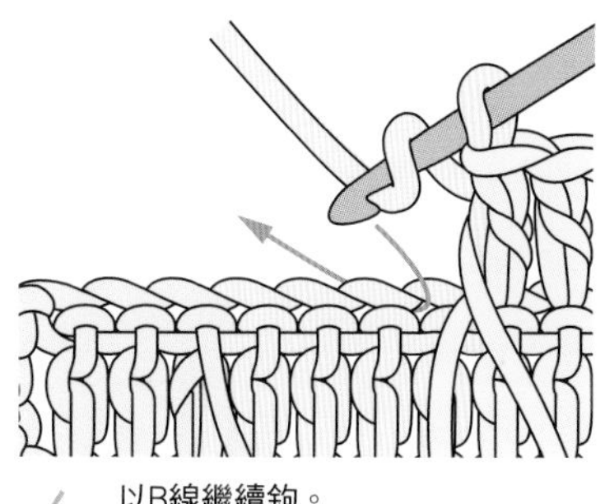

6 以B線繼續鉤。

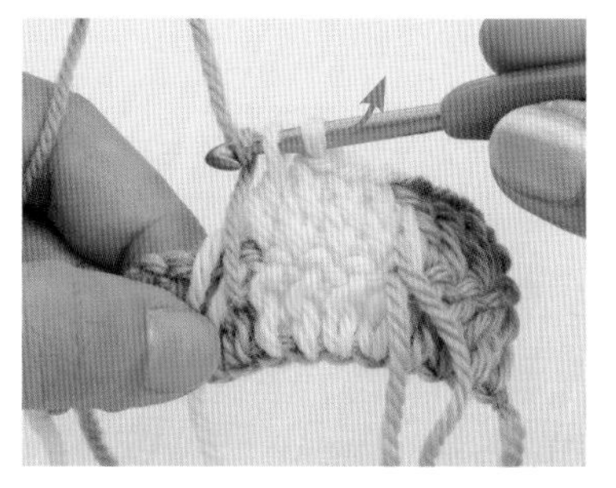

7 換A線時，鉤法也跟5一樣。

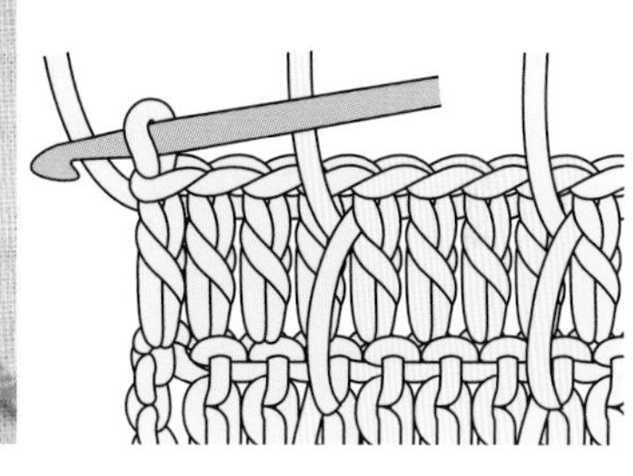

8 完成第2段時，從背面看的情形。

9
第3段從A線換B線時，鉤法跟1一樣，完成換線前的長針時拉出B線。

10
以B線繼續鉤，換C線時的鉤法也一樣。

*A線＝綠色、B線＝奶油色、C線＝藍色

隱藏渡線 ……長針為例

不論從正面、背面都看不到渡線的鉤法。隔一段距離渡線時，線也不會穿到正面來，所以不會卡住。此外，不論從正面、背面看都是一樣的圖樣，兩面都能使用。

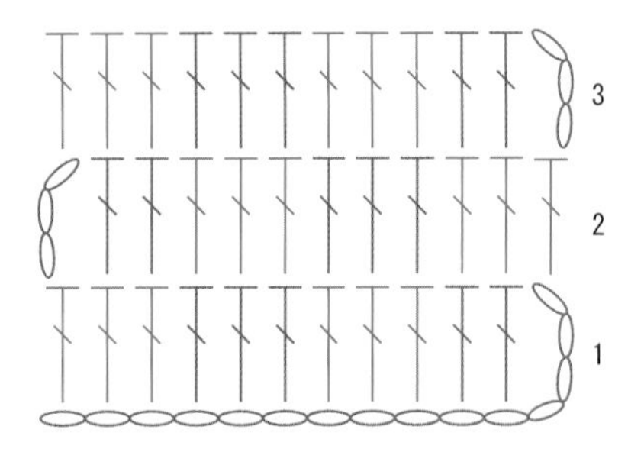

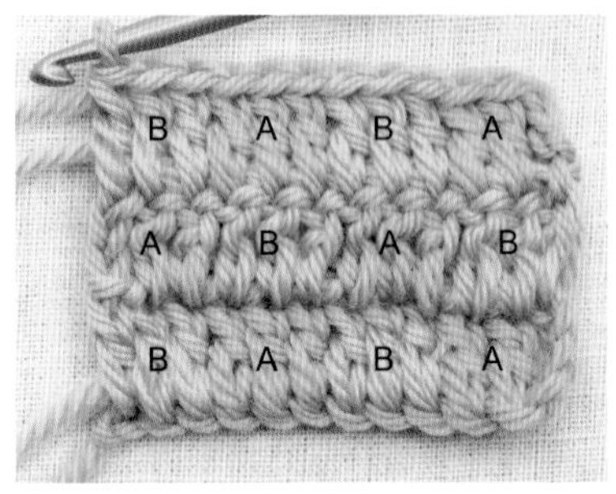

<正面>

1 完成換B線前的長針時，以針鉤住B線後拉出。

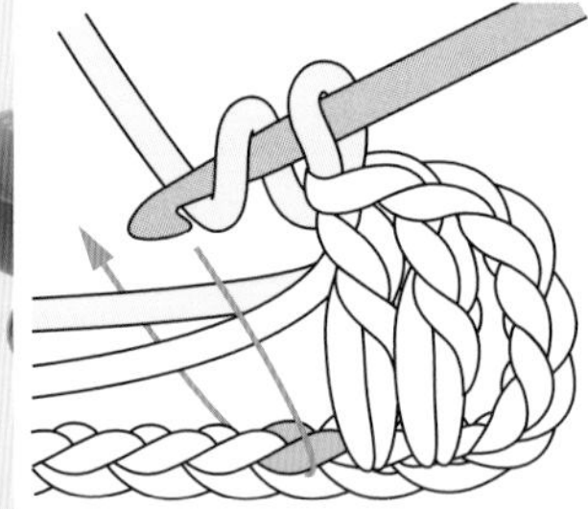

2 握好靠緊前一段針目的上方鎖針（這裡指的是起針鎖針）的A、B線線頭。

3 將A、B線線頭靠緊前一段（起針），同時掛線後拉出，鉤長針。

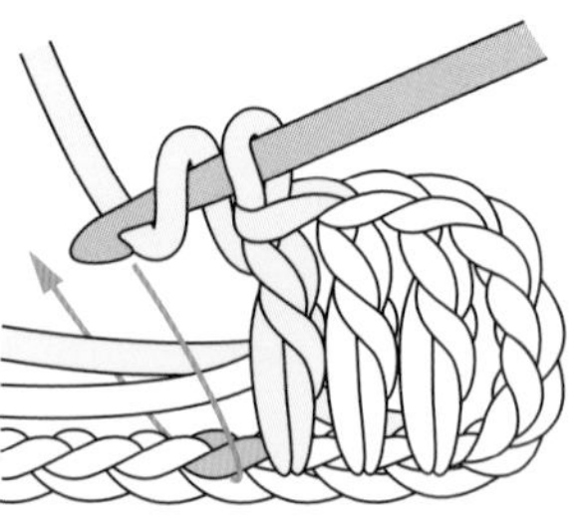

4 以同樣方法重複1～3的步驟，繼續鉤長針。A、B線的線頭會被長針包住，正面看不到。

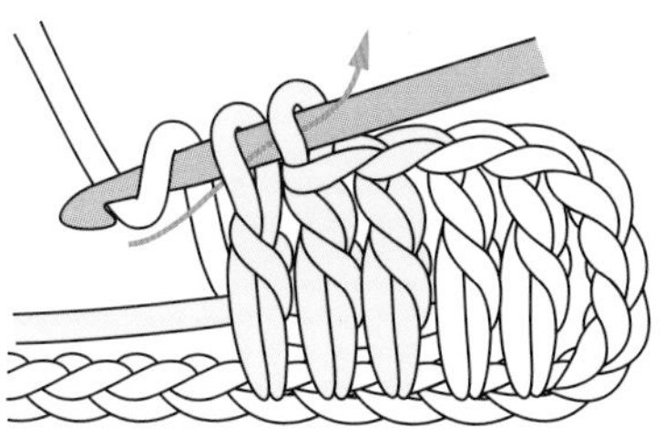

5 再度換成A線時，完成B線最後的長針後，以針鉤住A線後拉出。握好靠緊前一段（起針）的B線。

6 與5一樣，再次從A線換成B線。

7 段落結尾處，將暫時放置的線（B線）由前往後搭在針上，以針鉤住A線後拉出。

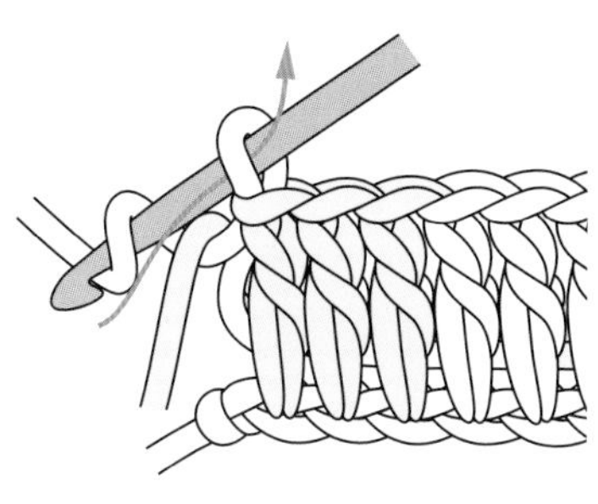

8 拉出A線的情形。並再以針鉤住A線，鉤立起鎖針3針。

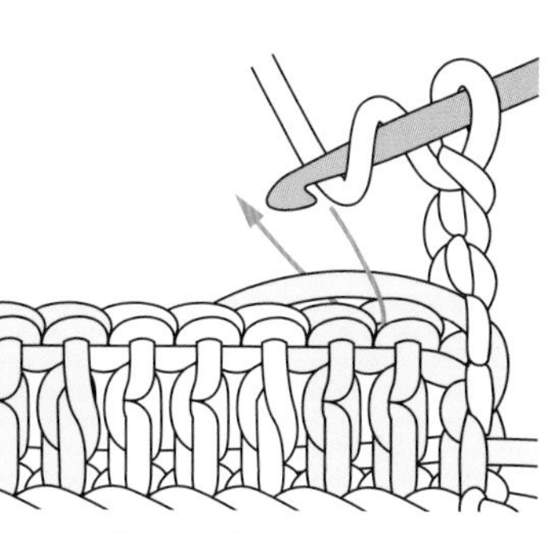

9 改變織片方向，一邊包住暫時放置的線（B線）一邊鉤。

10 重複1～8的步驟，繼續鉤。

＊A線＝綠色、B線＝藍色

隱藏渡線 ……短針為例

跟長針一樣包住渡線鉤織。短針可以鉤織出更細的圖樣。

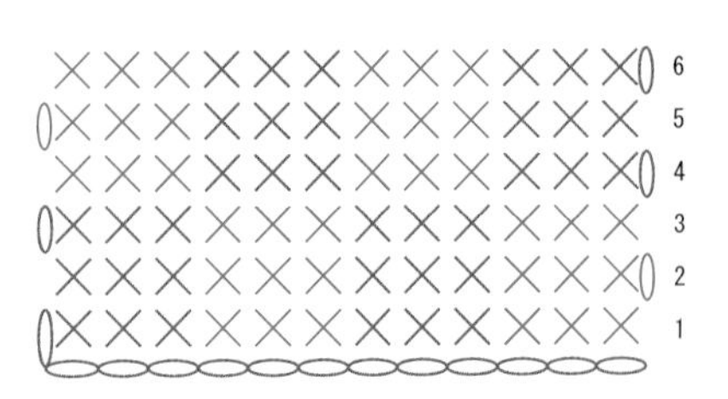

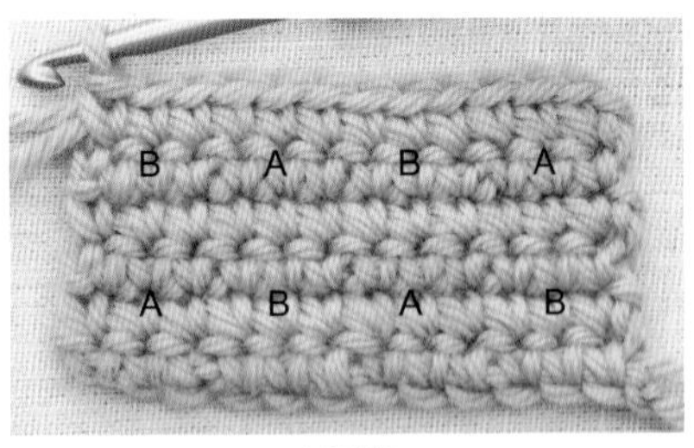

<正面>

1

完成換新線前的短針時，以針鉤住新線（B線）後拉出。

2

握好靠緊前一段（這裡指的是起針）的A、B線線頭，與前一段（起針）一起挑起後鉤短針。

3

完成B線最後的針目時，以針鉤住暫時放置的A線後拉出。

4

段落結尾處則是由後側將A線掛在針上，以B線鉤立起鎖針1針（A線只要掛在針上就好）。

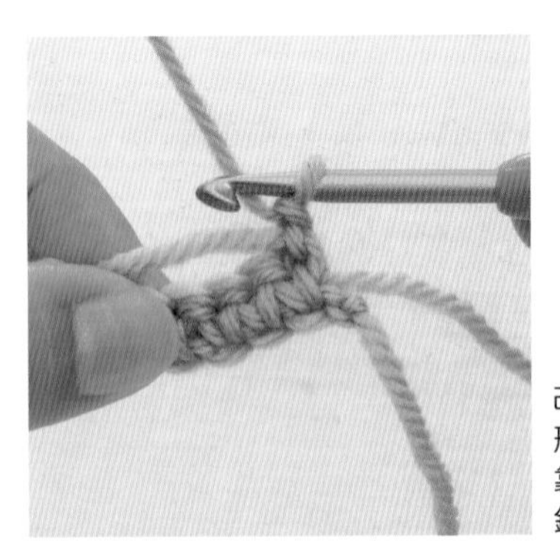

5

改變織片方向的情形。就這樣將A線靠緊織片後繼續鉤。

2 緣編

為了裝飾織片或補強，在邊緣編織的鉤法稱為「緣編」。有時候也會以緣編拼接2片織片。

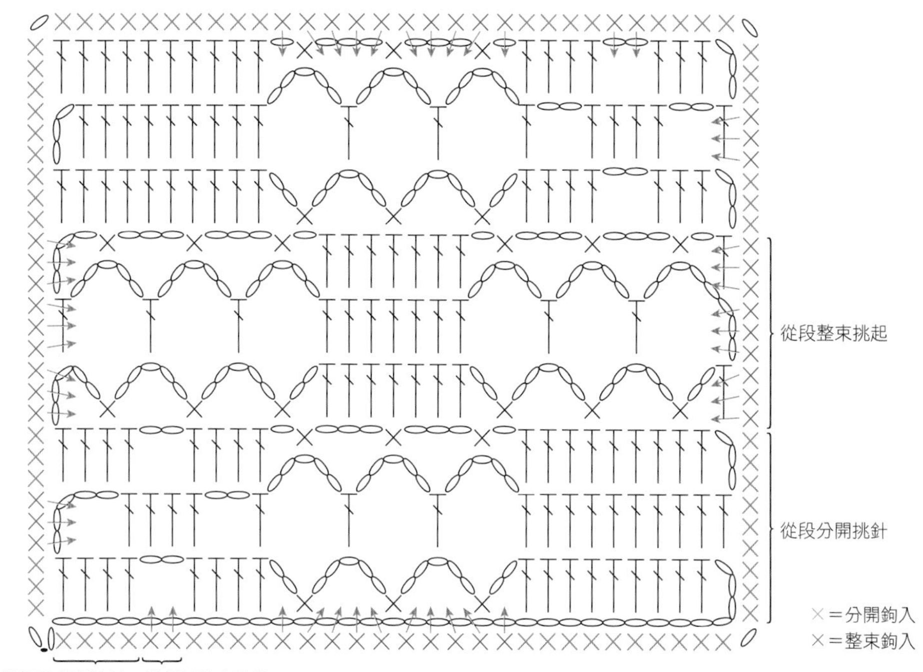

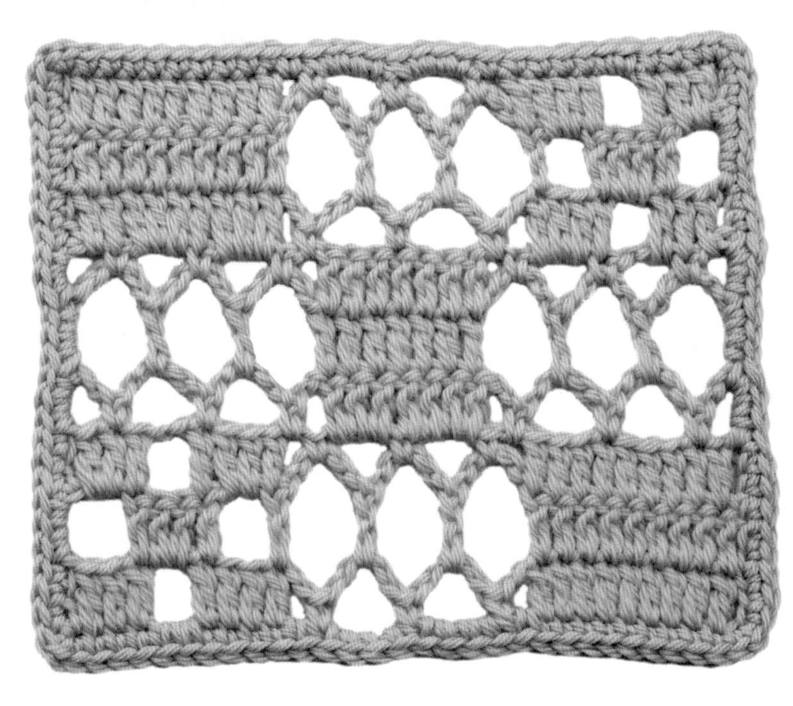

從起針挑針

織片較密的部分，一針一針挑起。經常用來鉤披肩的邊緣等。

1
挑起起針的最初一針（鉤住起針剩下的線），將針插入，拉出鉤緣編用的線。

2
鉤立起鎖針1針，將針插入下一個針目，線頭2條線都靠緊織片，挑針時同時挑起2條線鉤短針。

3
鉤好緣邊短針1針的情形。線頭靠緊織片鉤起包住，也同時處理線尾。

4
繼續挑起長針針目，鉤短針。

從起針整束挑起

鉤網編等鏤空織片時，將起針鎖針整束挑起後鉤織。

1 鏤空圖樣部分，挑起整段鎖針後鉤緣編。

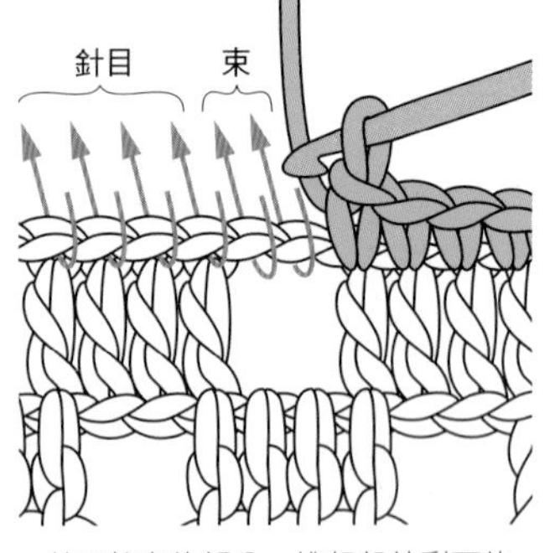

針目較密的部分，挑起起針剩下的線，將鏤空部分整束挑起。

分開織目挑針部分與整束挑起部分。

段落針目分開挑針、整束挑針

織片較密部分，可以分開立起鎖針針目或分開長針軸線挑針。
織片鏤空部分較多時，立起鎖針針目或軸為整束挑針。

1
完成起針側的邊緣後換段落。鉤鎖針1針，然後鉤段落側的邊緣。

2
每個鎖針針目都挑起半針鎖針與裡山的2條線，鉤短針。

3
從長針挑起軸線2條線，鉤短針。

4
鏤空部分則是挑起長針軸（或鎖針）後，整束挑起，鉤短針。

●段落針目挑針法

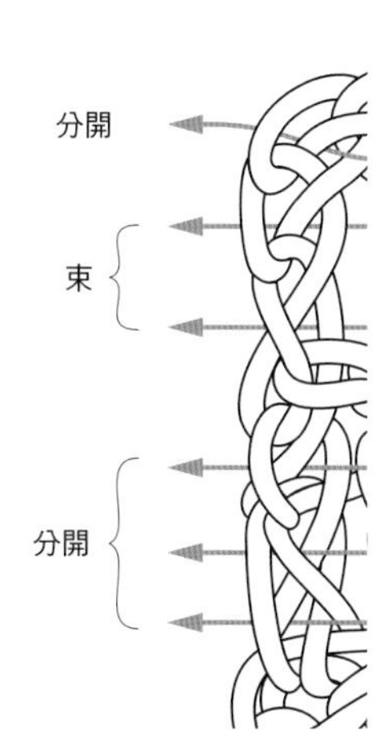

邊端針目為長針或短針時，挑起線2條。

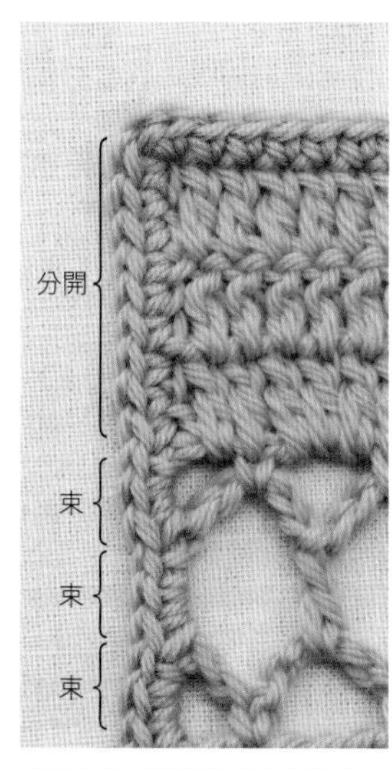

將織片從段落分開挑針與整束挑起的情形。

從結尾處挑起

1
完成段落緣編後，鉤鎖針1針，將針依箭頭所示插入最後一段的上方鎖針，鉤短針。

2
織片的鏤空部分則整束挑起。

3 鉤織主題花樣

主題編織即使只有一片也能作為小飾巾杯墊或杯墊使用，多鉤幾片拼接起來，還能變化出提包、椅墊等作品。此外，主題編織除了平面編外，還能立體編。

鉤織四角形主題花樣

以長針、鎖針形成的主題編織。在角落加針鉤織（織圖在p.54）。

第1段

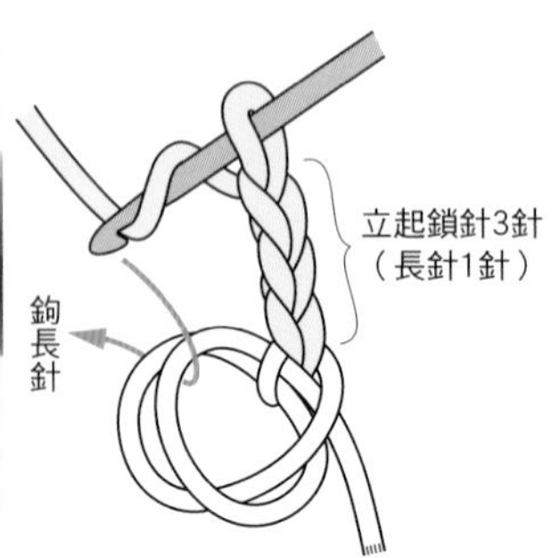

1 從輪狀起針（參閱p.15）鉤立起鎖針3針。

2 在環中鉤入長針2針後，繼續鉤鎖針3針。

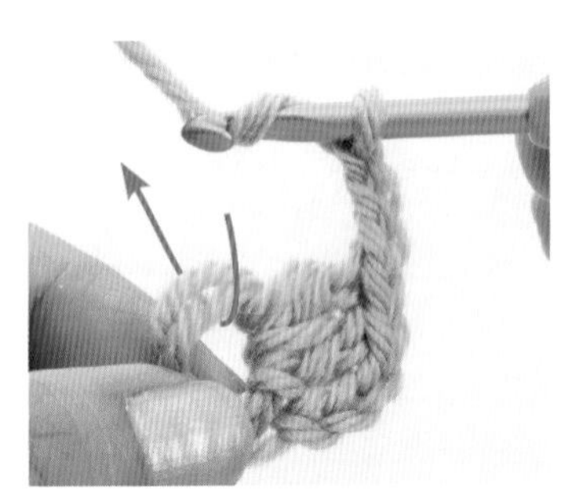

3 繼續在環中鉤入長針。

4 重複同樣鉤法，鉤4遍。

5 拉線頭，將環拉緊（參閱p.16）。

6 將針插進起始處的立起鎖針第3針的半針鎖針與裡山，鉤引拔針。

7 完成第1段的情形。

第2段

8 鉤立起鎖針3針與鎖針1針。掛線，將針插入角落鎖針下方。

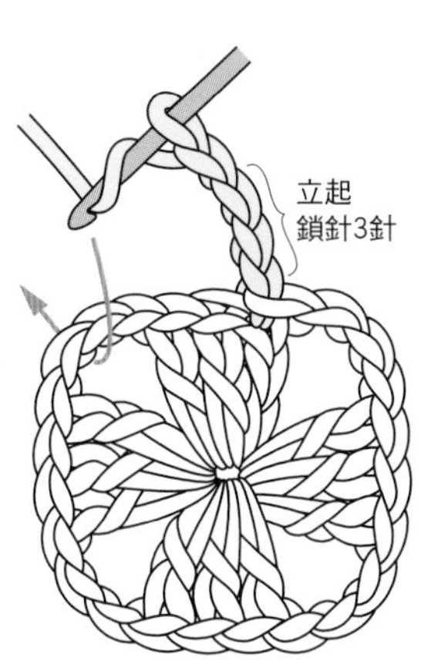

9 鉤長針3針後，繼續鉤鎖針3針。

10 在9鉤入長針3針處，再鉤入長針3針。重複同樣步驟，鉤3邊的角落。

11 結尾處，依箭頭所示將針插入後整束挑起，鉤引拔針。

12 繼續鉤立起鎖針，以第2段相同要領鉤第3段。最後以併縫針處理線（參閱p.80）。

如何將線穿進綴縫針

將線穿進併縫針的方法，跟一般縫衣針的穿針法不同。特別在鉤織主題時，常需要以併縫針處理線端，請一定要學會。

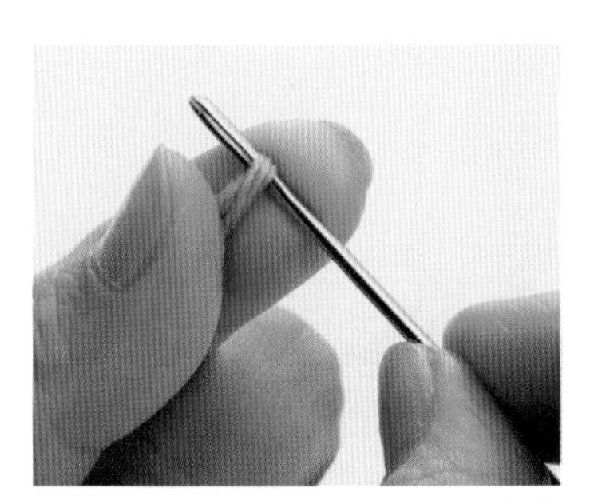

1 利用併縫針，以大拇指、食指指腹折起線頭。

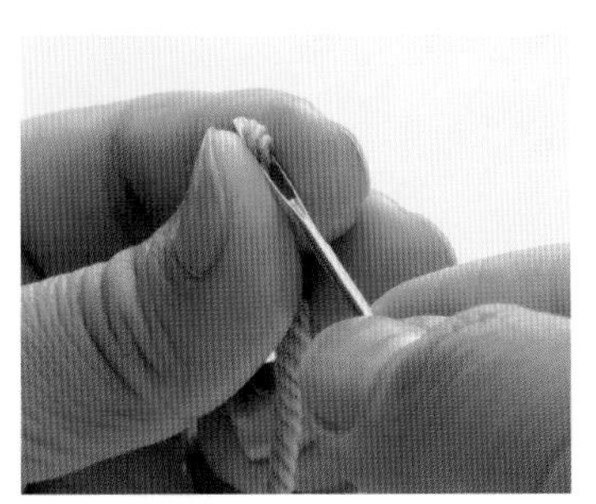

2 將折線處對準針孔，一邊推一邊將線穿進針孔裡。

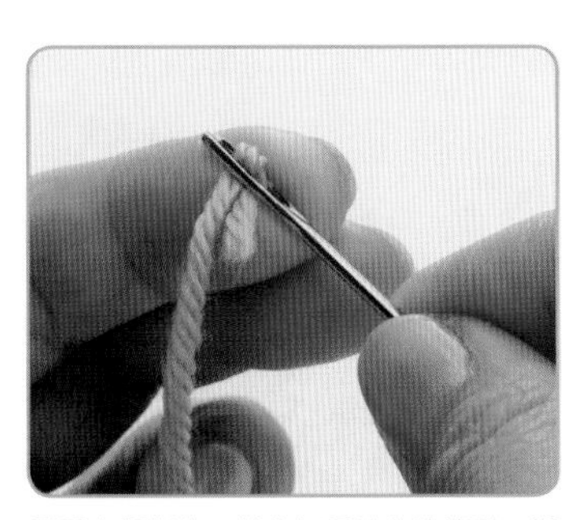

鬆開大拇指後，就會如照片上的情形。折線處穿進針孔後，就能把線拉出來。

鉤織各式主題花樣

四角形、圓形、六角形、八角形等，主題花樣的形狀種類繁多。如果再改變

●四角形主題花樣

●圓形主題花樣

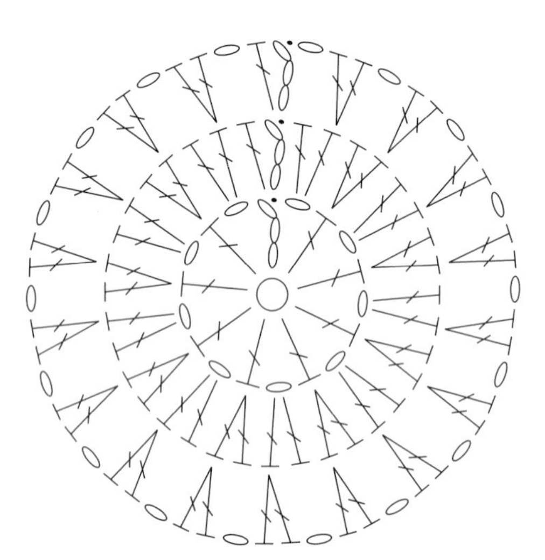

一般主題花樣結尾處的處理法

主題花樣結尾處請使用併縫針處理，以求美觀。

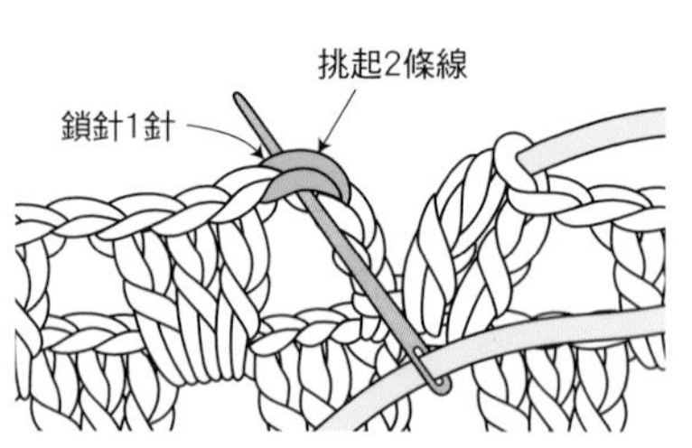

1 將鉤針上的環拉出，結尾處的線留下10cm後剪斷，穿進併縫針裡。從前方將針插入段落起始處的立起鎖針下一個針目的上方鎖狀2條線處，並穿出後面。

2 將針插入線頭露出的針目鎖針中，穿出織片背面。

鉤法、顏色，就能變化出更多種圖樣。

●六角形主題花樣

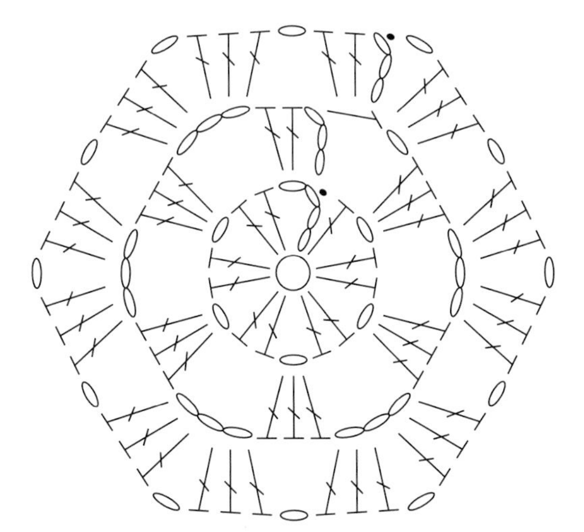

●八角形主題花樣

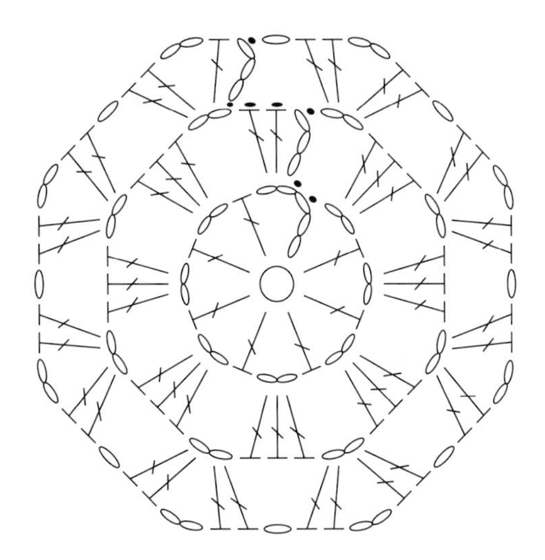

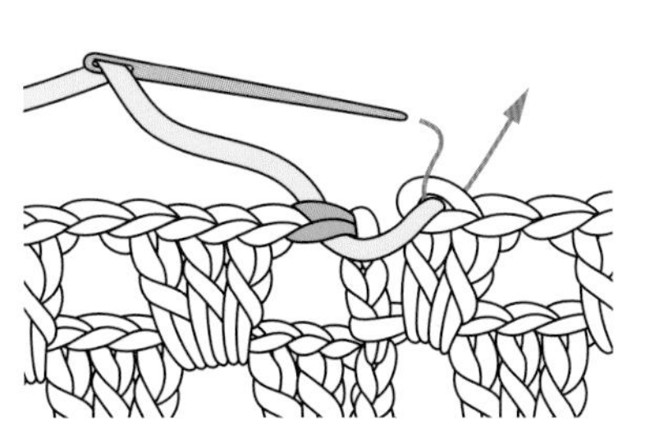

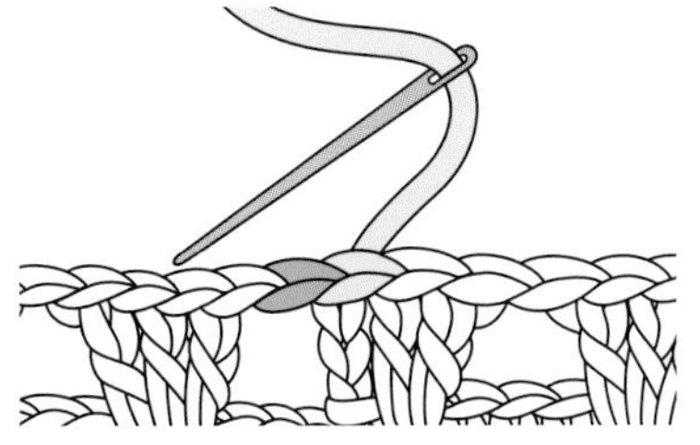

3 將線拉到鎖針1針的大小，線頭在織片背面處理（線頭的處理請參閱p.80）。

Column 試著用不同線鉤織主題花樣

使用蕾絲線、毛線、麻線等，以不同粗細、顏色、材質的線試著鉤相同主題花樣，成品的氛圍大相徑庭。

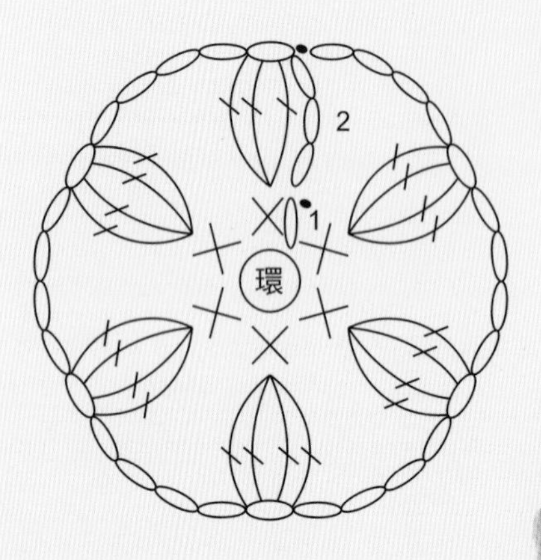

40號蕾絲線
蕾絲針8號

粗蕾絲線　蕾絲針0號

極細毛海　鉤針3/0號

細棉線　鉤針4/0號

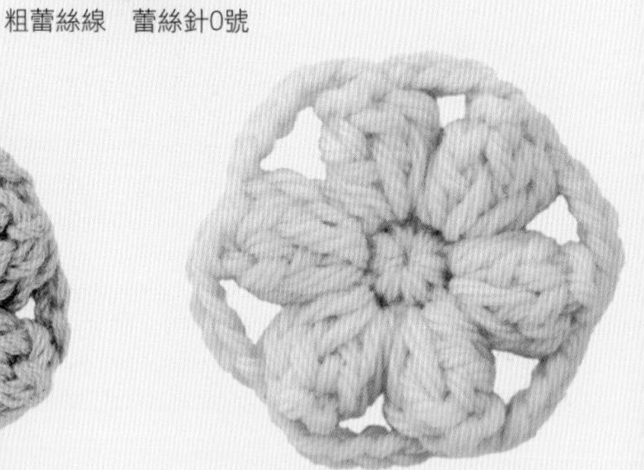
中粗毛線　鉤針5/0號

鉤織花的主題時

小花最適合用來點綴毛衣、外套衣領、圍巾、提包、帽子等。室內鞋、小包等小物也會因為小花而顯得更可愛。

自然且時尚的圍巾

以同色系的小花來點綴，讓簡單的圍巾也顯得時尚。

讓雅緻帽子變得奢華

以極粗毛氈線鉤織的花朵點綴冬季用帽子。

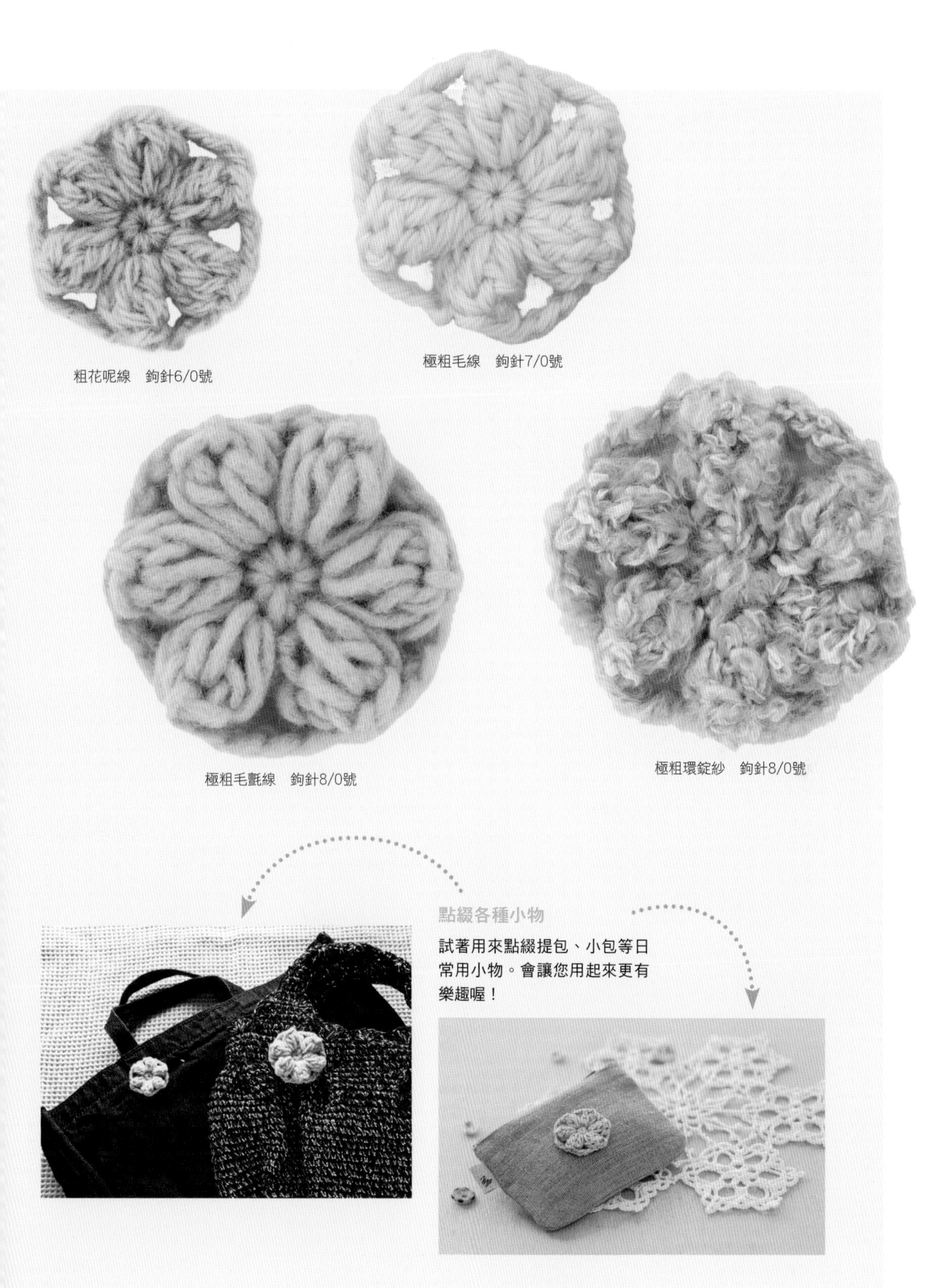

粗花呢線　鉤針6/0號

極粗毛線　鉤針7/0號

極粗毛氈線　鉤針8/0號

極粗環錠紗　鉤針8/0號

點綴各種小物

試著用來點綴提包、小包等日常用小物。會讓您用起來更有樂趣喔！

鉤織立體主題花樣

立體主題花樣中，以花瓣重疊的花朵主題最受歡迎。段落變換時可以試著正面、背面交換拿，會鉤得更順手喔！

第1段

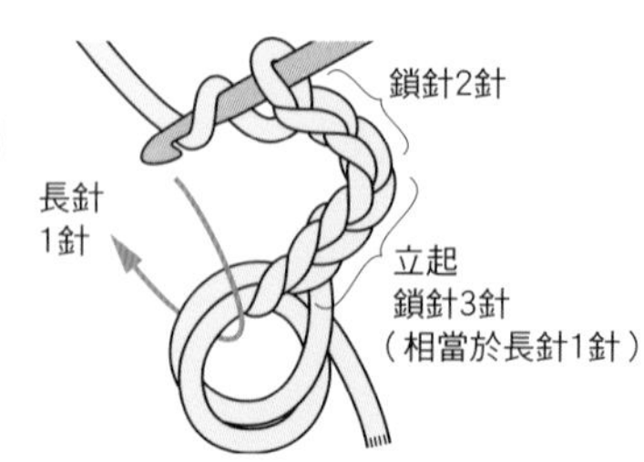

1　從輪狀起針（參閱p.15）開始鉤立起鎖針3針與鎖針2針，掛線挑環，鉤長針。

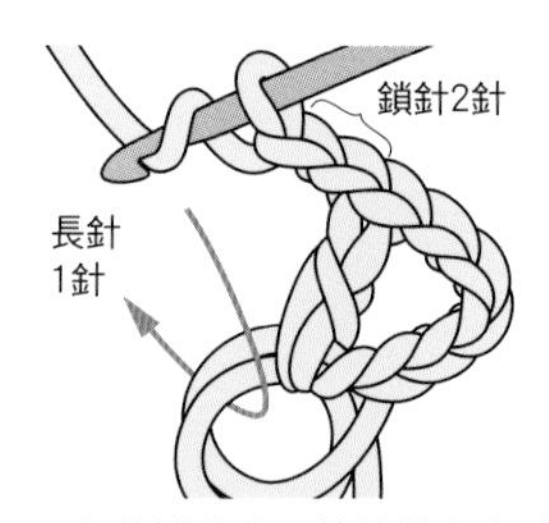

2　鉤鎖針2針、長針1針，重複5次鉤花瓣基座。拉線將中央的環拉緊（參閱p.16）。

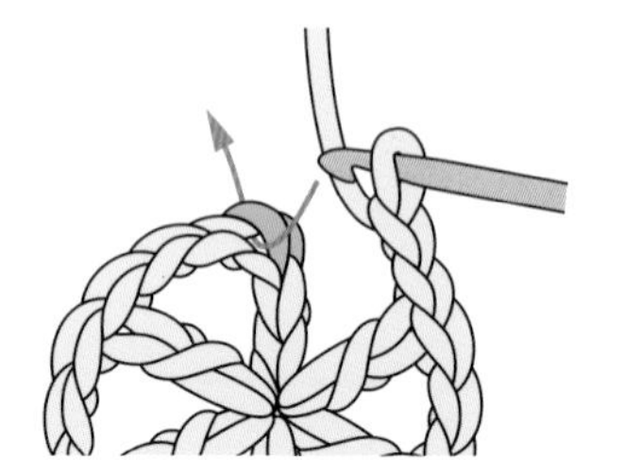

3　最後將針插入起始處的立起鎖針第3針之裡山與半針鎖針，鉤引拔針。

第2段

4　鉤立起鎖針1針，依箭頭所示將針插入，鉤短針1針。

5　完成短針。

6
與4一樣，將針插入，完成中長針1針。

7
繼續鉤長針3針。

8
鉤中長針1針、短針1針，完成花瓣1瓣。重複同樣步驟鉤6瓣花瓣。

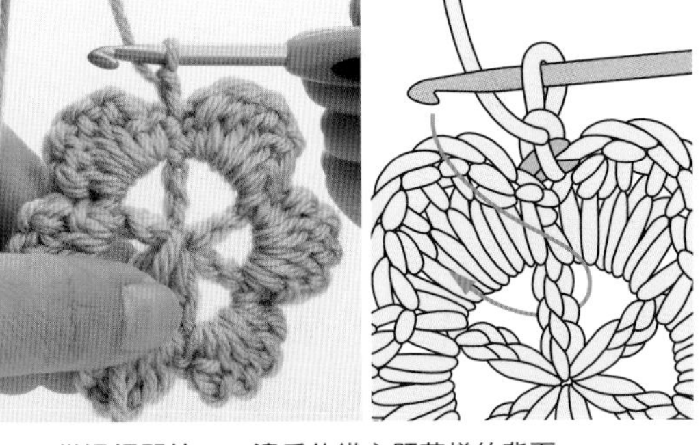

9
結尾處，將針插入起始處的短針上方鎖狀2條線處，鉤引拔針。

第3段

10
鉤起針鎖針1針，針就這樣依箭頭所示轉動，將鉤織主題花樣翻面。

11
從這裡開始，一邊看鉤織主題花樣的背面一邊鉤。

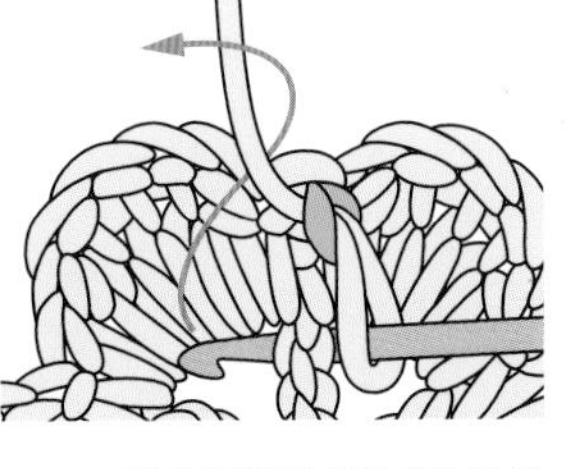

12
從右邊將針插入第1段的立起鎖針處，依箭頭所示掛線拉出。

13
再一次掛線拉出，鉤短針（表引短針）。

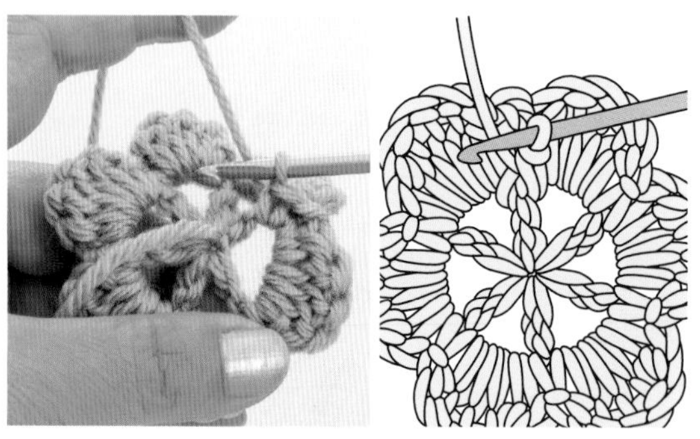

14 完成引針的情形（織圖畫的是從正面看的情形，因此顯示的是裡引針記號）。

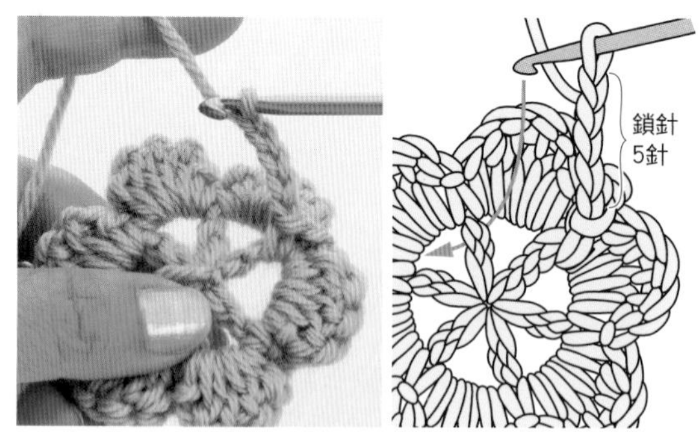

15 鉤鎖針5針，從側面將針插入第1段的長針裡。

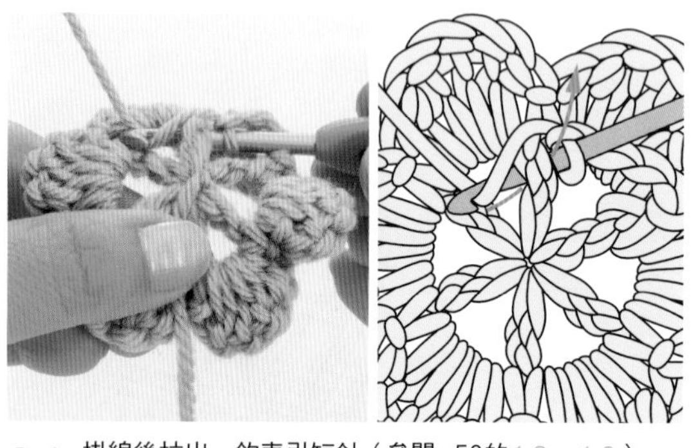

16 掛線後拉出，鉤表引短針（參閱p.59的12～13）。

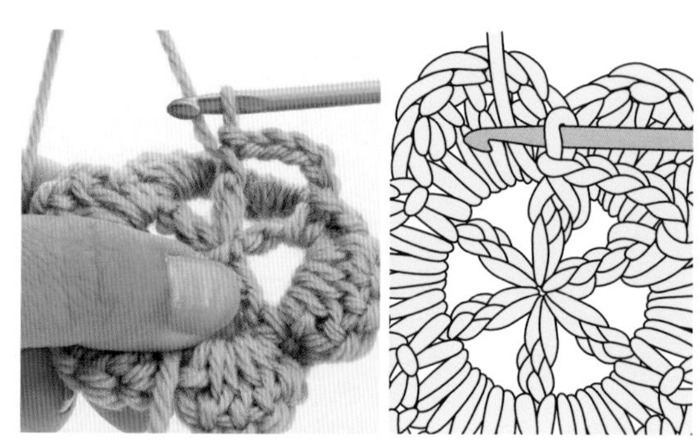

17 這就是外側花瓣的基座。重複15～16的步驟鉤第3段。

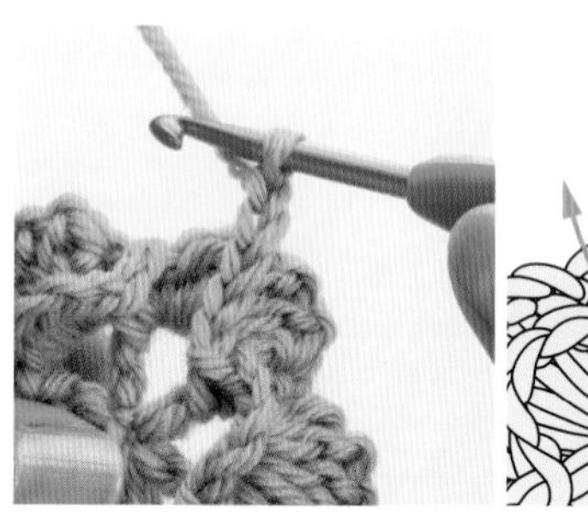

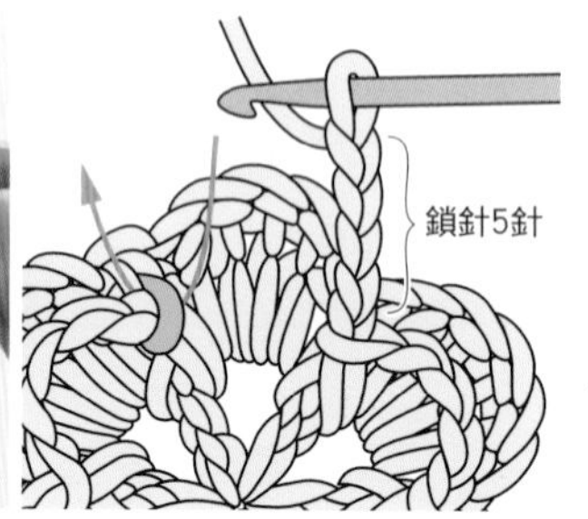

18 最後鉤鎖針5針，將針插入起始處的短針上方鎖狀2條線處，鉤引拔針。

第4段

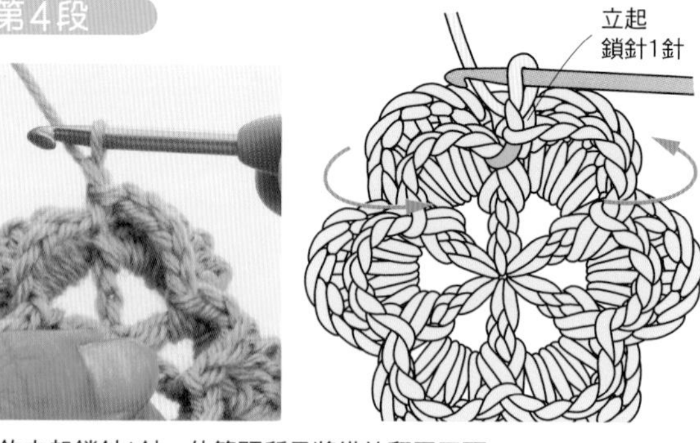

19 鉤立起鎖針1針，依箭頭所示將織片翻回正面。

20 翻回正面的情形。

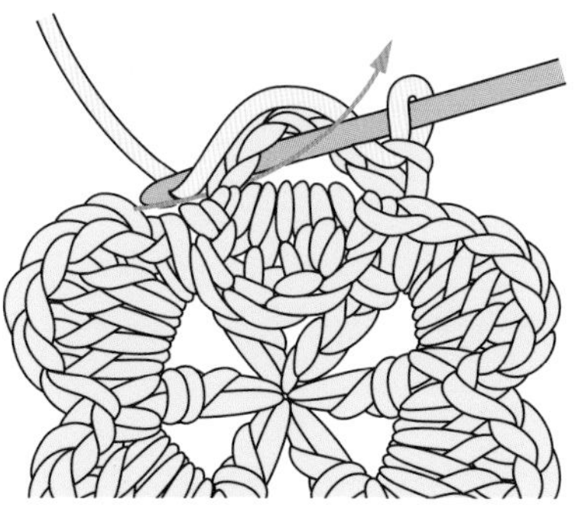

21 將花瓣向前壓倒，依箭頭所示將第3段的鎖針整束挑起，鉤入短針。

22 完成短針的情形。

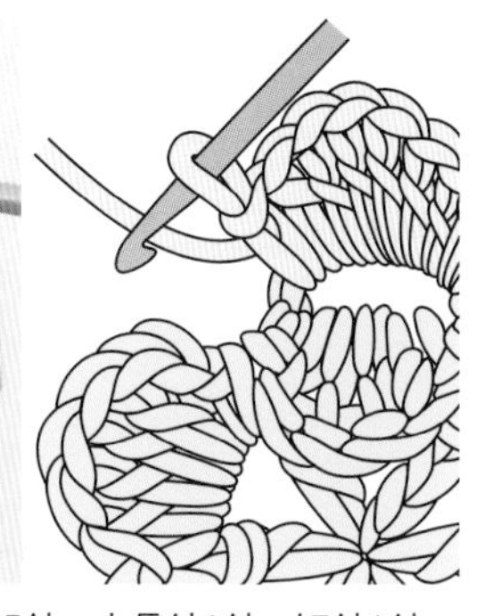

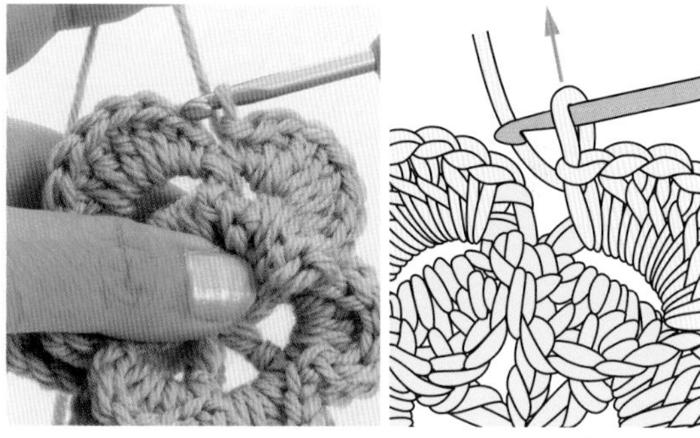

23 繼續鉤中長針1針、長針5針、中長針1針、短針1針，完成外側花瓣1瓣。

24 以同樣鉤法鉤剩下的5瓣花瓣，結尾處的線頭留下10cm左右後剪斷，將環拉出。

●線頭的處理

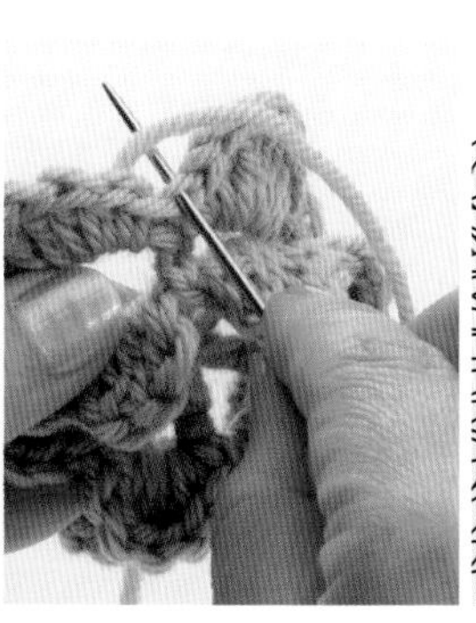

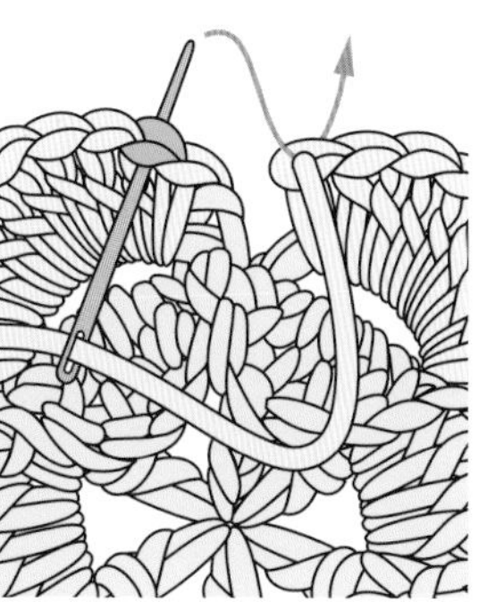

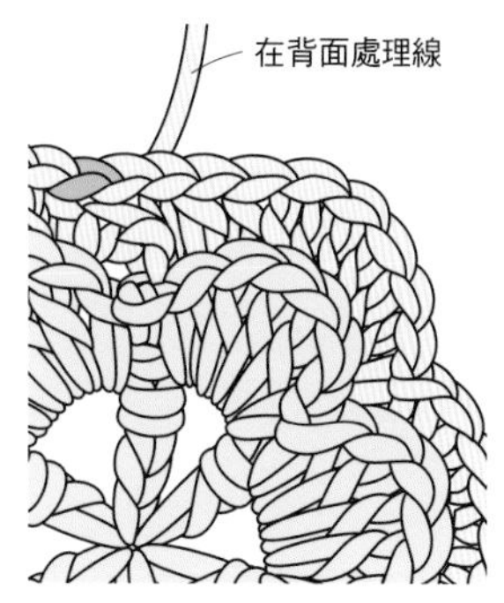

25 將結尾處的線頭穿進併縫針，由前向後將針穿進起始處第2針的上方鎖狀2條線處，穿過後面。將針插入線頭露出的針目上方的鎖針中，從背面穿出。

26 在背面處理線。

Column 如何改變花瓣顏色鉤出美麗花樣？

第3段的引針能從正面看到。鉤雙色的花主題時，如果將鄰接的短針腳一根一根挑起後鉤入短針的話，就無法從正面看到花瓣基座。

挑八字

1 第3段短針不作引針，而是將針插入花瓣間「八字」的2條線後挑針，鉤短針。

2 完成短針的情形。

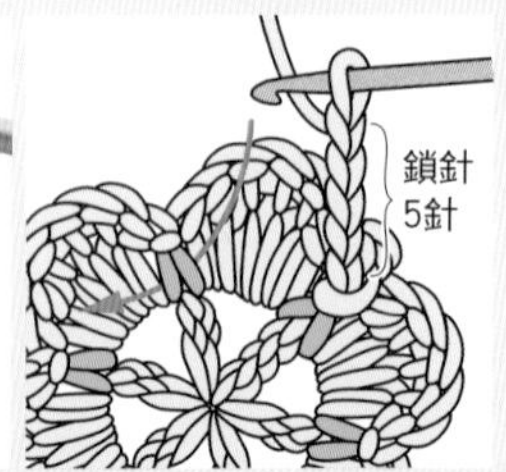

3 鉤鎖針5針，接下來也將針插入「八字」後做編織。最後則是在起始處的短針上方鎖狀2條線處鉤引拔針。

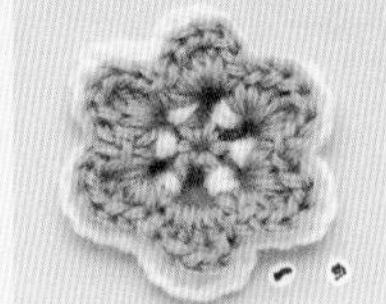

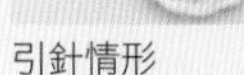

引針情形

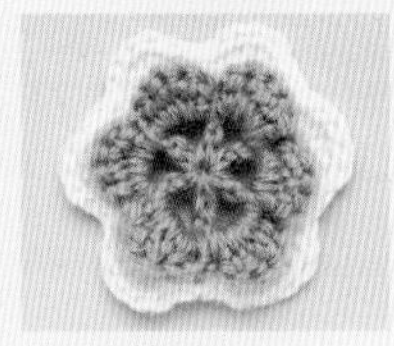

挑八字情形

Column 網編主題花樣結尾處的處理

就網編主題花樣而言，將最後的鎖針減1針，再以併縫針製作鎖針1針來處理。

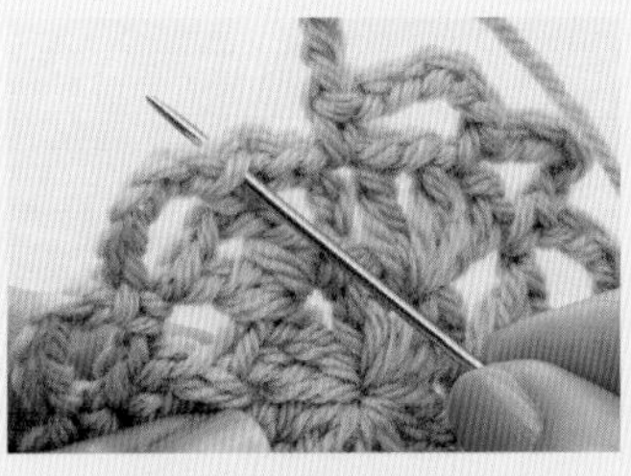

1 最後的鎖針減1針，線頭留下10cm後剪斷（照片中為4針）。將針上的環拉出，穿進併縫針。由前向後將針插入起始處的短針上方鎖狀2條線處，從後面穿出。

2 由前向後將針插入線露出的鎖針針目中。

3 整理鎖針1針的大小，翻到背面將針插入箭頭位置，處理線頭（參閱p.80）。

4 邊鉤織主題花樣邊拼接

先鉤1片主題花樣，然後一邊鉤下1片主題花樣的結尾處一邊拼接的方法。適合圓形或網編主題花樣使用。

以引拔針拼接

一邊鉤結尾處，一邊將第1片的鎖針整束挑起鉤引拔針。是最簡單的拼接法。

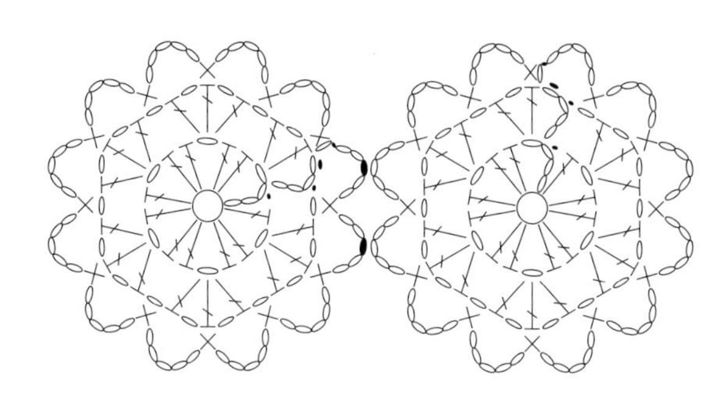

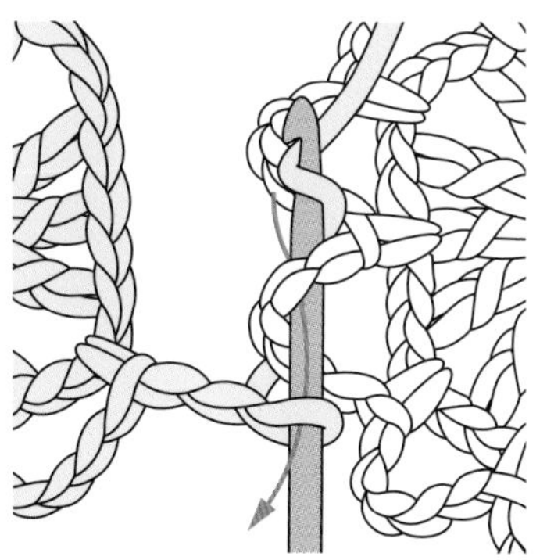

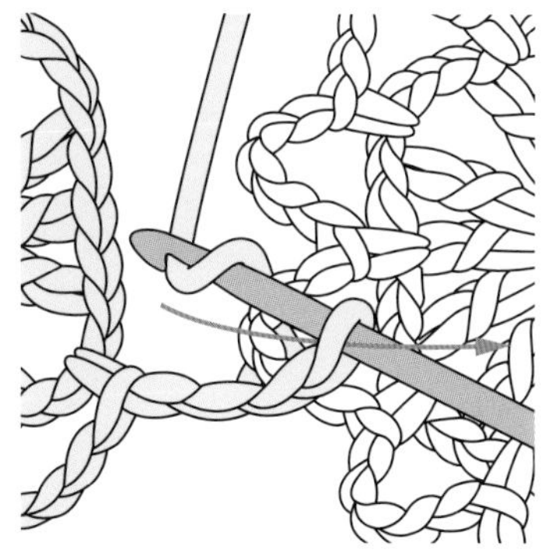

1 鉤鎖針2針，將第1片主題花樣的鎖針整束挑起，鉤引拔針。

2 繼續鉤鎖針2針後，在第2片主題花樣鉤入短針。

3 下一個拼接位置也以同樣方法鉤織。

換針後引拔拼接

用這個方法拼接顏色不同的主題花樣，讓鎖針好像對換了一樣。

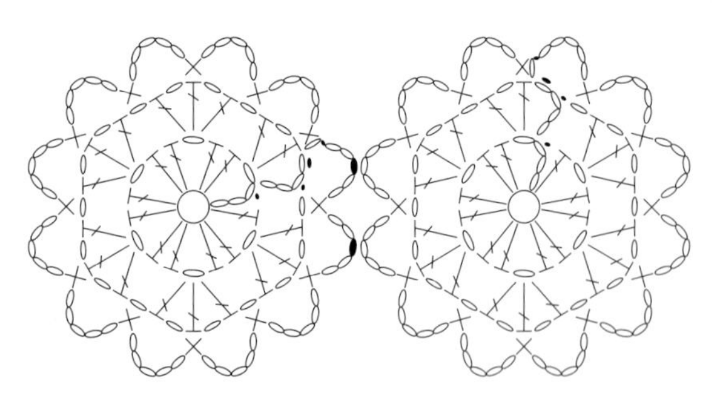

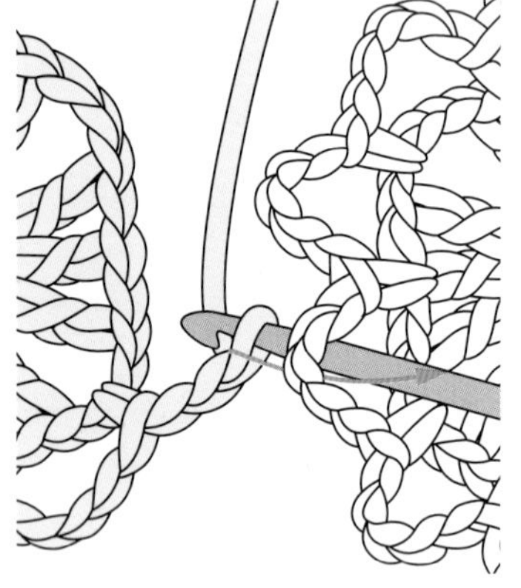

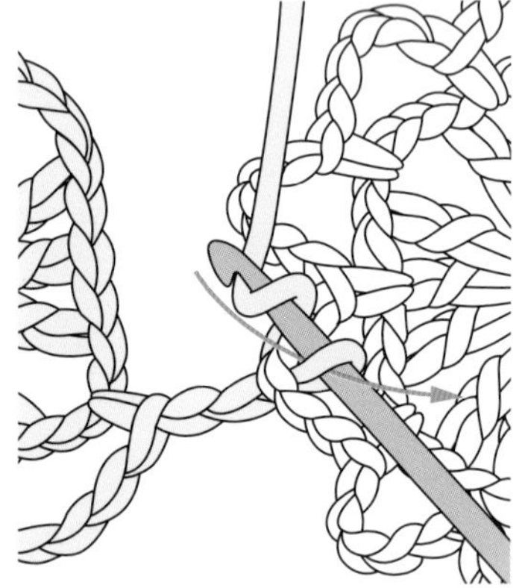

1 完成拼接位置前的鎖針2針後，先把針拔掉。如插圖所示將針插入第1片主題花樣中，拉出從針上拿下的環。

2 掛線後鉤引拔針，鉤鎖針2針後，在第2片主題花樣鉤短針。

3 下一個拼接位置也以同樣方法鉤織。

以引拔針分開拼接

用這個方法拼接顏色不同的主題花樣，各主題花樣的顏色不會在拼接處交疊。

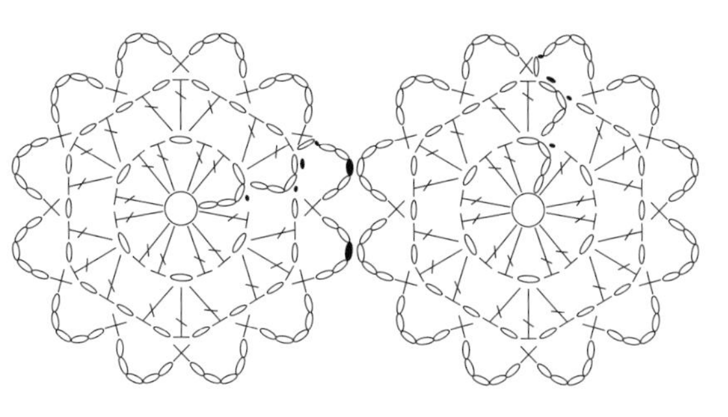

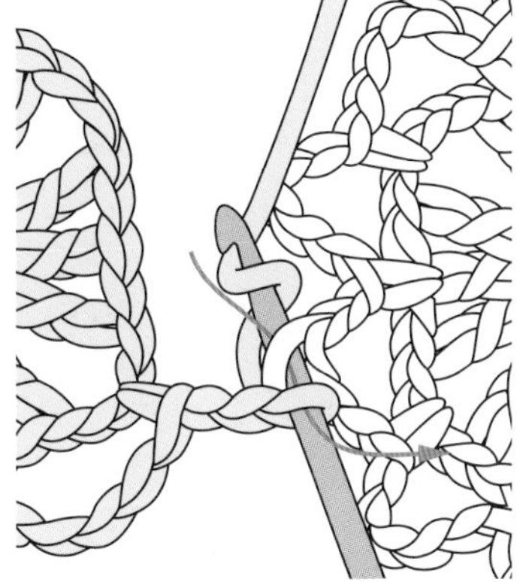

1 完成拼接位置前的鎖針2針後，挑起第1片主題花樣的半針鎖針與裡山，將針插入。

2 掛線鉤引拔針，鉤鎖針2針後在第2片主題花樣中鉤短針。

3 下一個拼接位置也以同樣方法鉤織。

以短針拼接

完成最後1段，將針插入第1片鎖針的環中，一邊鉤短針一邊拼接。

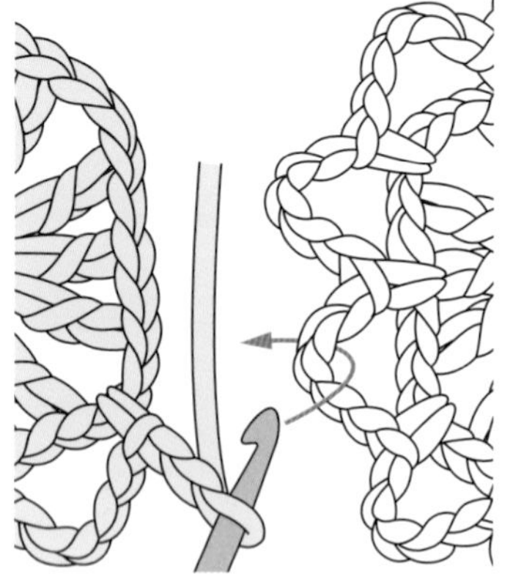

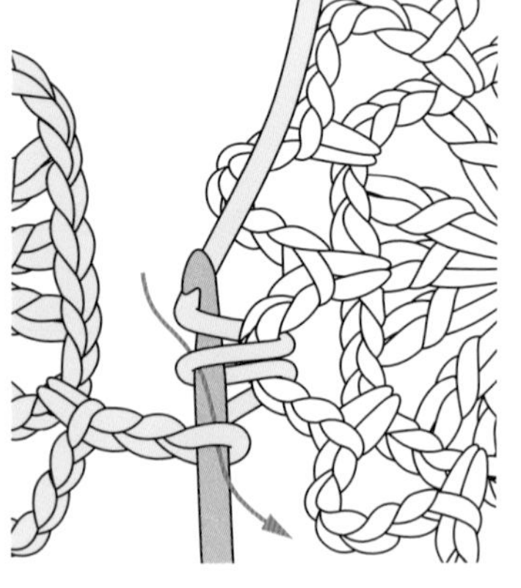

1　完成拼接位置前的鎖針2針後，將第1片的鎖針整束挑起，將針插入。

2　掛線後拉出，再一次掛線後引拔（短針）。繼續鉤鎖針2針後，在第2片主題花樣中鉤入短針。

3　下一個拼接位置也以同樣方法鉤織。

以長針拼接花瓣尖端

將花瓣主題花樣的尖端穿進另1片主題花樣裡，鉤長針拼接。

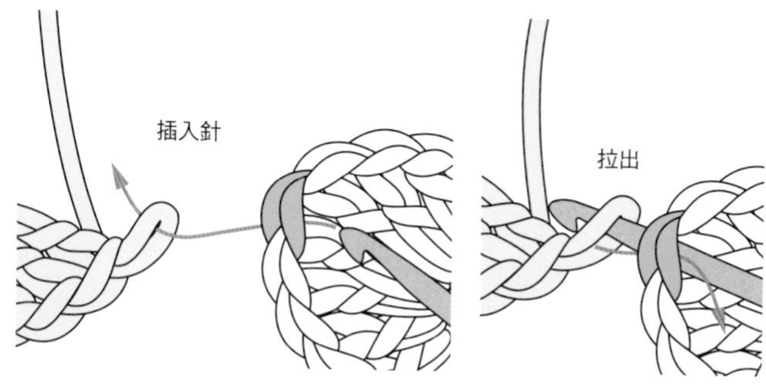

1 鉤到拼接位置前時，先把針拔掉，將針插入第1片的長針上方的鎖狀2條線處，拉出從針上拿下的環。

2 掛線，在第2片主題花樣鉤入長針。

3 完成1瓣花瓣的情形。另一片也以同樣方法拼接。

以引拔針拼接4片主題花樣

拼接4片主題花樣時，如果要在角落做拼接，則第3、4片就不要與第1片連接，應該拼接在第2片上。

●拼接第1片和第2片

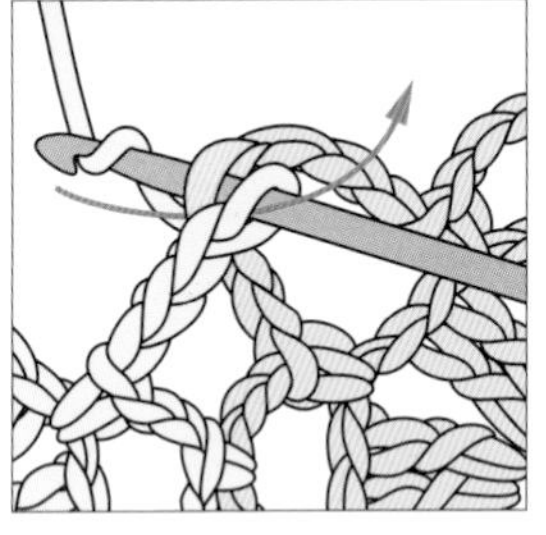

1
完成拼接位置（織圖的引拔針部分）前的鎖針3針後，分開第1片主題花樣角落的鎖針，將針插入，鉤引拔針。

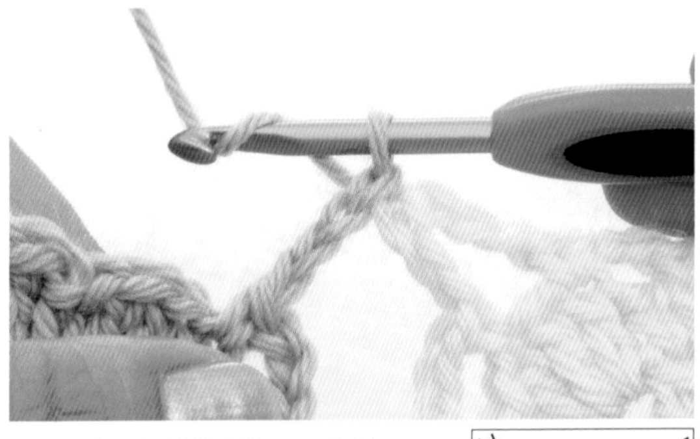

2
完成角落的拼接。再鉤鎖針3針，剩下2處也以引拔針拼接。

3
完成第2片主題花樣的拼接。

＊插圖內（第1片＝粉紅色、第2片＝淺藍色、第3片＝紅色、第4片＝深藍色）

●拼接第3片

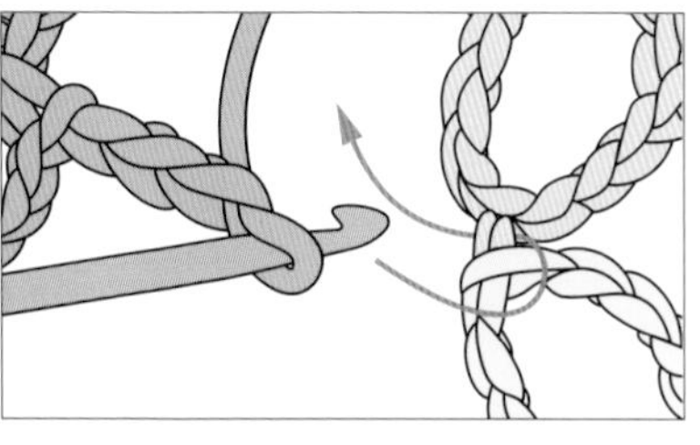

4 完成拼接位置前的鎖針3針後，依箭頭所示將針插入第2片引拔針的針腳2條線處。

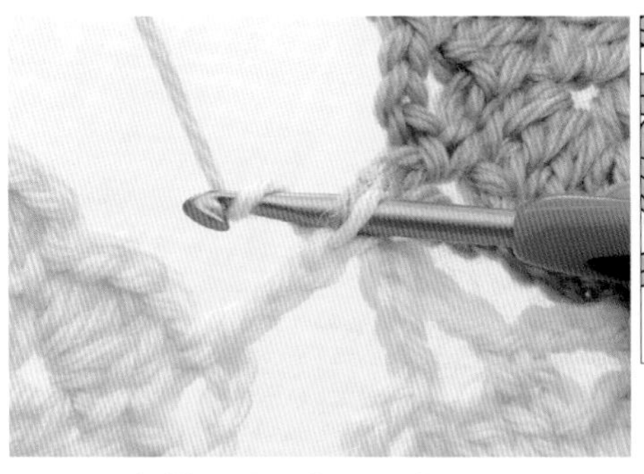

5 掛線引拔，剩下2處也以引拔針拼接。

6 完成第3片主題花樣的拼接。

●拼接第4片

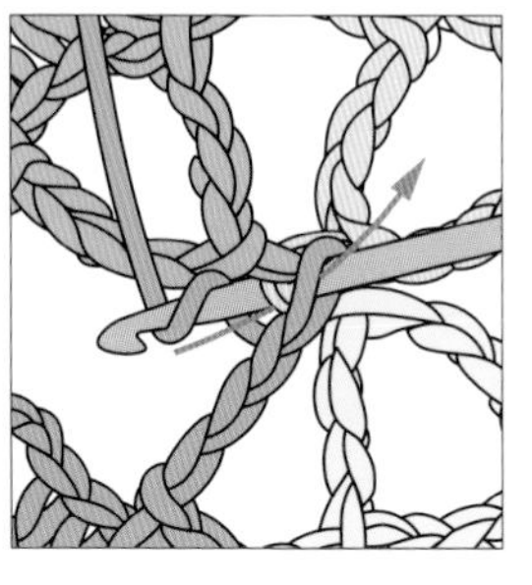

7 完成拼接位置前的鎖針3針後，將針插入第2片引拔針的針腳2條線處。

8 掛線引拔。4片主題花樣的中央鉤織好後，鉤鎖針，剩下2處也以引拔針拼接。

Column 使用塑膠環拼接連續主題花樣的方法

使用塑膠環，就能鉤出形狀美麗的主題花樣。此外，可以在不剪斷線的情形下拼接花樣，省去處理線頭的麻煩，也是優點之一。

1 第1朵花的第3瓣花瓣鉤到一半後，鉤鎖針3針。

2 在第2朵花的塑膠環鉤短針，持續鉤到第6瓣花瓣的一半。

3 第2朵花的結尾處，將針依箭頭所示插進第一朵花第3瓣花瓣尖端。

4 掛線後引拔。

5 拼接起第1、2片，再鉤鎖針3針的情形。繼續在第1片的塑膠環鉤短針。

6 將第1朵花的第5瓣花瓣鉤到一半，鉤鎖針3針後，在第3片的塑膠環鉤短針。

7 按照順序鉤第4～7片，再鉤第6、3、1片的剩下部分後完成。

5 綴縫法與併縫法

拼接織片段落者稱為「綴縫」，拼接織片的針目者則稱為「併縫」。綴縫、併縫都有好幾種不同種類。

拼接段落與段落的「綴縫法」

使用比鉤織片時小1號的鉤針會鉤得比較順手。

●鎖針引拔綴縫

常用於長針、鏤空圖樣等的綴縫法，綴縫位置容易辨認，能較早完成。

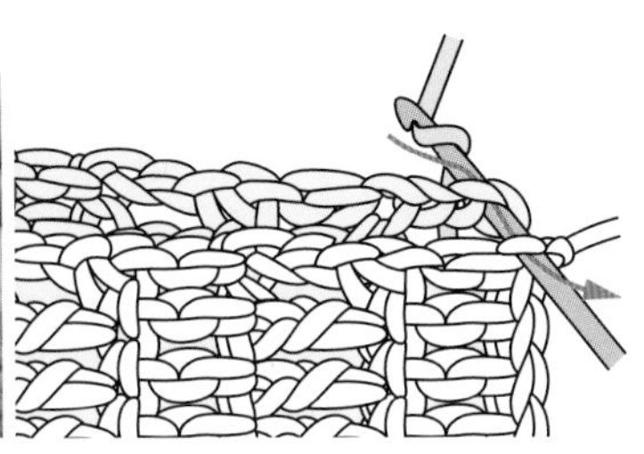

1 將2片織片的正面向內對齊，將針插入各織片的端目處，掛線後拉出。

2 引拔的情形。

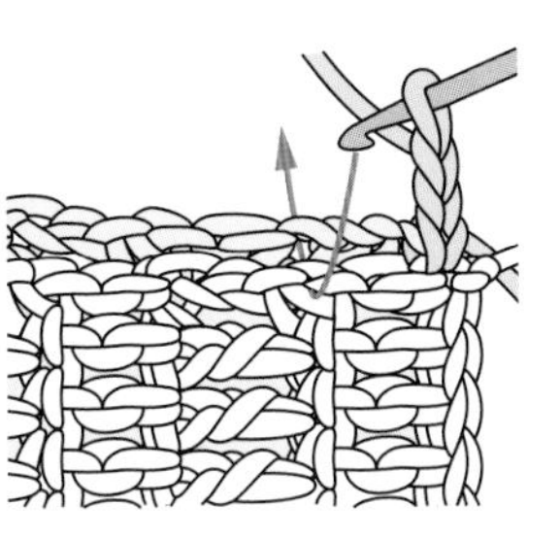

3 配合長針1段的高度鉤鎖針（此時為3針），分開段落的上方針目，依箭頭所示將針插入。

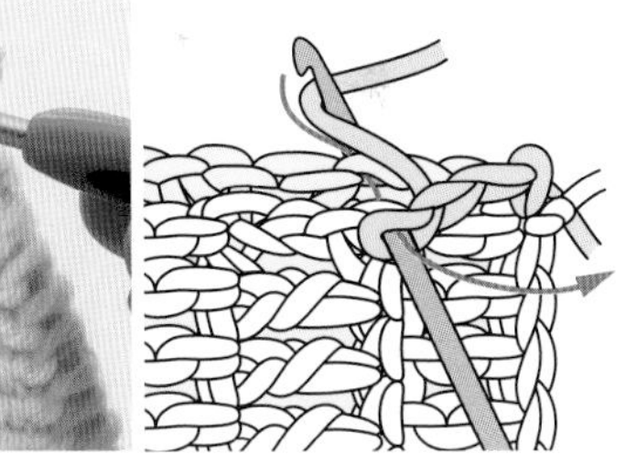

4 掛線後拉出。

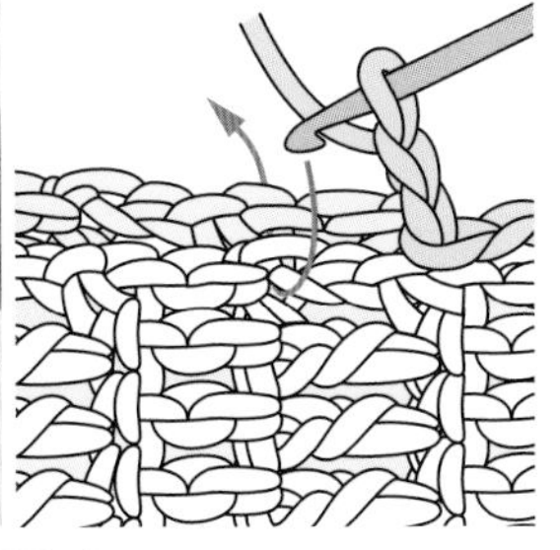

5 再鉤2針鎖針，同樣鉤引拔針。

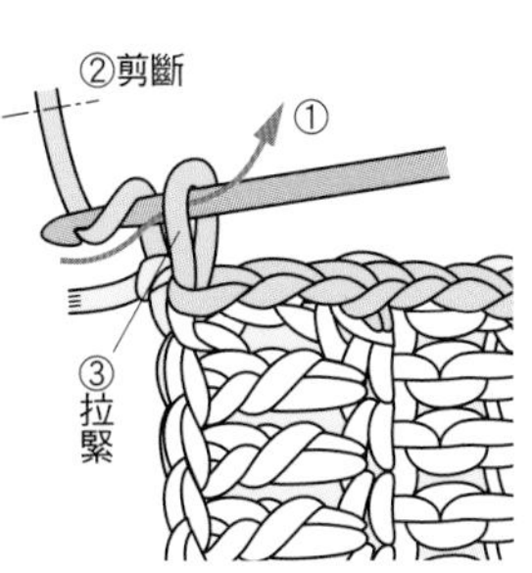

6 鉤到末端後，在最後縫合處再一次掛線後引拔，將針目拉緊。

●引拔綴縫

可避免太鬆，且綴縫位置容易辨認。但縫邊會變厚，不適合以粗線鉤的作品。

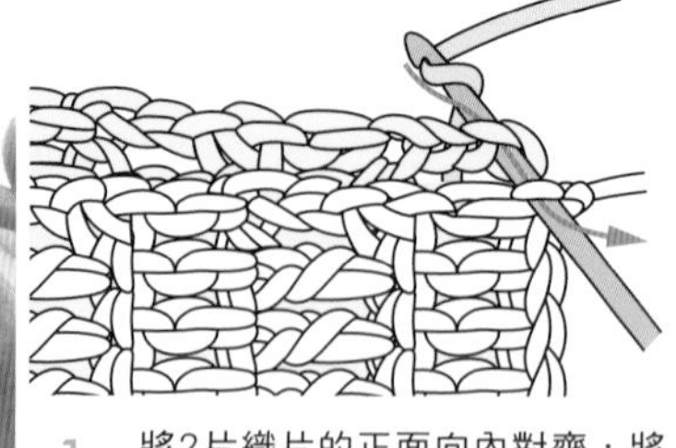

1 將2片織片的正面向內對齊，將針插入各織片的端目，掛線後拉出。

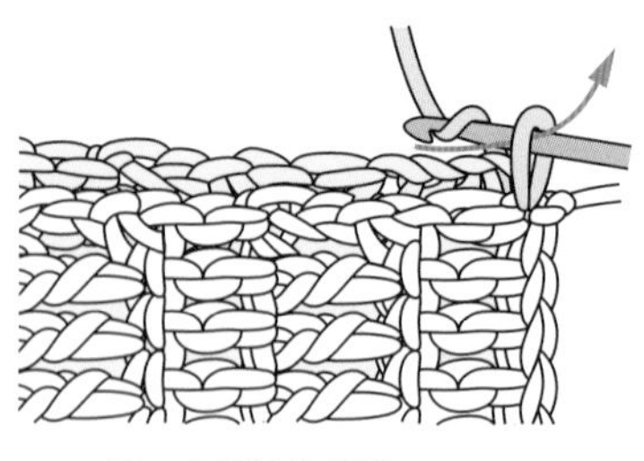

2 再一次掛線後引拔。

3 分開織片的1端目後，將針插入，掛線引拔。

4 鉤好引拔針1針的情形。

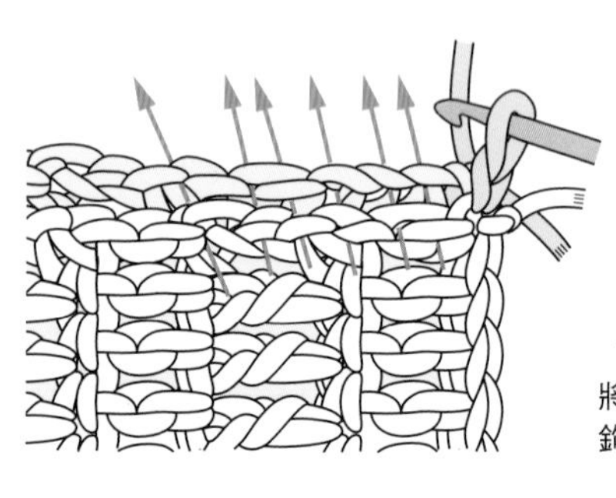

5 將針插入箭頭處鉤引拔針。

6 在長針1段處每隔3針鉤引拔針，一邊留意與織片的平衡一邊綴縫，以免縫邊凹凸不平。

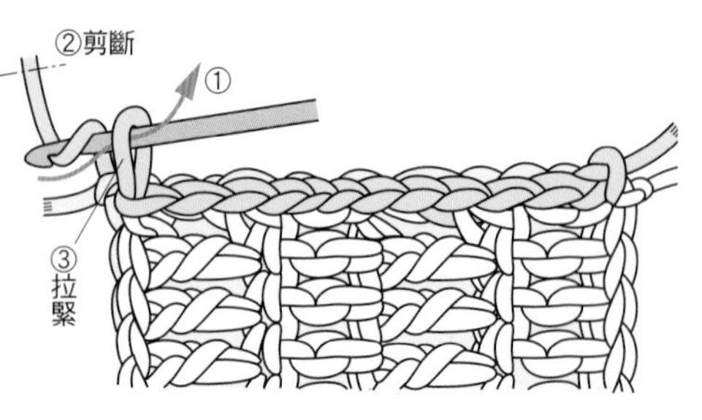

7 鉤到末端後，在最後綴縫處再一次掛線後引拔，將針目拉緊。

●鎖針短針綴縫

在鎖針引拔綴縫的引拔針部分鉤短針。

1

將2片織片的正面向內對齊，將針插入各織片的端目，掛線後拉出，鉤短針1針。

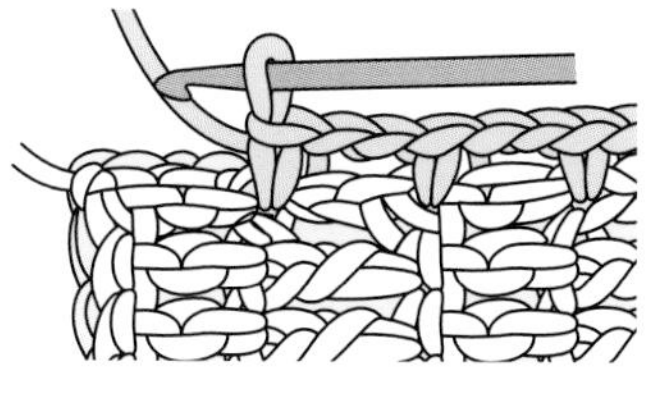

2

到下一段位置鉤長鎖針（此處為2針），分開2片各自段落的上方針目鉤短針，重複此一步驟。

Column 使用綴縫針的縫合法

卷縫綴縫

初學者也易懂的綴縫法，缺點是縫邊很明顯。

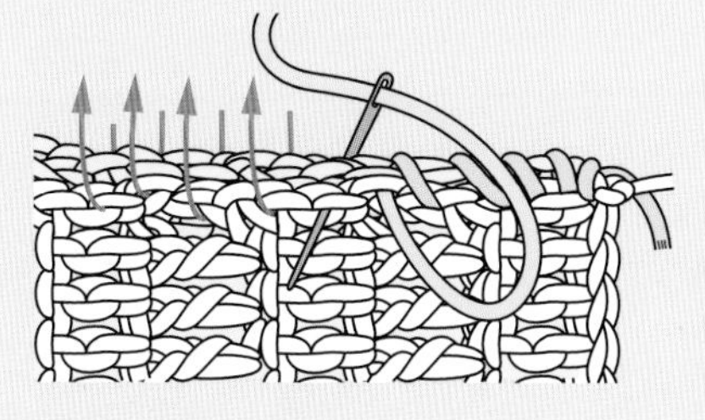

1

將2片織片的正面向內對齊，分開鎖針針目由後向前插入針，如插圖所示做卷縫。插針間隔為長針1段2次最恰當。

回針縫綴縫

簡單、迅速的方法，但縫邊稍厚。

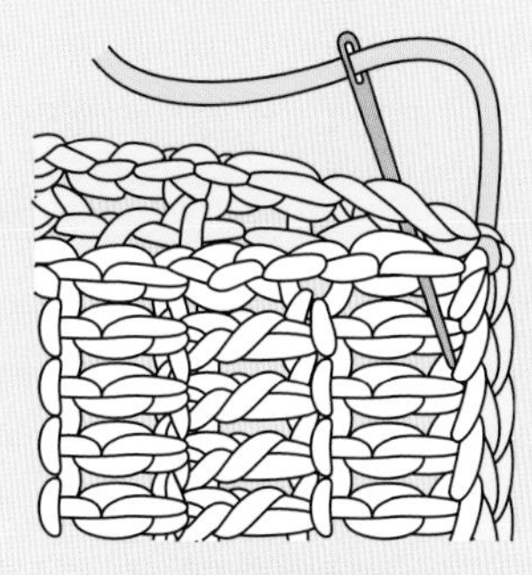

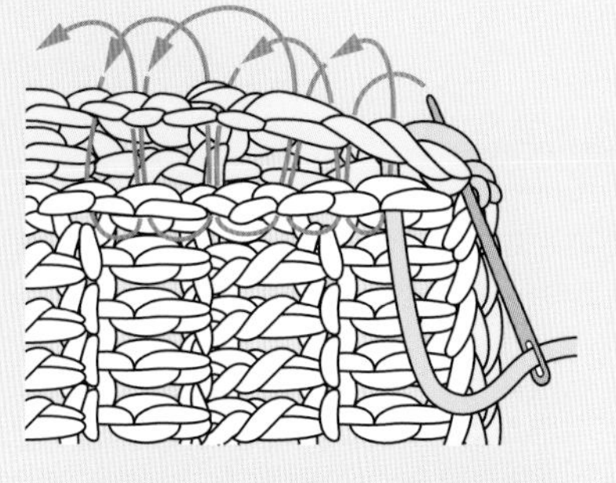

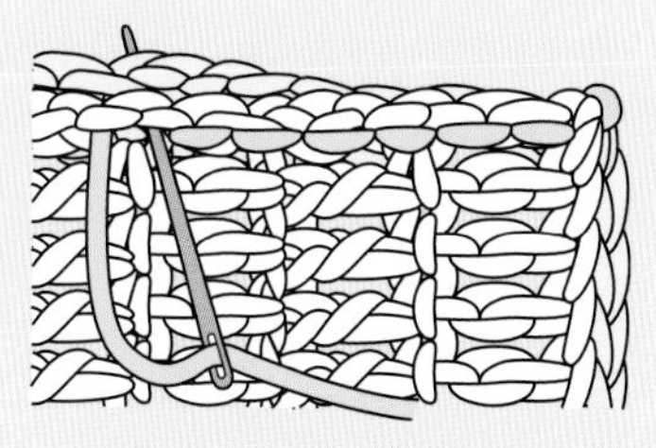

1 將2片織片正面向內對齊，從後面將針插入，向前穿出。

2 將針穿回起針處，從後面穿出（縫1針回針縫）。接下來依箭頭所示將針穿進、穿出綴縫。插針間隔為長針1段2次最恰當。

3 重複「一針回針，第二針穿出」。

拼接針目與針目的「併縫法」

視併縫法不同，粗線可以將線分細。有以鉤針、縫針併縫的方法。

●鎖針引拔併縫

適合以細～中左右粗細程度的線鉤，且鏤空部分多的織片。

1 將2片織片正面向內對齊，將針插入各織片的端目，掛線後拉出。

2 配合到下一個拼接針目的長度鉤鎖針。

3 將針插入2片織片的拼接針目上方的鎖狀2條線處，鉤引拔針。

4 重複鉤鎖針、引拔針以拼接織片。

5 拼接到末端時，再一次掛線後拉出，拉緊線。

●引拔併縫

簡單且迅速的方法，但縫邊處會變厚，不適合用粗線鉤的作品。

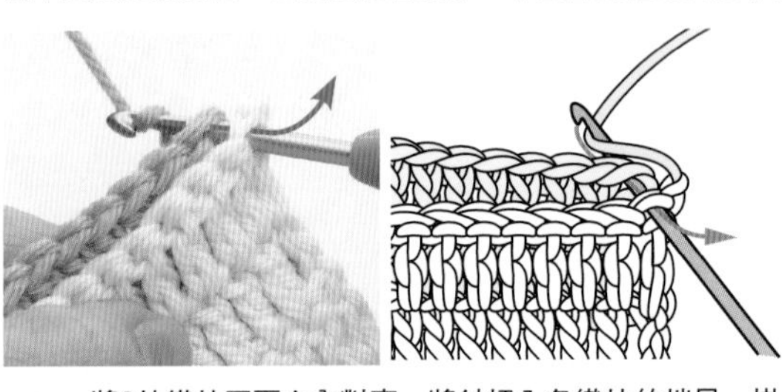

1 將2片織片正面向內對齊，將針插入各織片的端目，掛線後拉出。

2 將針插入下個針目，逐一從針目引拔。

3 併縫1針後的情形。

4 併縫到末端後，再一次掛線後拉出，拉緊線。

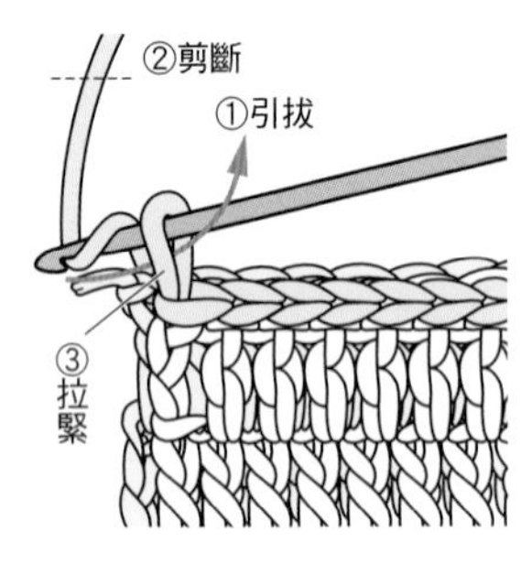

●卷縫併縫

適合初學者用的簡單併縫法，併縫線稍微顯眼。使用併縫針。

全目（逐一挑起針目上方的鎖狀2條線）

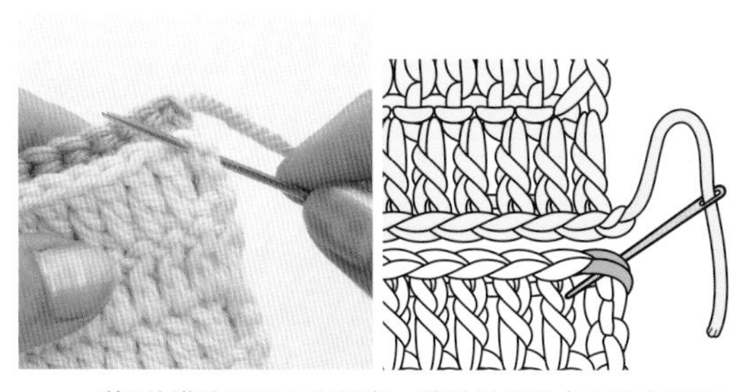

1 將2片織片正面向內對齊，將針從端目處由後向前穿出。

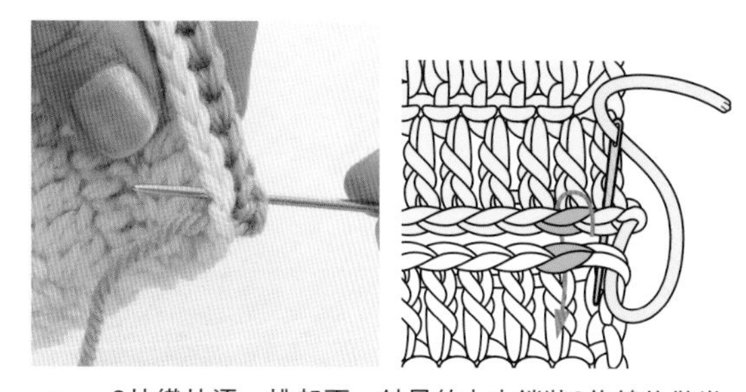

2 2片織片逐一挑起下一針目的上方鎖狀2條線後做卷縫。

3 併縫好1針的情形。下一針目起也用同樣方法併縫。

從正面看的情形。在兩端針目中插入針2次。

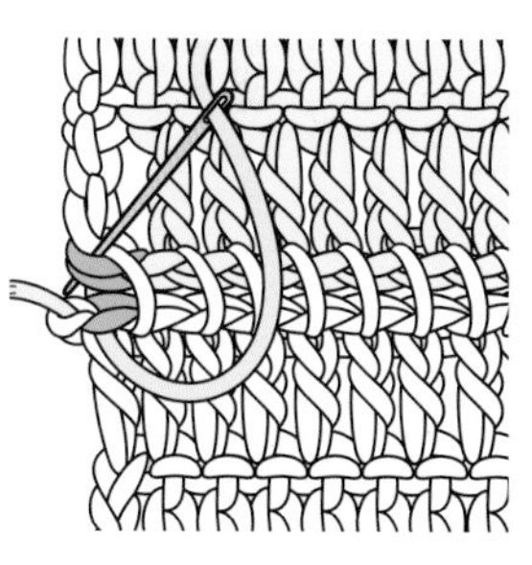

半目（逐一挑起針目上方的鎖狀1條線）

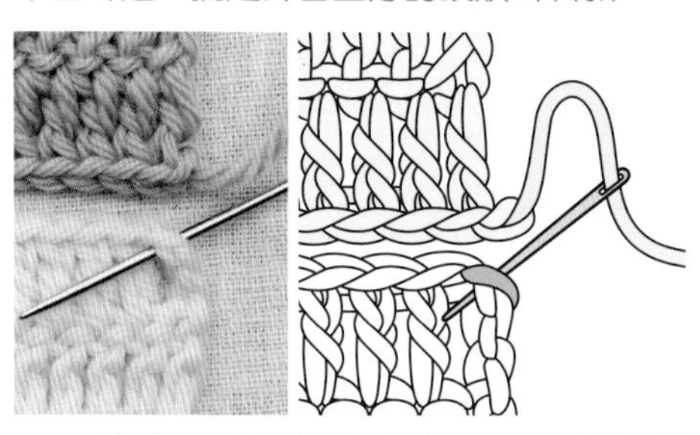

1 將2片織片正面對齊，將針從端目處由後向前穿出。

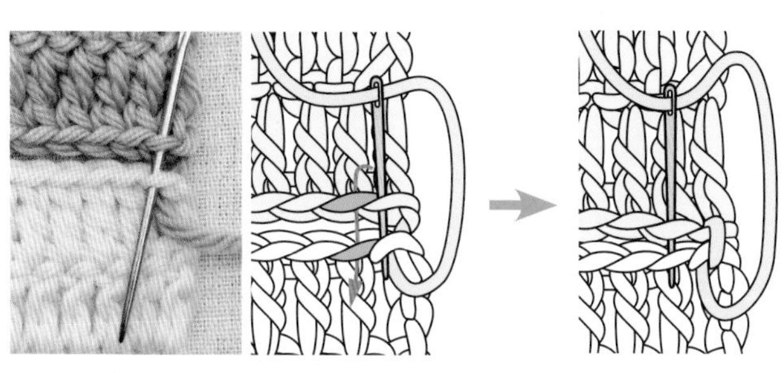

2 如插圖箭頭所示將針插入，卷縫。

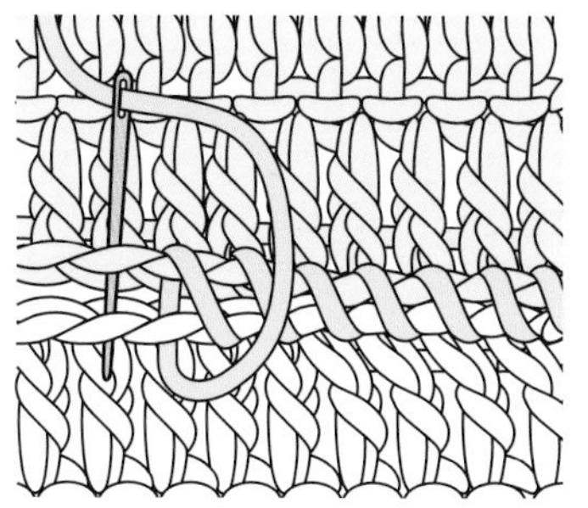

3 繼續卷縫。

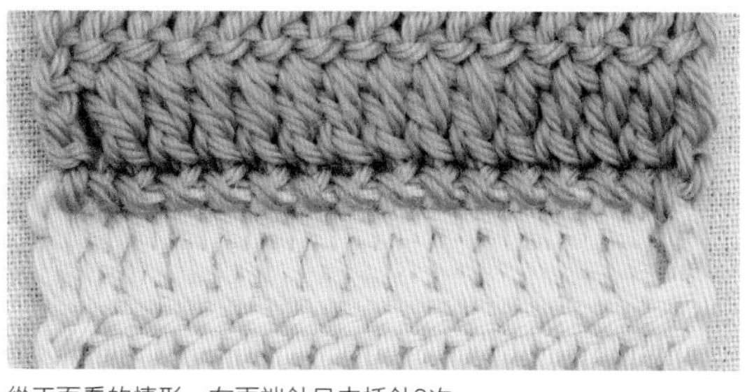

從正面看的情形。在兩端針目中插針2次。

6 完成主題花樣後拼接

拼接完成的主題花樣，適合邊緣直的主題花樣。能先鉤好大量主題花樣，再一口氣拼接完成。

以鎖針、短針拼接

在主題花樣間鉤鎖針，再以短針拼接。鎖針數目可配合設計變動。

1 在第1片主題花樣的角落中央針目鉤短針。

2 鉤鎖針3針，分開第2片主題花樣的角落鎖針，從正面將針插入。

3 鉤短針。

4 鉤鎖針3針，將針插入第1片主題花樣邊端起第3針長針上方的鎖狀2條線處，鉤短針。

5 重複同樣步驟繼續鉤織。

以鎖針、長針拼接①

以1針或2針的方眼編拼接主題花樣。

1 從第1片主題花樣角落的鎖針中拉線，鉤鎖針3針。掛線，將針由背面插入第2片主題花樣角落的鎖針針目。

2 在第2片主題花樣鉤長針，完成2針。繼續將針插入第1片主題花樣邊端起第3針長針上方的鎖狀2條線處，鉤未完成的長針（參閱p.108）。

3
在第1片主題花樣上完成未完成的長針。繼續由背面將針插入第2片主題花樣，鉤未完成的長針。

4
掛線，將針上的線全部拉出。

5
引拔的情形。

6 重複同樣步驟鉤織。

以鎖針、長針拼接②

以鎖針拼接主題花樣，以長針固定主題花樣。鎖針數目配合設計變動。
＊1與2跟「以鎖針、長針拼接①」相同，但2將鎖針2針改為3針。

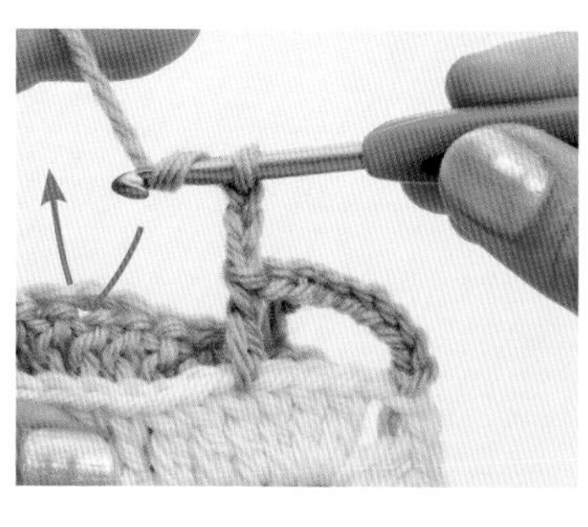

3
將針插入從正面挑起第1片主題花樣第5針的長針上方鎖狀2條線處，鉤長針，再鉤鎖針3針。

4
將針插入從背面挑起第2片主題花樣第5針的長針上方鎖狀2條線處，鉤長針。

5
鉤鎖針3針，重複3～4的步驟。

6 以同樣步驟重複鉤織。

以鎖針、引拔針拼接

在主題花樣間鉤鎖針，再以引拔針拼接。鎖針數目可配合設計變動。

1
從第1片主題花樣角落的鎖針拉線，鉤鎖針3針。

2
分開第2片主題花樣角落的鎖針，從正面將針插入，掛線後拉出。

3
鉤鎖針3針，從正面挑起第1片主題花樣邊端起第2針長針上方的鎖狀2條線，將針插入，掛線引拔。

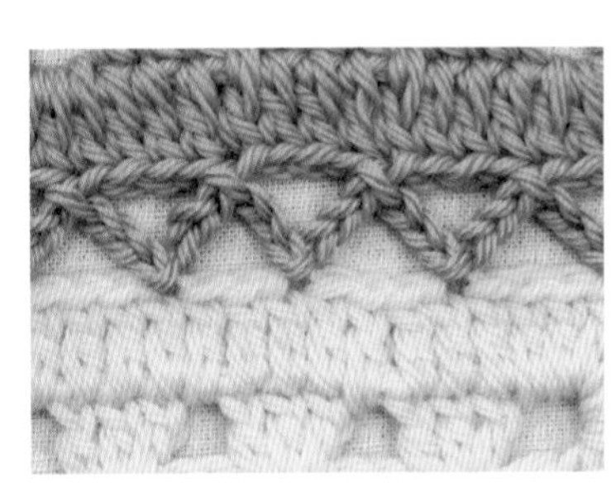

4
以同樣方法重複鎖針、引拔針，拼接2片主題花樣。

以引拔針拼接4片主題花樣

能迅速拼接，但接合處稍嫌凹凸不平。

1 將2片主題花樣正面向內對齊，從各別角落鎖針的外側半針鎖針處將針插入，掛線後拉出。

2 拉出線的情形。

3 下一針目也各別從鎖針的外側半針鎖針處將針插入，掛線後鉤引拔針。

4 引拔1針的情形。

5
以同樣方法引拔5針後的情形。

6
鉤到第1、2片結尾處時，繼續鉤第3、4片。第3、4片的織片也一樣正面向內對齊，以與1相同方法拼接。

7
掛線後引拔，拼接第3、4片。繼續鉤引拔針。

8 完成橫向邊的拼接。以同樣方法鉤引拔針拼接縱邊。

以卷縫拼接4片主題花樣

卷縫處對齊，還能拼接邊與邊。

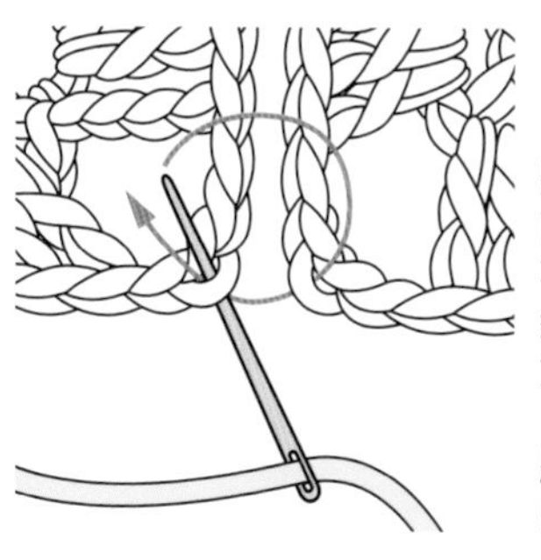

1
將2片主題花樣的正面對齊，從左方主題花樣角落的針目出針，接下來將針從右方主題花樣角落的針目穿入，挑起左方主題花樣角落針目後拉出。

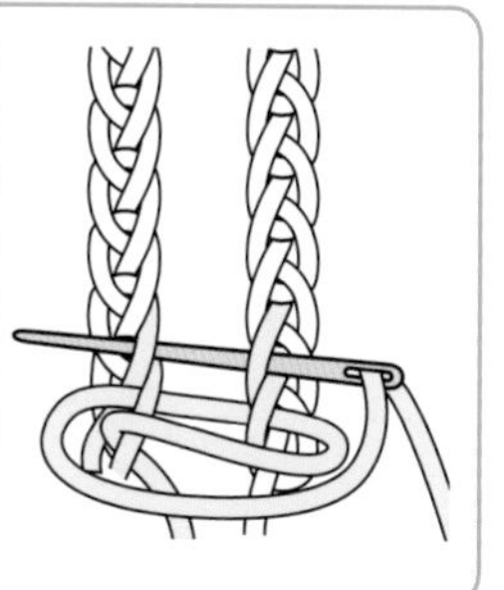

這時候只挑起鎖針針目的半針鎖針。

2 下一針目也一樣，挑起鎖針的外側半針鎖針做卷縫，繼續拼接。

3 完成2片拼接。

5
換到第3～4片時，將線斜穿，以同樣方法挑起鎖針外側的半針鎖針。

6
縱向卷縫結束後，改變織片方向，以同樣方法橫向卷縫拼接。

Column

線頭的處理

起針處跟結尾處的線頭可以用併縫針在織片背面處理，小心不要讓線跑到正面來。

起針處的線頭

將針穿進織片背面再剪斷線，如此一來從正面就看不到。

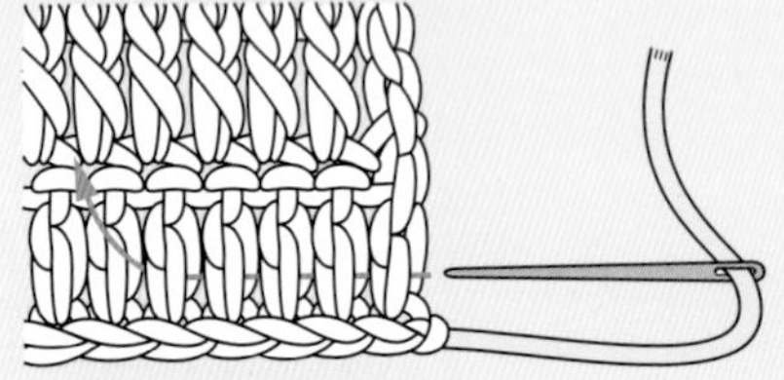

將線穿進織片端目裡，再把線剪斷。

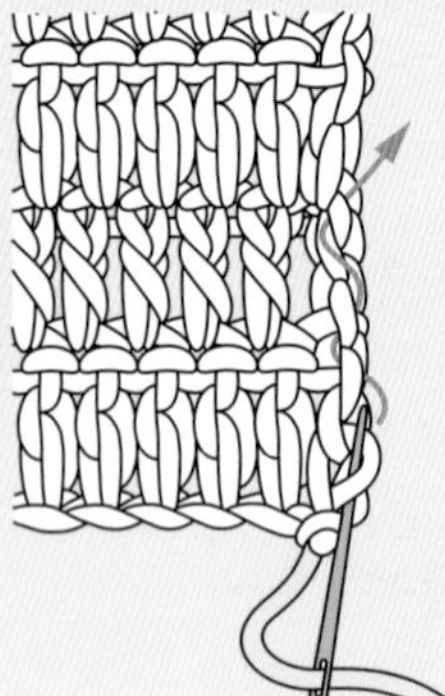

結尾處的線頭

將針穿進織片背面再剪斷線，如此一來從正面就看不到。

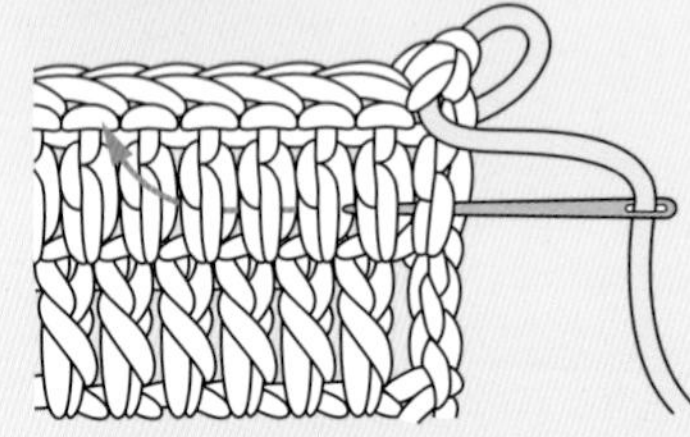

將線穿進織片端目裡，再把線剪斷。

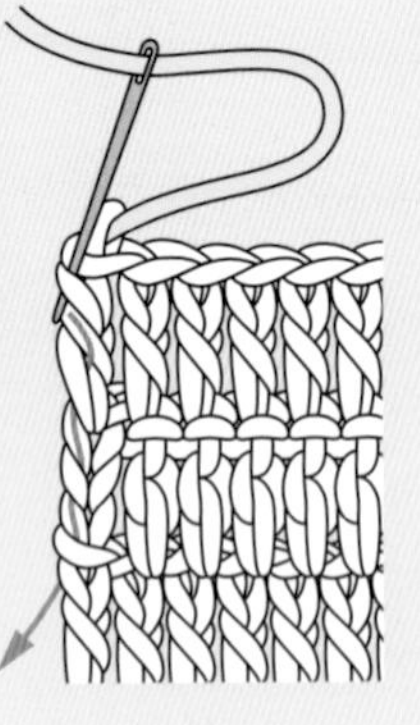

7 鉤入串珠

鉤入串珠能讓作品更加醒目，1針中可鉤進2或3顆，有多種鉤入法。

將線穿入串珠的方法

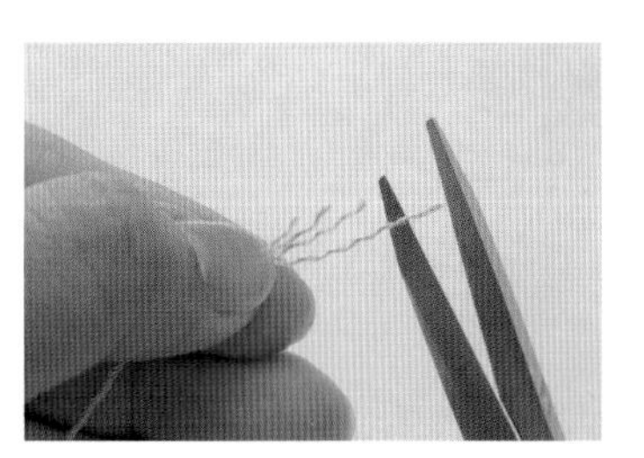

1 將編織用線斜剪，鬆開線頭的撚線，使線長短不同。

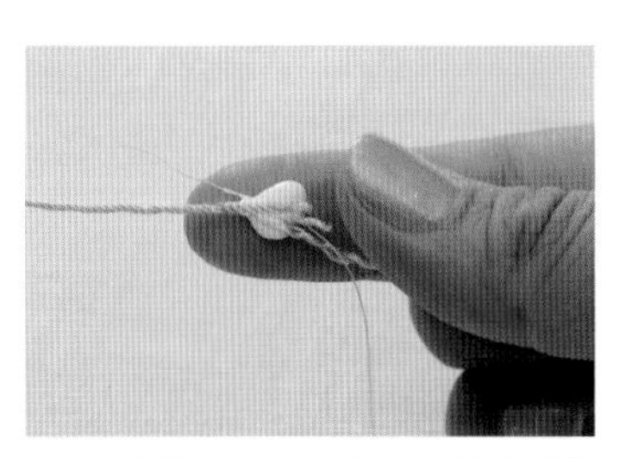

2 解開成串的串珠線，將線頭與編織用線合起，沾上手工藝用白膠。

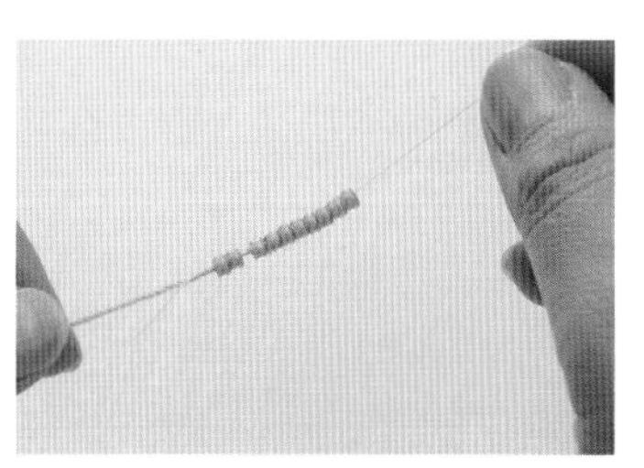

3 白膠完全乾了後，將必要數目的串珠移到編織用線上。

鉤入串珠法

●鎖針

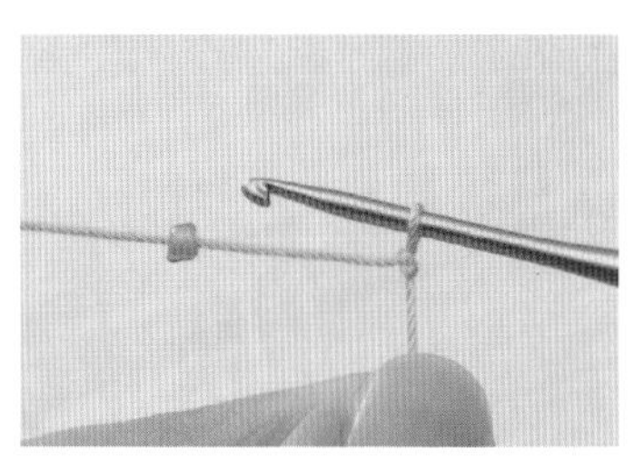

1 鉤起針，將串珠移到針目邊。

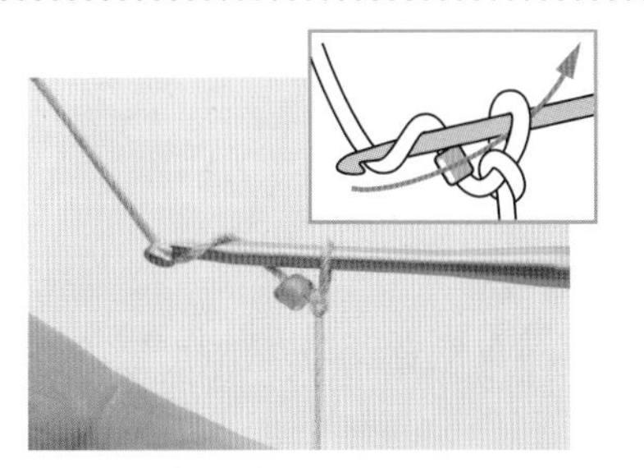

2 掛線後引拔，鉤鎖針。

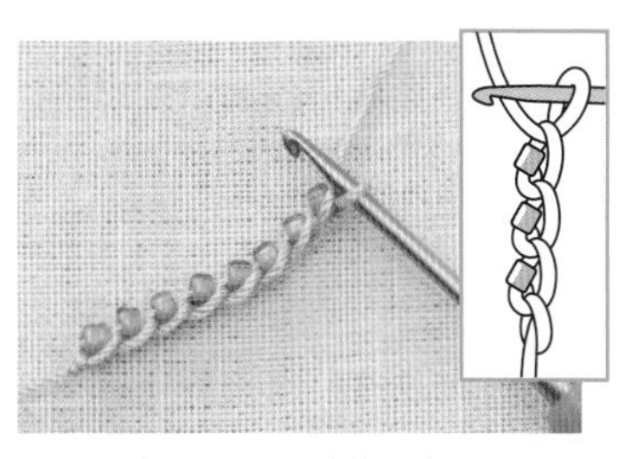

3 重複1與2，就能把串珠鉤進鎖針針目的裡山。

●短針

1 鉤未完成的短針（參閱p.108），拉出最後的線前，將串珠移到織片邊。

2 掛線後引拔，串珠就會鉤入背面。

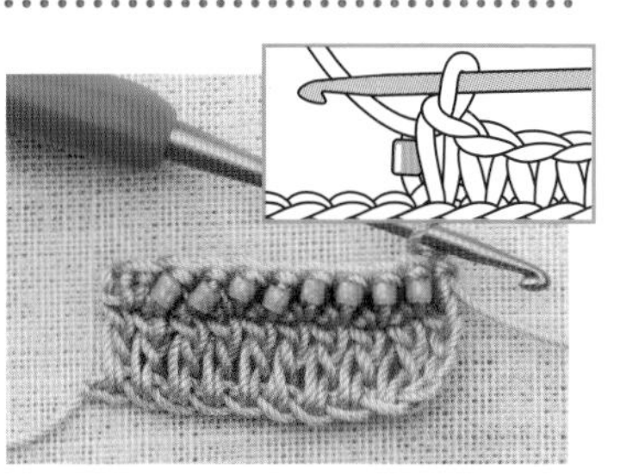

3 重複1與2鉤織，照片是從背面看的情形。

●長針

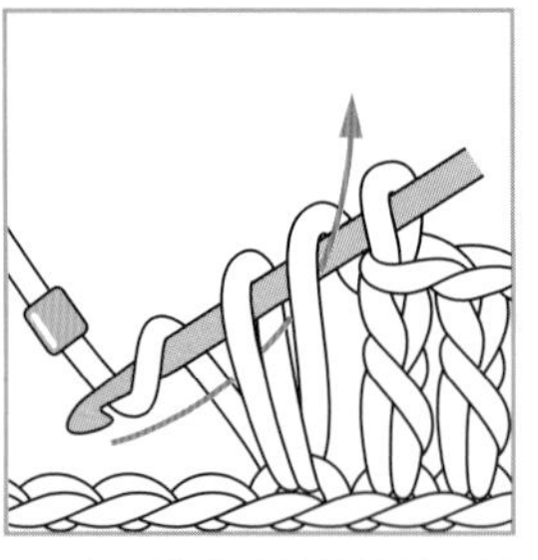

1 鉤未完成的長針（參閱p.108），拉出最後的線前，將串珠移到織片邊。

2 掛線後引拔，串珠就會鉤入背面。

3 重複1與2鉤織，照片是從背面看的情形。

●引拔針

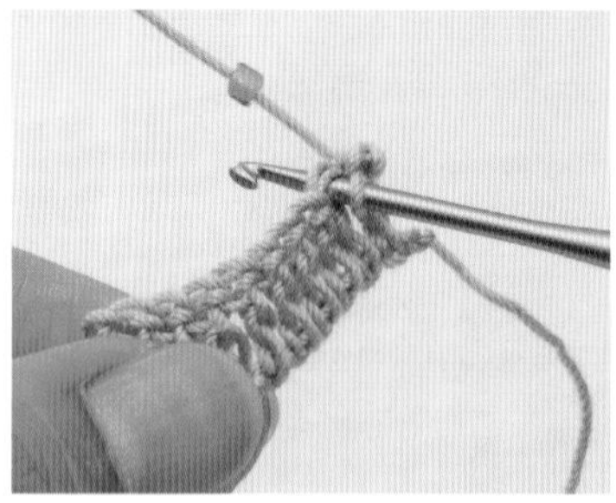

1 將針插入前一段針目中，並將串珠移到旁邊。

2 掛線後引拔，串珠就會鉤入背面。

3 重複1與2鉤織，照片是從背面看的情形。

在長針裡穿進3顆串珠

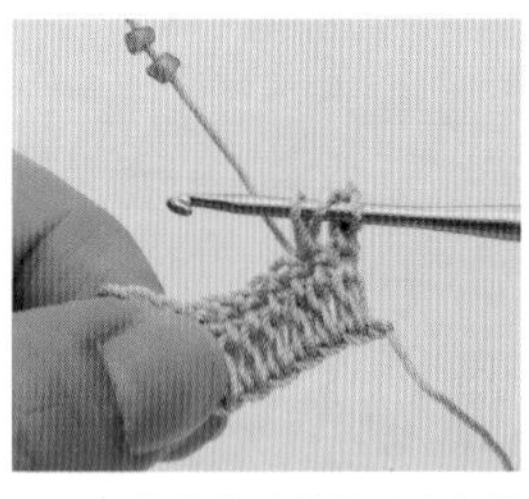

1 鉤未完成的長針（參閱p.108），拉出最後的線前，將串珠2顆移到織片邊。

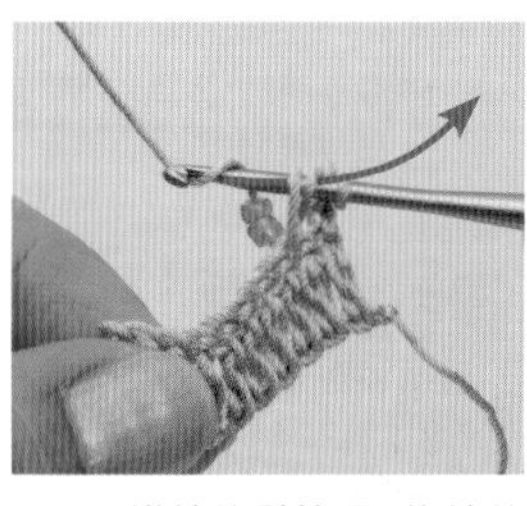

2 掛線後引拔環2條線的高度。

3 再把串珠1顆移到織片邊，掛線後引拔剩下的環。

4 重複1～3鉤織，照片是從背面看的情形。

串珠鑲邊，更顯時尚

串珠鑲邊裝飾，是非常受歡迎的蕾絲編單品，可以憑創意變化出多種使用法。請鉤織所需的長度來完成作品（緣編在p.152）。

圈起玻璃小物籃口

點綴在透明的玻璃小物籃口。如果有這樣的小物籃，能讓房間看起來更明亮。

當大型書籍的書籤

長度夠，可以作為大型書籍的書籤使用。

縫在T恤、襯衫的領口

縫在T恤、襯衫的領口，更顯時尚。
縫到牛仔褲口袋、提包、小包上，會顯得更高雅。

8 鉤織扣眼、扣環

可以一邊鉤一邊開洞，也可以鉤好後再開洞。不論哪種方法都請在緣編挑針時決定位置。

短針扣眼

配合鈕扣大小鉤鎖針，其上再鉤短針。鎖針長度要比鈕扣直徑短一點。

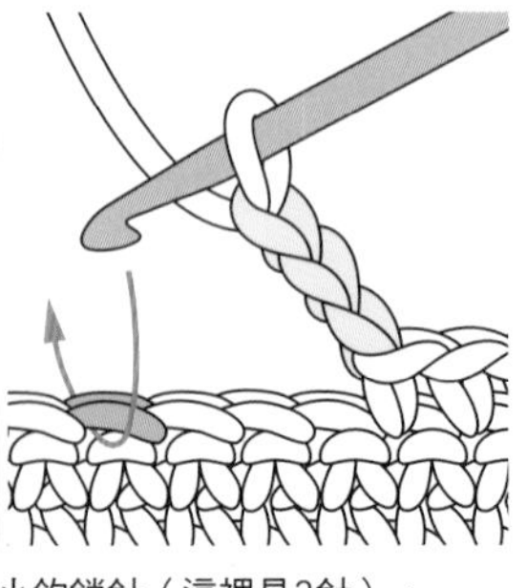

1 在扣眼位置配合鈕扣大小鉤鎖針（這裡是3針）。

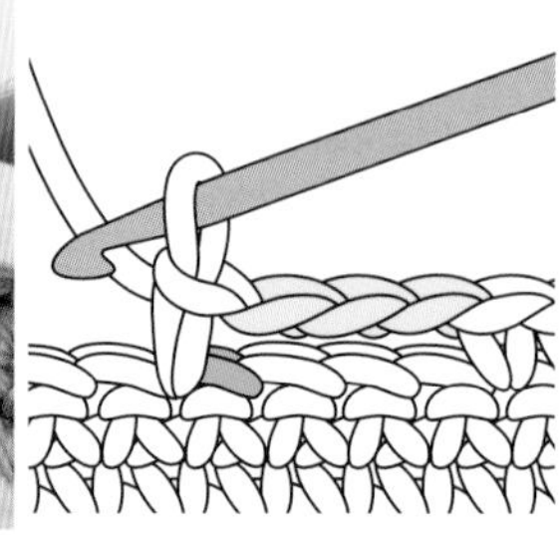

2 跳過與前一段相同針目（這裡是3針）鉤短針，一直鉤到末端。

3 下一段一直鉤短針到扣眼位置。

4 挑起扣眼鎖針裡山鉤短針。

5 完成扣眼。

短針扣環

環要比鈕扣小一點。

1 在扣環位置配合鈕扣大小鉤鎖針（這裡是7針）。

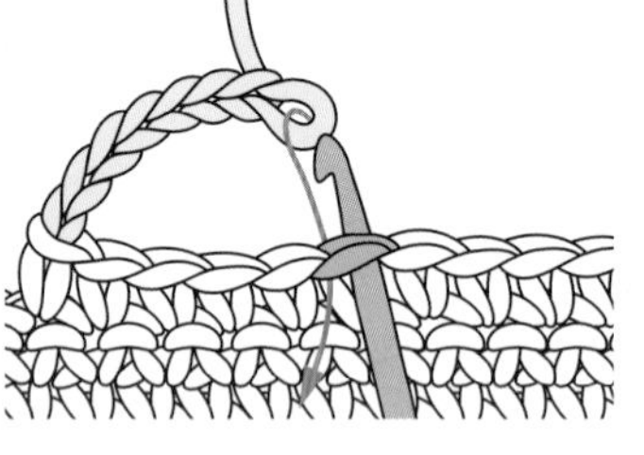

2 先把針拔掉，再把針插進前方的短針（這裡是第6針）裡，拉出從針上拿下的針目，鉤引拔針1針。

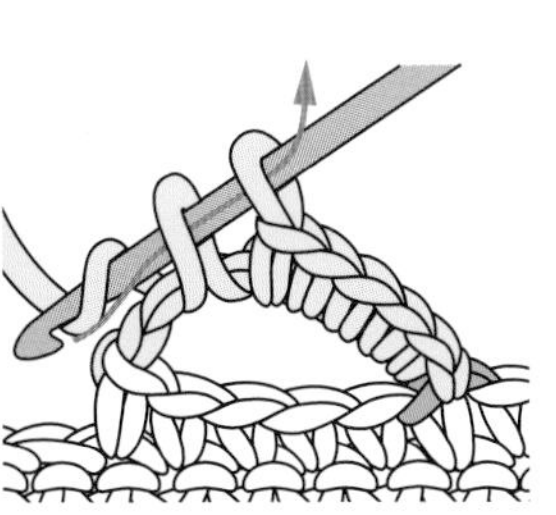

3 將鎖針針目整束挑起鉤短針（這裡是8針）。

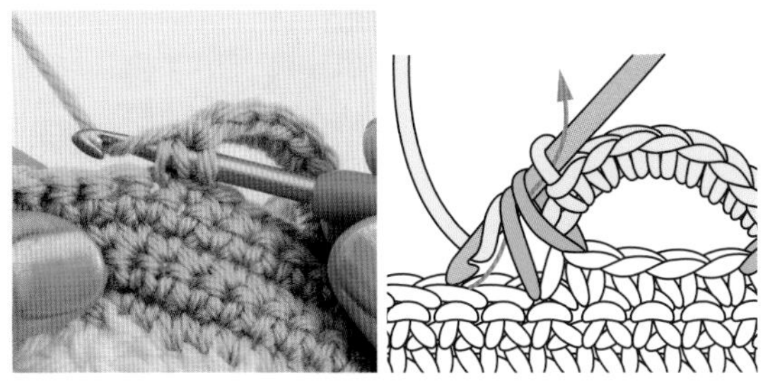

4 最後挑起短針上方半針鎖針與針腳，拉出。

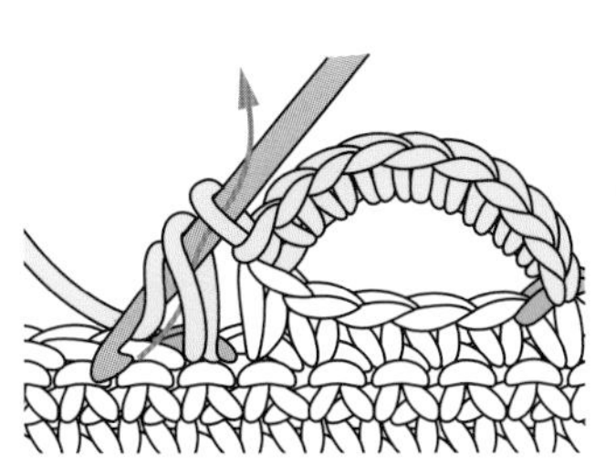

5 繼續在這段鉤短針。

6 完成扣環。

引拔針扣環

能鉤織出比短針扣環更細的纖細扣環。扣環要比鈕扣小一點。

1 在扣環位置配合鈕扣大小鉤鎖針（這裡是8針）。

2 先把針拔掉，再把針插進前方短針（這裡是第6針）裡，拉出從針上拿下的針目，鉤引拔針1針。

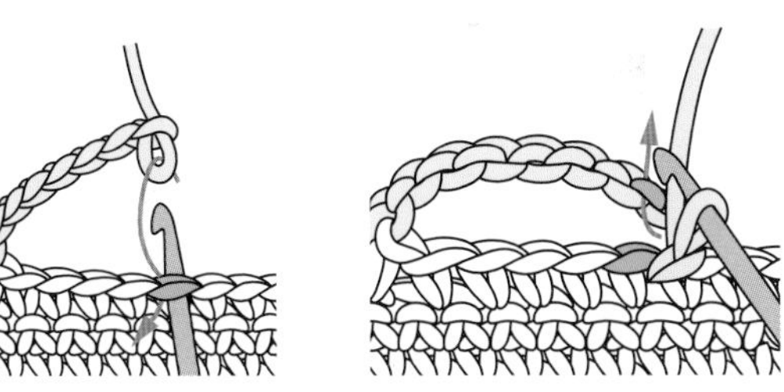

3 將針插進扣環鎖針的裡山，鉤引拔針。

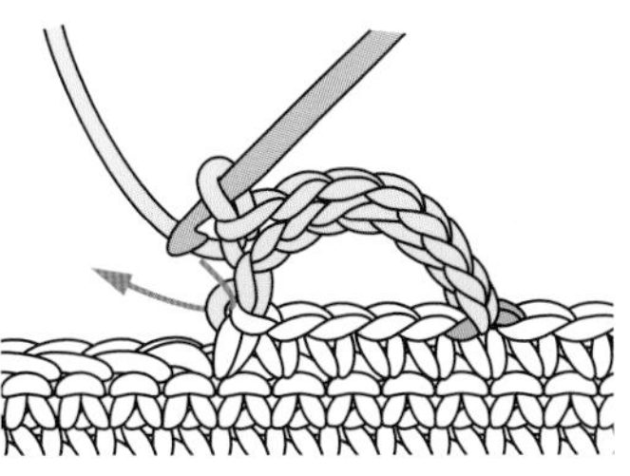

4 逐一在鎖針針目中鉤引拔針，然後繼續在同一段落鉤短針。

5 完成扣環。

9 製作線繩、線球、穗、流蘇

能用線簡單地編出線繩，線球、穗、流蘇則經常用來點綴作品。

蝦編線繩

特徵是看起來像蝦子身上的節紋。重複「向左轉鉤短針」。

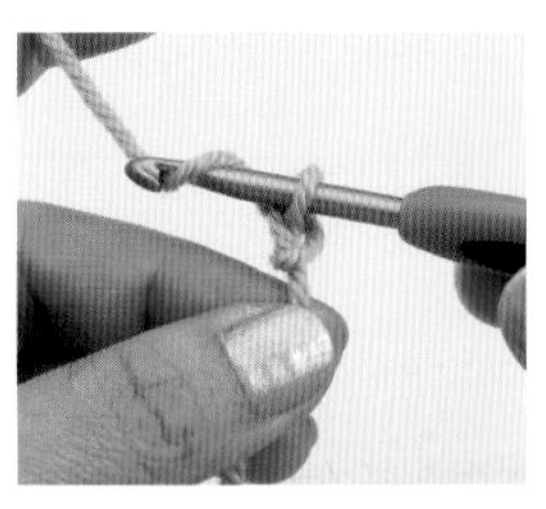

1 鉤起針，先不要拉緊。

2 鉤鎖針1針。

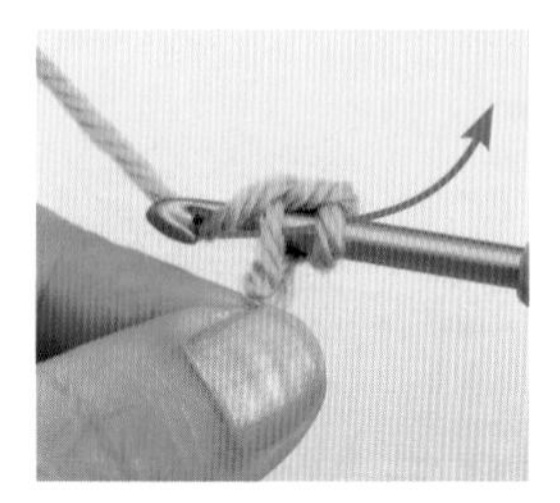

3 將針插進起針1的一條線裡，掛線後拉出。

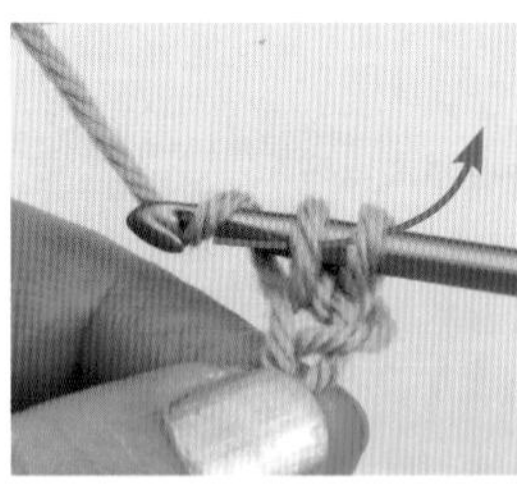

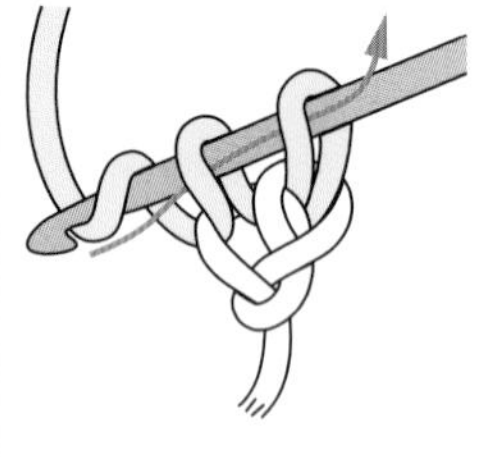

4 再一次掛線，引拔2環（短針）。

5 完成短針1針的情形，就這樣針不要改變方向，將織片向左轉。

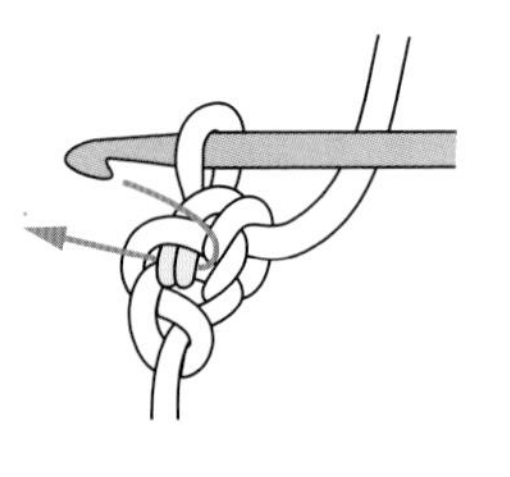

6 挑起箭頭所示的背面2條線，將針插入。

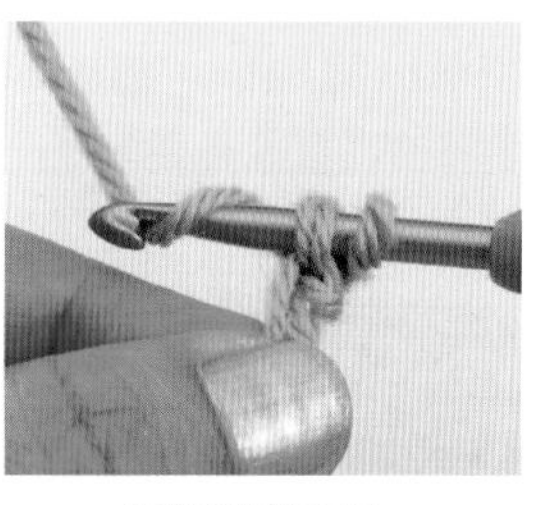

7 鉤第2次的短針。

8 再一次將織片向左轉。

9 挑起箭頭所示的背面2條線，鉤短針。

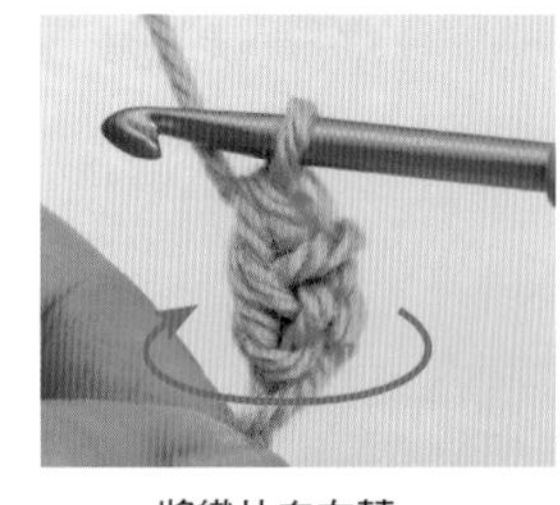

10 將織片向左轉。

11 重複相同步驟繼續鉤。

引拔針線繩

逐一在鎖針針目裡鉤引拔針。

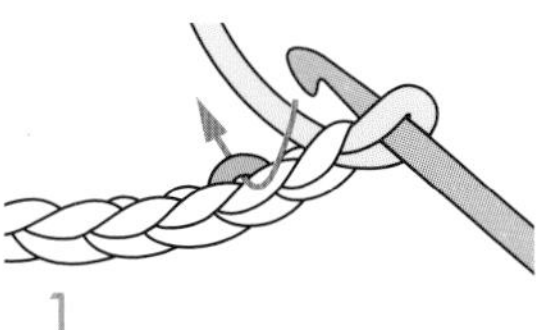

1 鉤比完成長度再長10%左右的鎖針，將針插進鎖針的裡山。

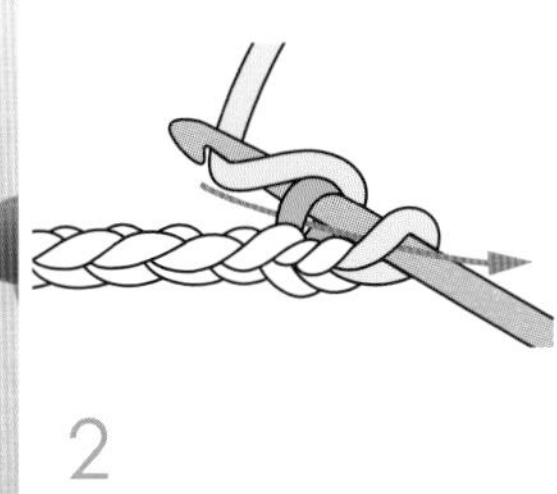

2 掛線後拉出。

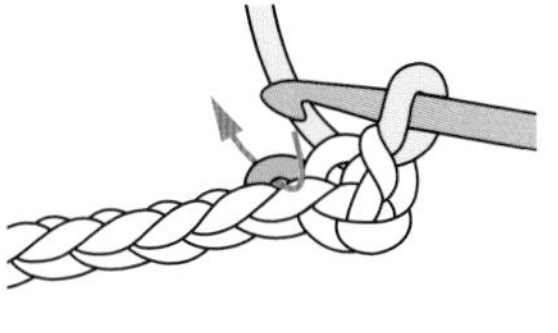

3 完成引拔。繼續將針插進鎖針的裡山，引拔。

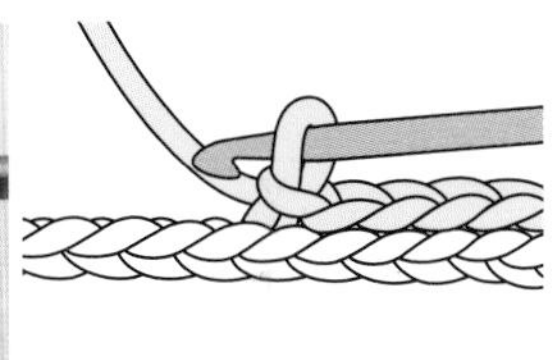

4 重複同樣步驟鉤織。

線球

多捲幾層線，就能作出蓬鬆的線球。

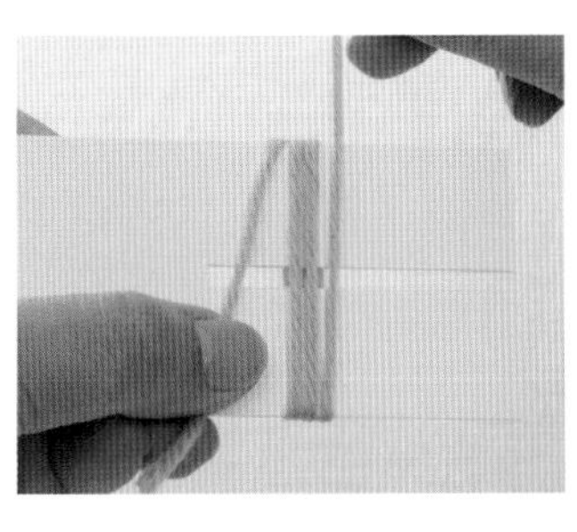

1 準備比成品直徑大1cm左右的硬紙板，在硬紙板中央剪出缺口，把線捲上去。

2 捲了很多線的線球。

3 將線中央綁緊，綁好後從硬紙板上拿下來。

4 以剪刀剪開兩端的線圈。

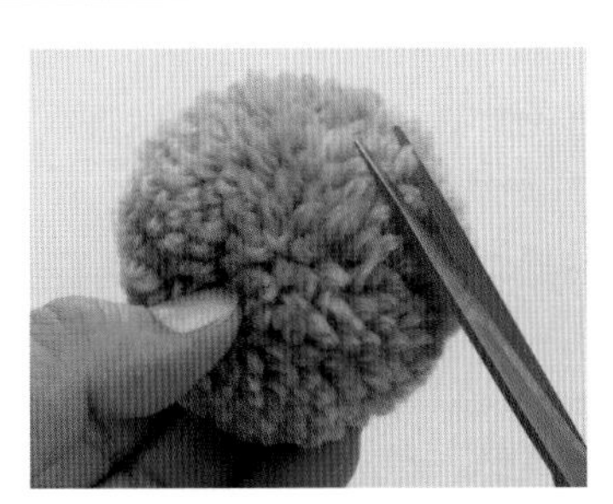

5 將線頭剪齊就完成了。

穗

經常用來點綴圍巾、披肩。使用的線量出乎意料地多，要小心線的量。

1

剪比完成長度多2倍長的線，相同的東西準備必要數量。從裝穗位置的正面將鉤針插入，拉出折成一半的線束。

2

將拉出的環穿過線束後拉緊。

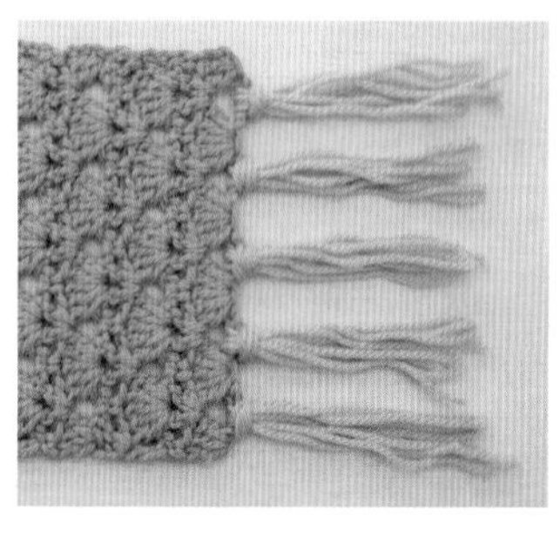

3

以同樣要領製作，在5處裝上的情形。

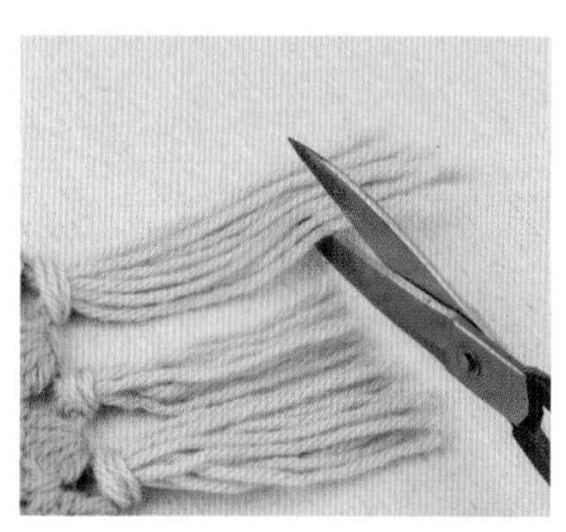

4

將線頭剪齊就完成了。

流蘇

作法跟線球相同，是非常優雅的裝飾。

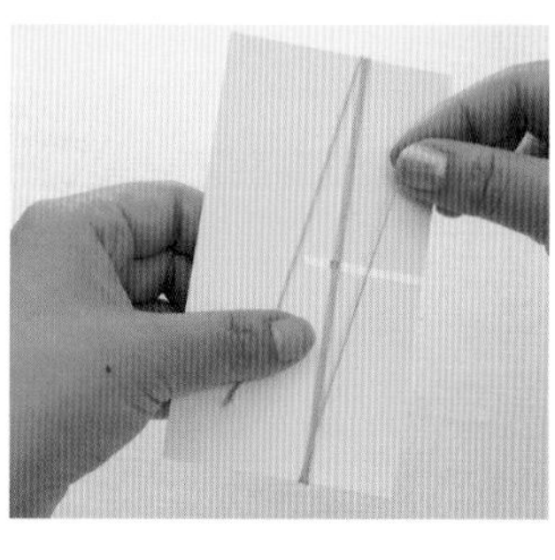

1

準備比完成大小2倍大一點的硬紙板，在硬紙板中央剪出缺口，把線捲上去。

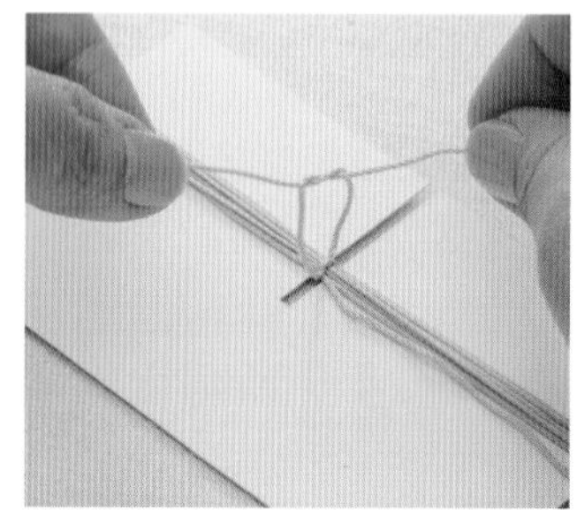

2

將線中央綁緊。

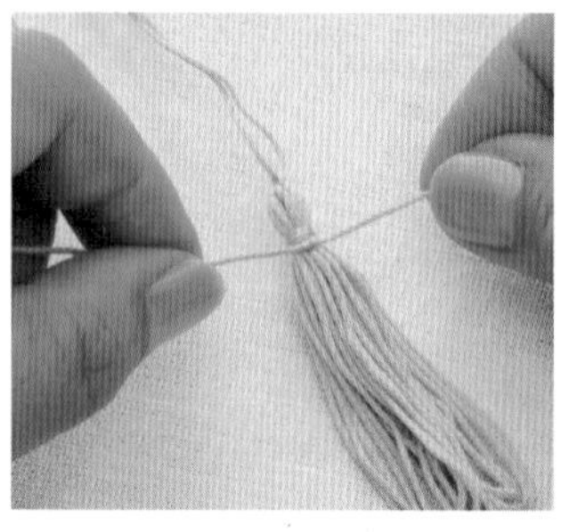

3

從硬紙板上拿下綁緊的線後對折，在上方以其他線捲2～3次後綁緊。

4

將線頭剪齊就完成了。

10 完成美麗作品的秘訣

作品完成後，可以加以熨燙。洗滌時一定要確認線的標籤。

洗滌法　確認標籤

清洗鉤織完成的作品時，請確認用來鉤作品的毛線標籤。標籤上畫有下方圖示，請遵從其指示。
本圖是由日本工業規格制定。

使用中性洗潔精手洗。水溫以30度為適溫。	不能以含氯漂白劑漂白。	熨燙時請墊布，以中溫（140～160度）熨燙	熨燙時請墊布， 以低溫（80～120度）熨燙。
可乾洗。	輕輕擰乾，僅可短時間離心脫水。	攤平曬。	在陰涼處攤平晾乾。

熨燙法

熨燙可左右作品完成度

如果說熨燙能左右作品完成度，絕對不誇張。要小心熨燙。

①將作品正面向下放在熨燙台上。
②將叉子針（或別針）斜插在完成大小處。
③將熨斗稍微拿高，讓作品充分噴到水蒸氣，整理外形。輕輕放在織片上也沒關係。
④放涼後再拿下叉子針。
＊請看圖示（上述）確認熨斗溫度，以適溫熨燙。要求低溫熨燙者，請將熨斗拿高，以水蒸氣熨燙。

筆袋的鉤法　作品在p.39

[準備物品]
a線／Olympus Wafers（1） 15g
b線／Olympus Wafers（14） 10g
針／鉤針 5/0號
其他／20cm的拉鍊 1條

[鉤法]
※以1根線鉤
①以a線鉤鎖針45針，鉤3段。
②兩端各加3針，鉤第4段。
③條紋部分換線鉤，花樣部分則是將線鉤入。
④縫上拉鍊。
⑤兩側及側邊以引拔綴縫縫合。
⑥以b線編4cm的蝦編線繩，用來拉動拉鍊。

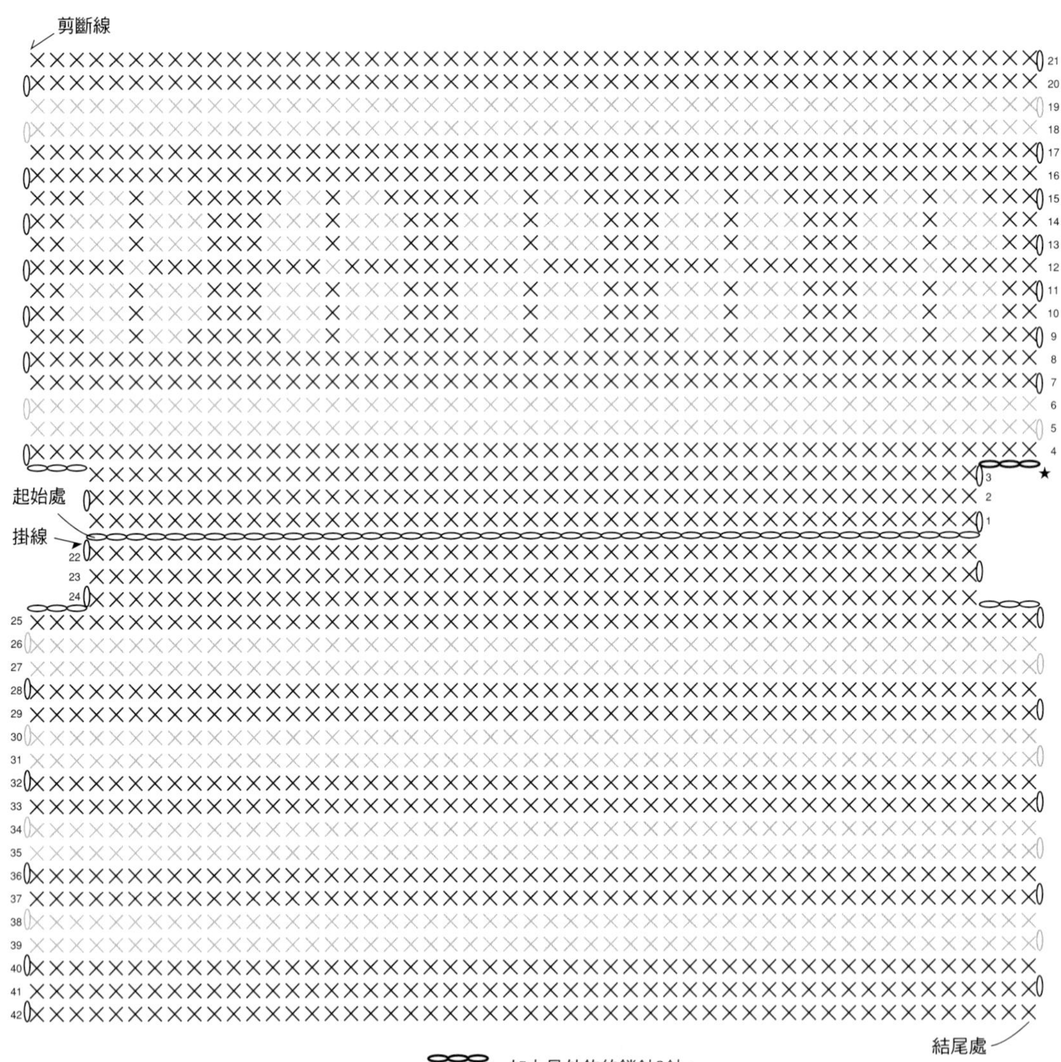

小飾巾的鉤法　作品在p.38

[準備物品]
線／Olympus Emmy Grande Herbs（801）　10g
針／蕾絲針　0號

[鉤法]
※以1根線鉤
①6片主題花樣在第4段一邊拼接一邊鉤。
②在①的中心鉤織主題花樣。

髮圈的鉤法 作品在p.39

[準備物品]
線／Ski Seche（1） 5g
針／鉤針 3/0號
其他／珍珠串珠 5mm（1.5mm孔） 16顆
環狀橡皮筋 1條

[鉤法]
※以1根線鉤
①將串珠穿進線上。
②第1段將環狀橡皮筋整束挑起。
③一邊鉤入串珠一邊鉤第2段。

應用篇
髮圈的鉤法

髮飾品的鉤法　作品在p.39

[準備物品]
線／Ski Seche（1）　5g
針／鉤針　3/0號
其他／珍珠串珠　5mm（1.5mm孔）　18顆
橡皮筋　20cm
手藝綿　少許
塑膠包覆鈕扣底座　24mm　1個

[鉤法]
※以1根線鉤。
①將串珠穿進線上。
②主題花樣a：從輪狀起針開始鉤，一邊鉤入串珠一邊鉤。
※將有串珠面作為正面。
③鉤織主題花樣b並穿進橡皮筋，夾起塑膠包覆鈕扣底座縫在主題花樣a背面。
④綁緊橡皮筋頭，以手藝綿包起。
⑤將④放進鉤好的球中，以線段挑起最後一段上方的半針鎖針後拉緊線，形成球狀。

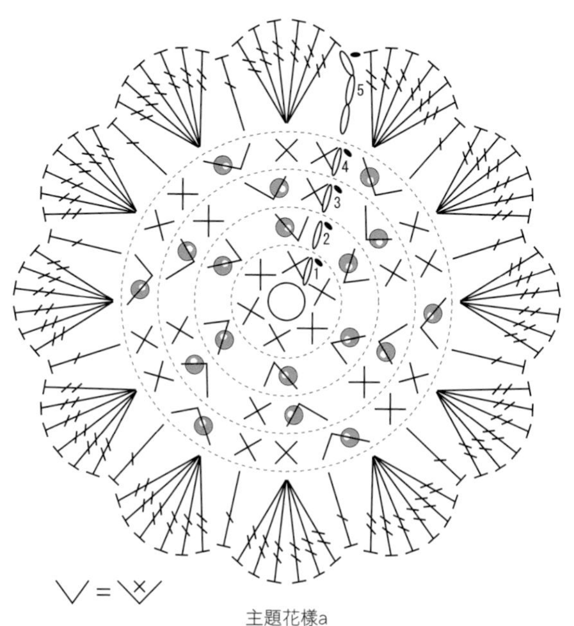

主題花樣a

主題花樣b

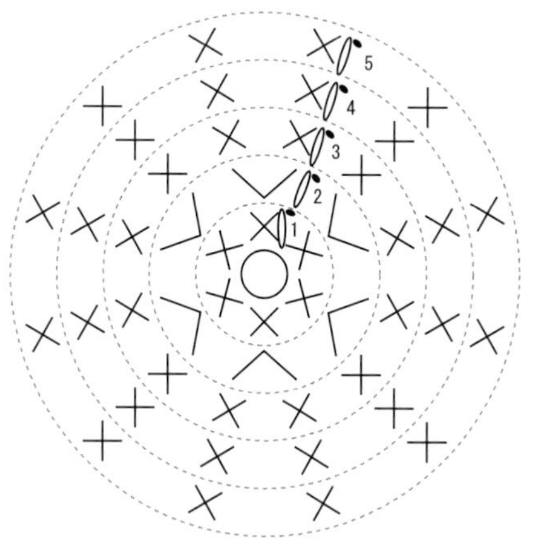

玉編

事典篇

提包（鉤法與織圖 p.154～155）

以鉤針鉤作品時，會用到針目記號、織圖。要是看不懂，請參閱本章確認。乍看之下很複雜的織圖，實際鉤時應該就會越看越上手。一開始請反覆確認，才不會搞錯鉤法，順利完成作品。

圍巾（鉤法與製圖p.153）

鎖針

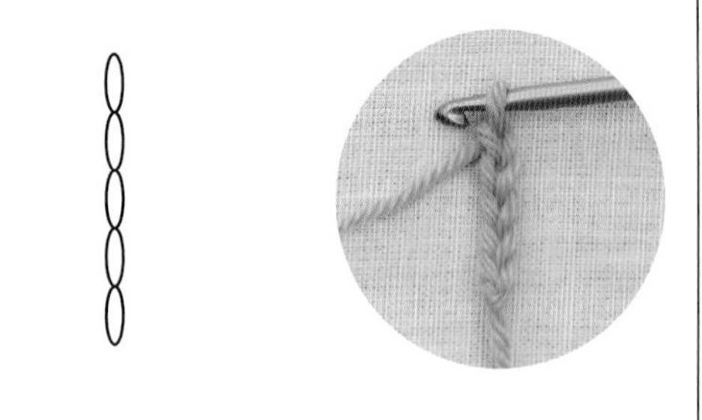

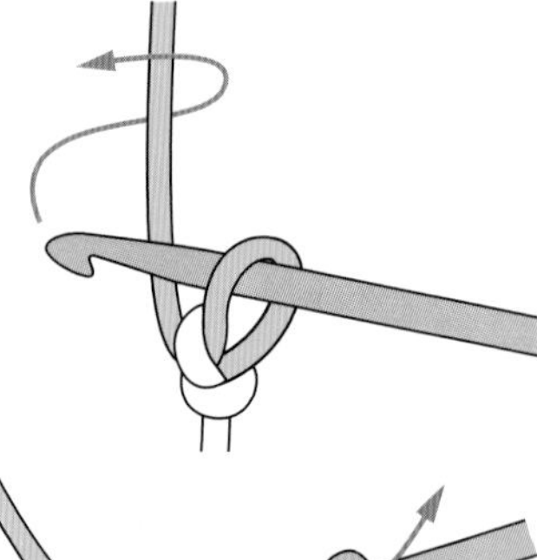

1

依箭頭所示用針鉤住線。

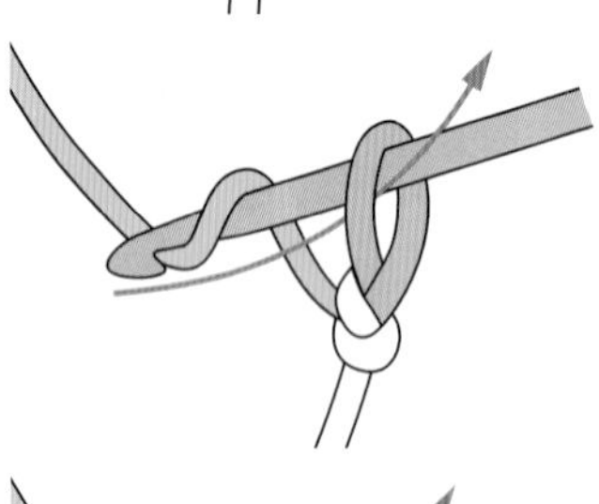

2

依箭頭所示用針將線從環中拉出，鉤鎖針1針。

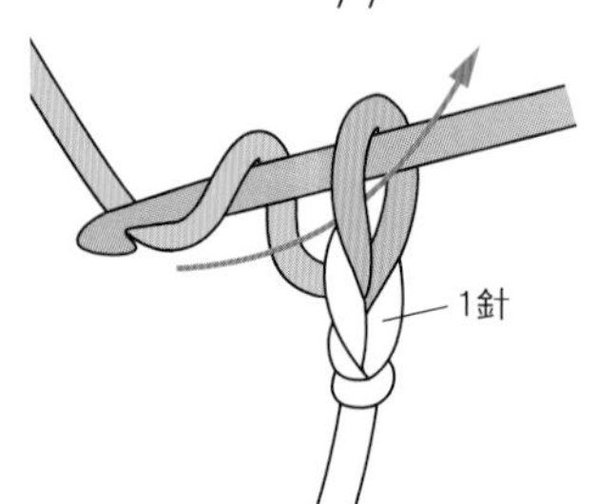

3

重複1、2。

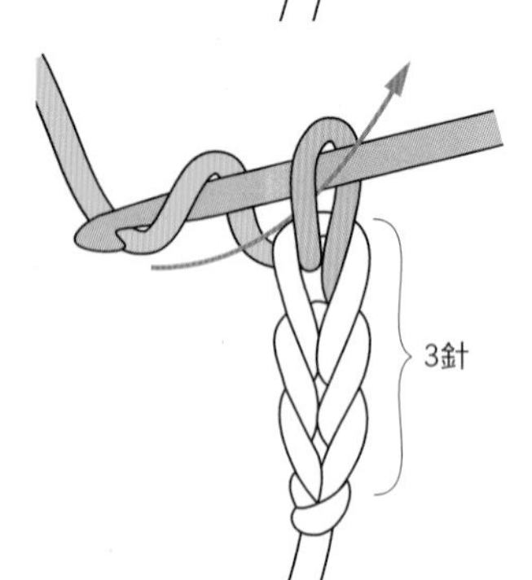

4

鉤好鎖針3針的情形。

引拔針

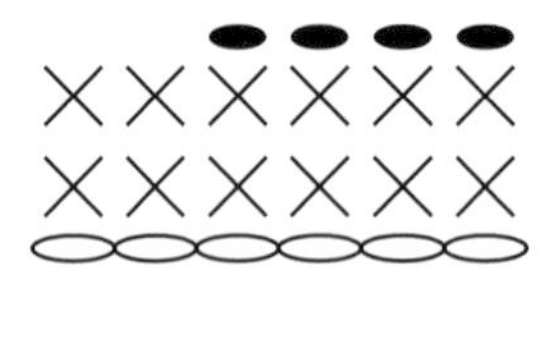

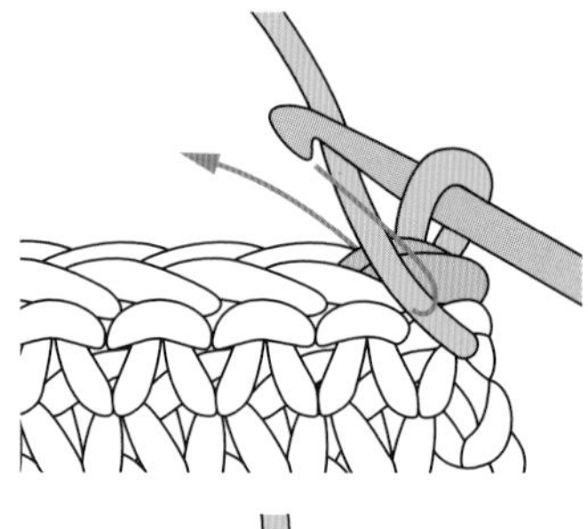

1

依箭頭所示，將針插入前一段針目的上方2條線處。

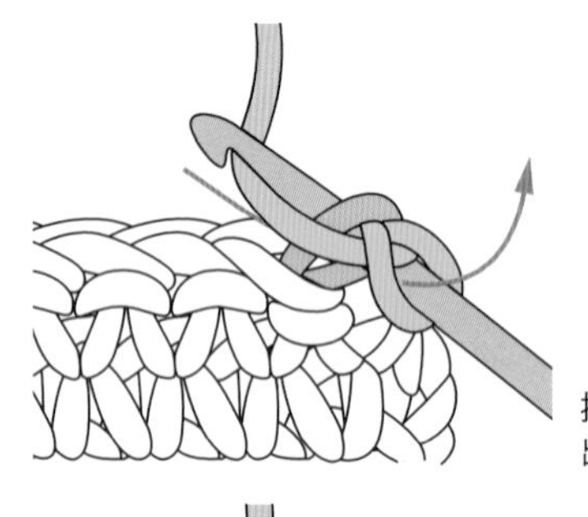

2

掛線，依箭頭所示拉出。

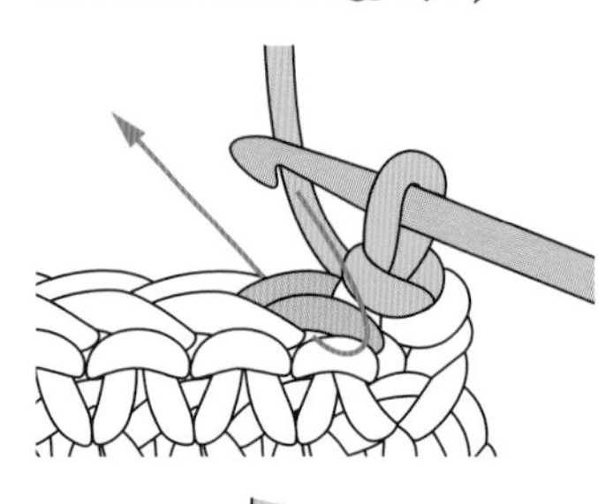

3

下一針目也一樣將針插入前一段針目的上方2條線處。

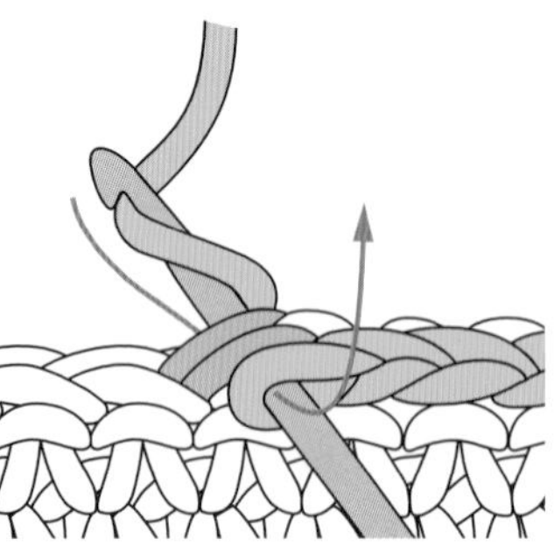

4

掛線，依箭頭所示拉出。重複同樣步驟鉤（＊容易歪掉，注意拉線的力道）。

╳ 短針

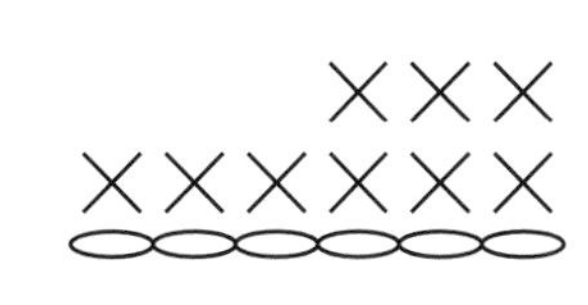

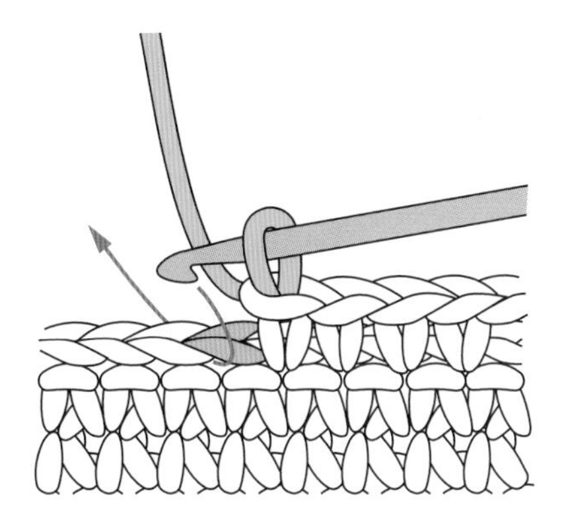

1 依箭頭所示，將針插入前一段針目的上方2條線處。

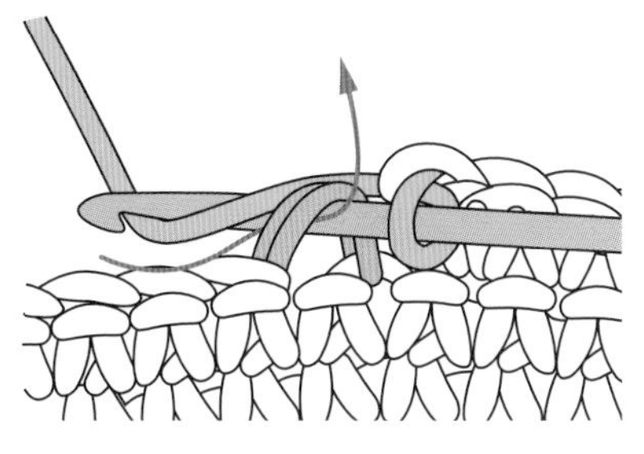

2 如插圖所示，掛線，依箭頭方向拉出。

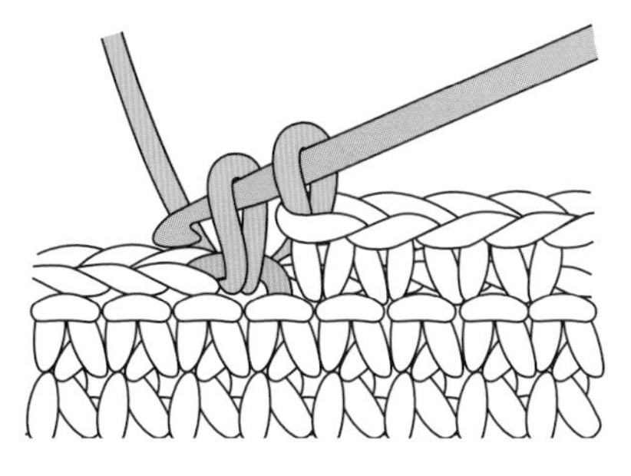

3 拉出的線長以鎖針1針的高度為參考基準。

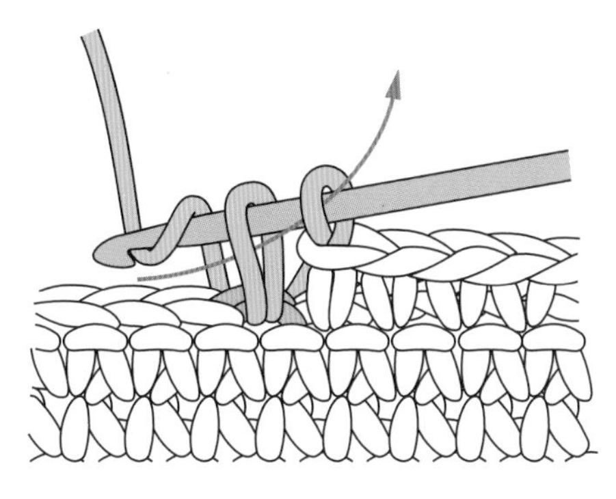

4 再一次掛線，依箭頭所示穿過2個環，一次引拔。

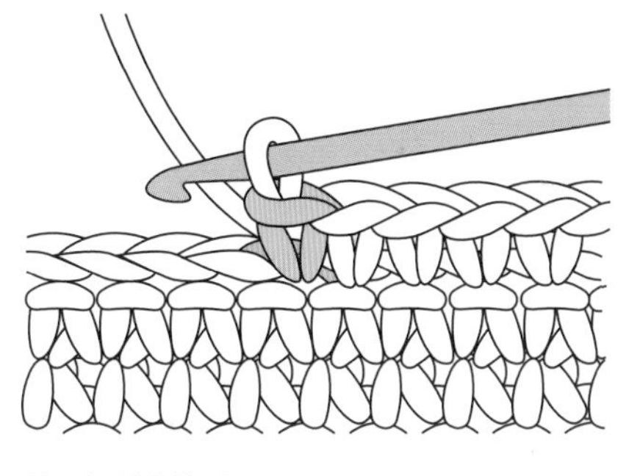

5 鉤好短針的情形。

T 中長針

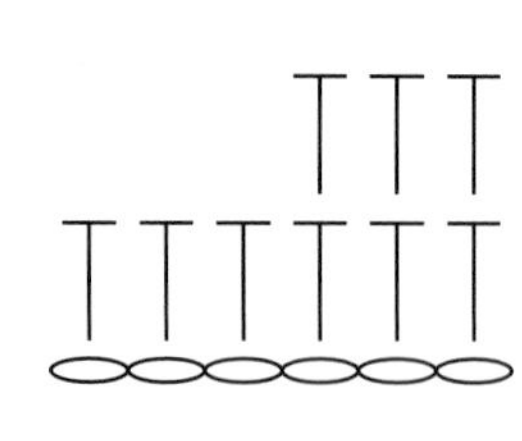

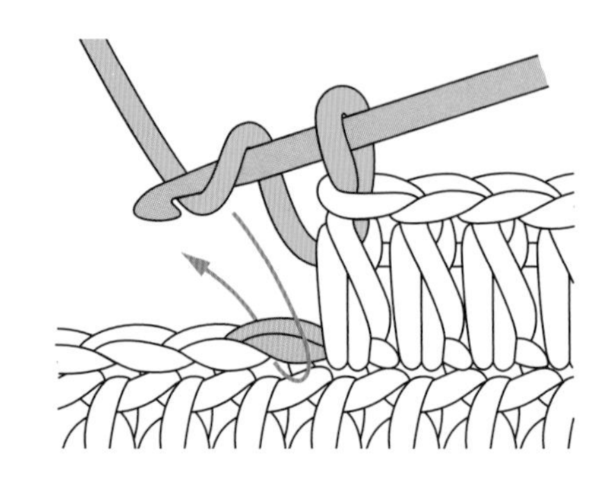

1 掛線，將針插入前一段針目的上方2條線處。

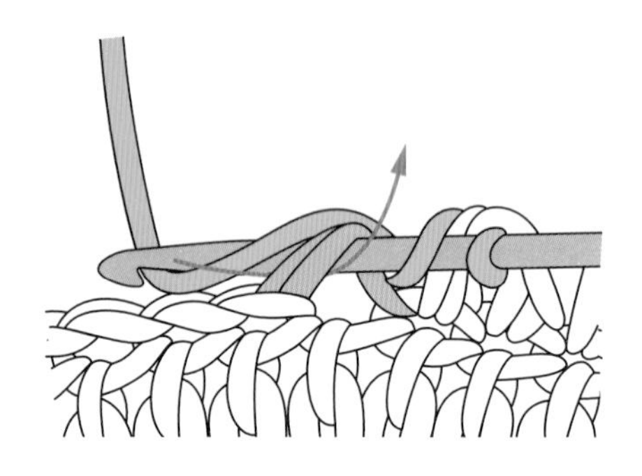

2 掛線，依箭頭所示將線拉出。

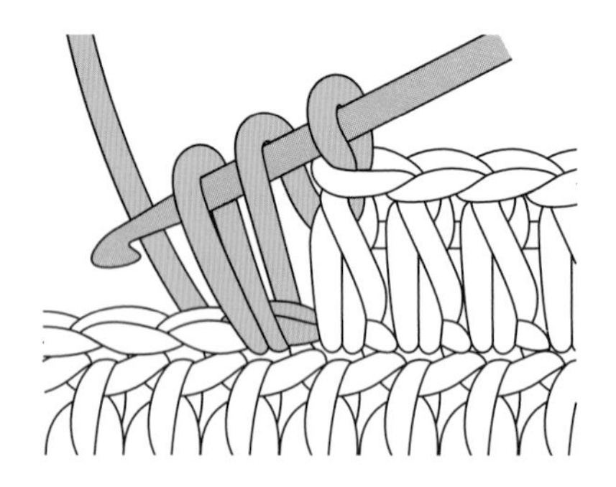

3 拉出的線長以鎖針2針的高度為參考基準。

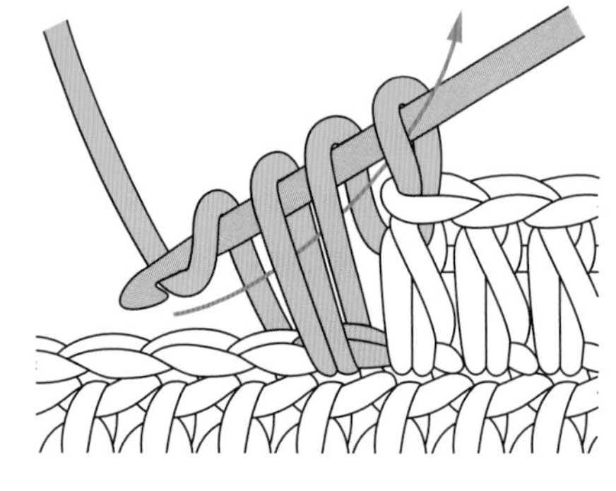

4 再一次掛線，依箭頭所示穿過3個環，一次引拔。

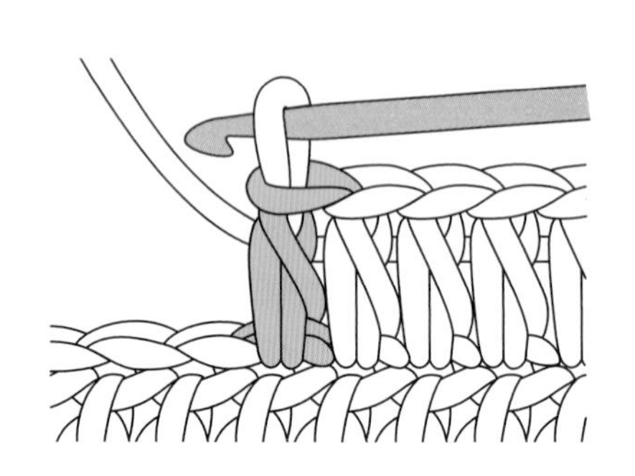

5 鉤好中長針的情形。

長針

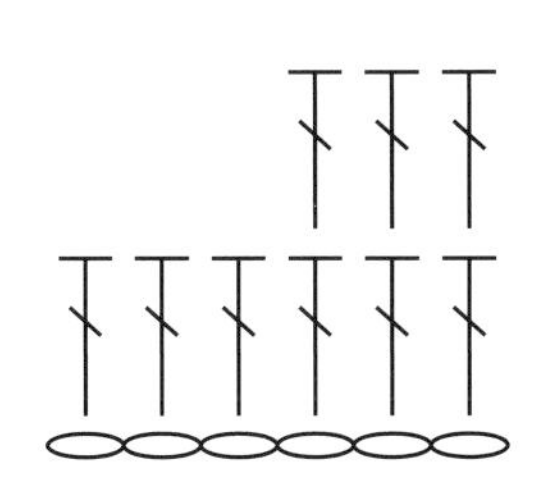

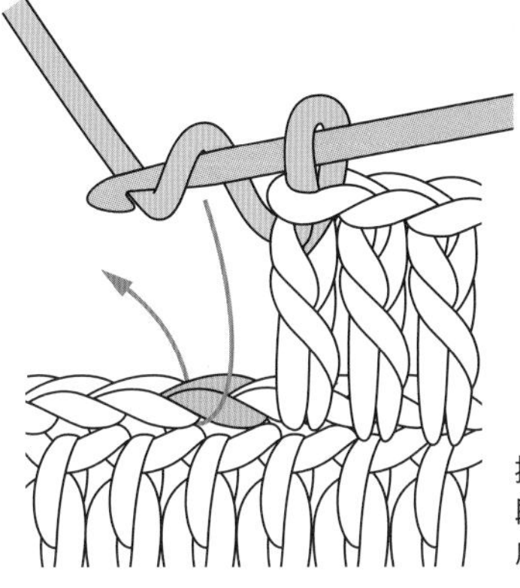

1

掛線，將針插入前一段針目的上方2條線處。

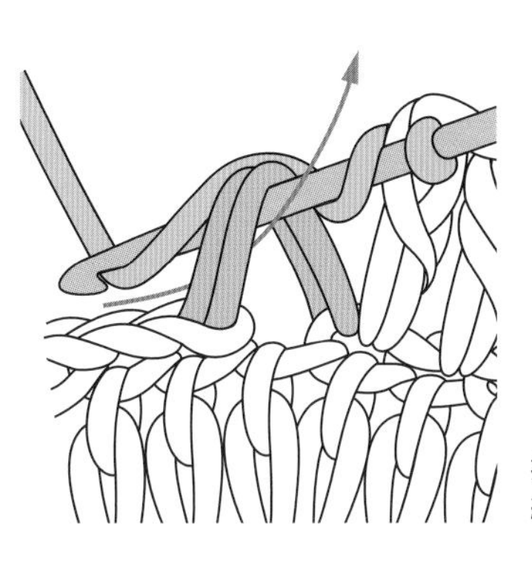

2

掛線，依箭頭所示將線拉出。

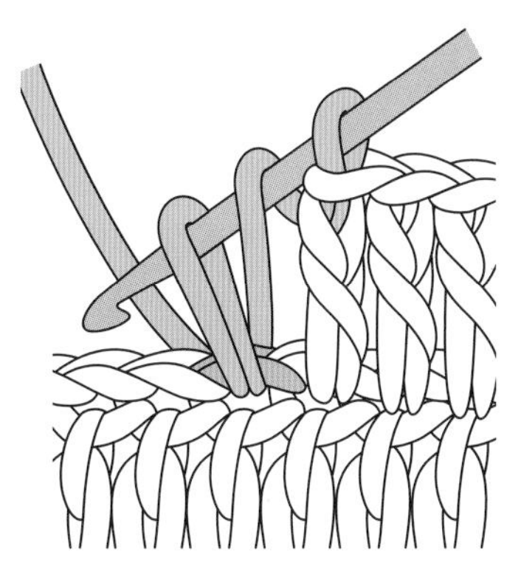

3

拉出的線長以鎖針2針的高度為參考基準。

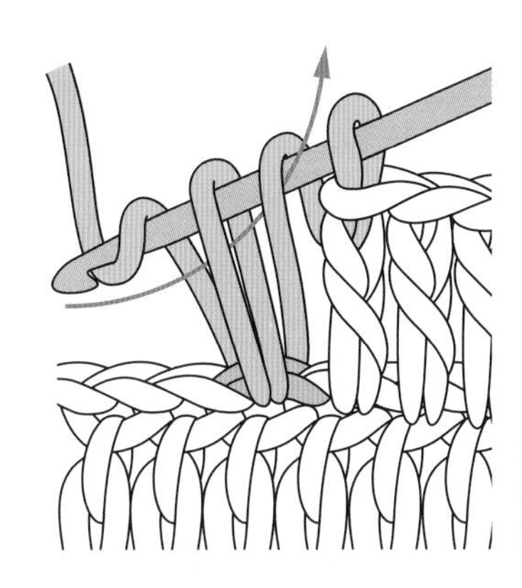

4

再一次掛線，依箭頭所示穿過2個環，引拔。

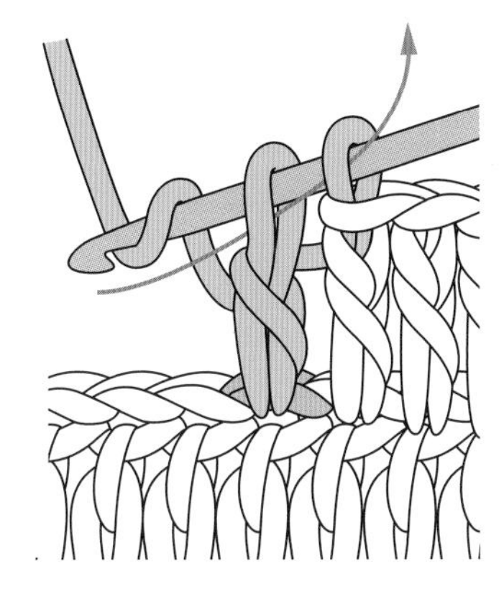

5

再一次掛線，依箭頭所示穿過2個環，一次引拔。

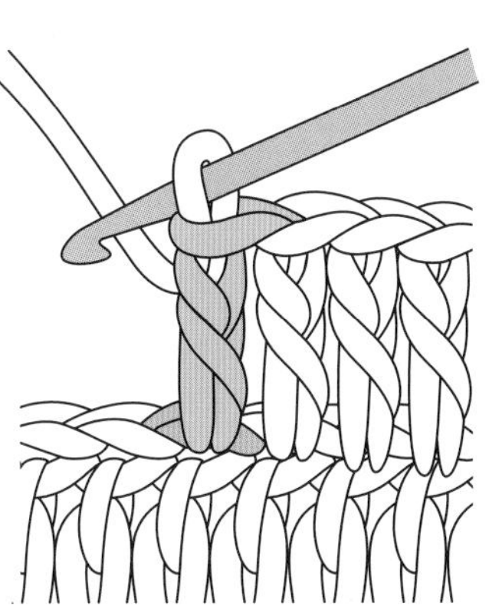

6

鉤好長針的情形。

長長針

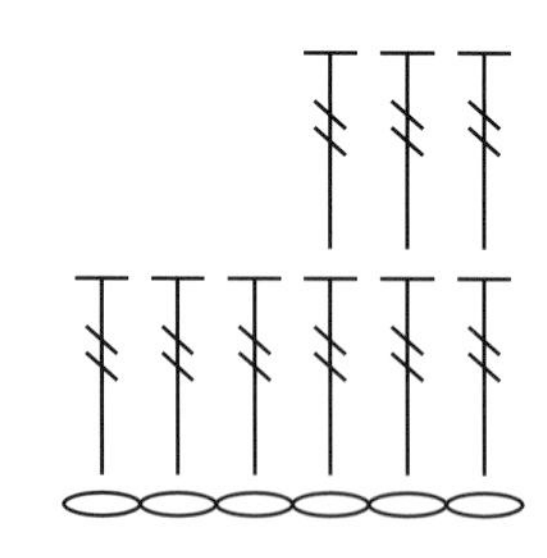

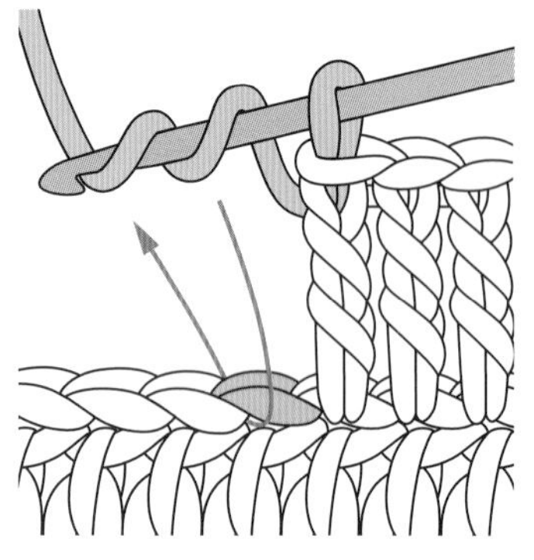

1

掛線2次，將針插入前一段針目的上方2條線處。

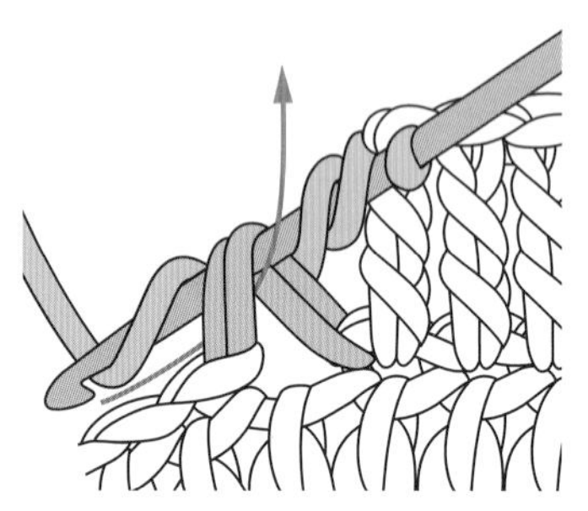

2

掛線，依箭頭所示將線拉出。拉出的線長以鎖針2針的高度為參考基準。

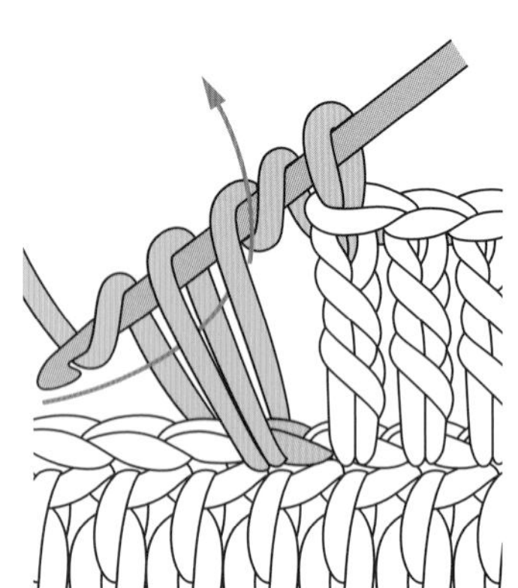

3

掛線，依箭頭所示，穿過2個環，引拔。

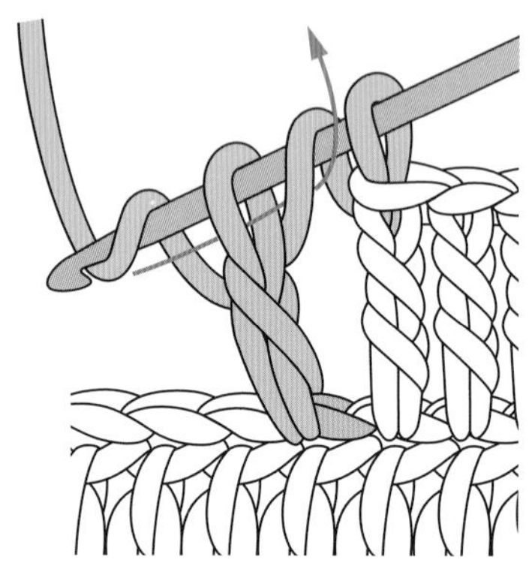

4

再一次掛線，依箭頭所示穿過2個環，引拔。

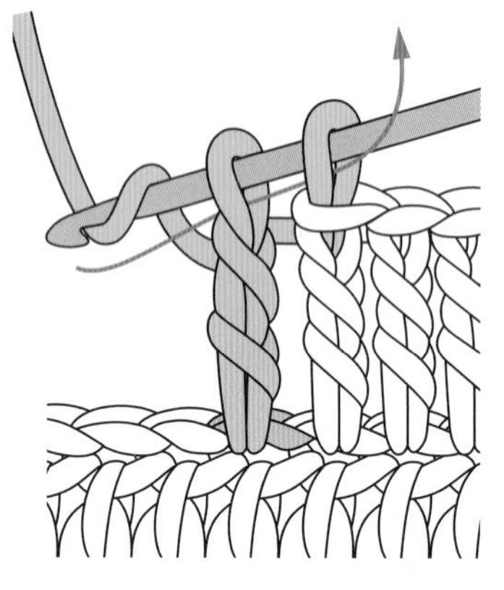

5

再一次掛線，依箭頭所示穿過剩下的2個環，一次引拔。

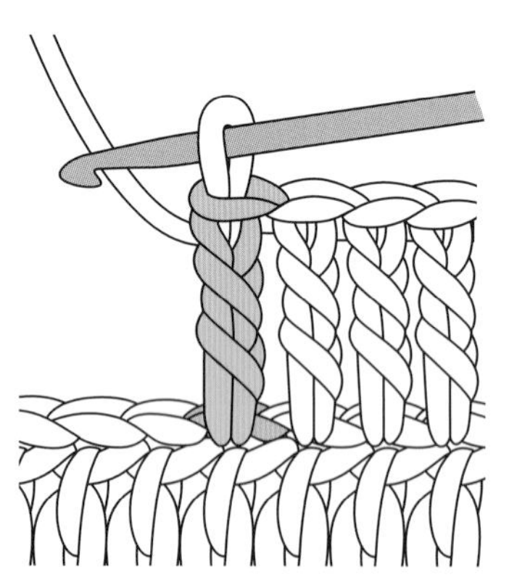

6

鉤好長長針的情形。

三卷長針

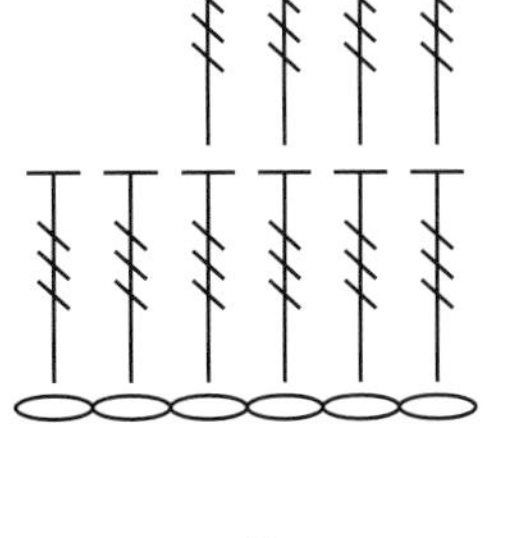

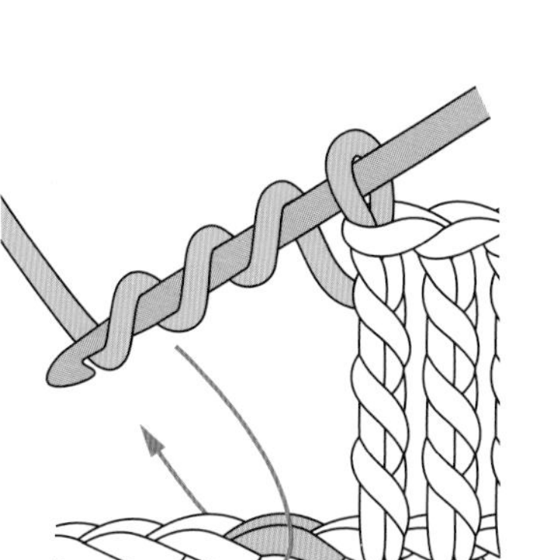

1

掛線3次，將針插入前一段針目的上方2條線處。

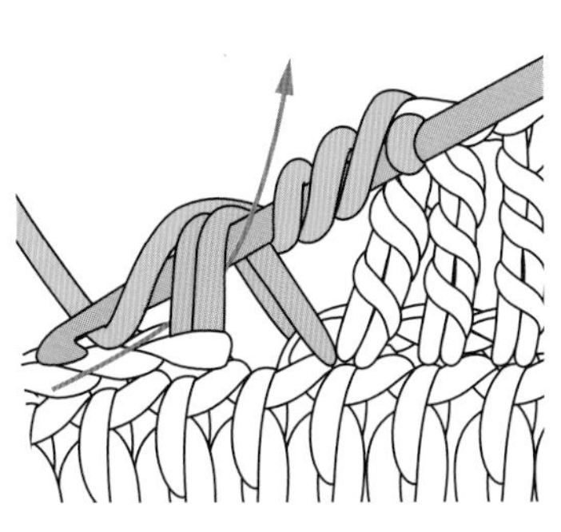

2

掛線，依箭頭所示將線拉出。拉出的線長以鎖針2針的高度為參考基準。

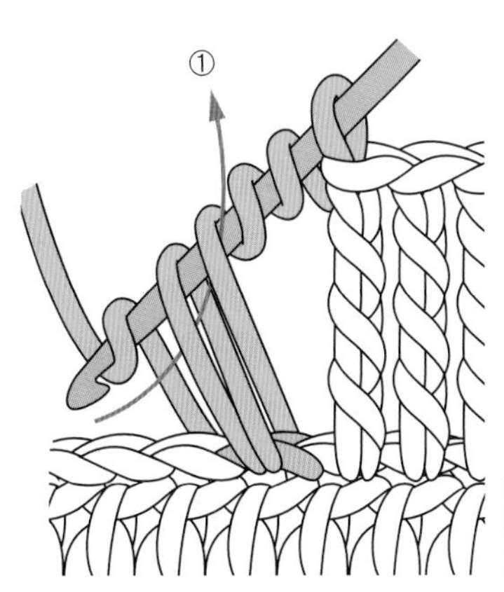

3

掛線，依箭頭所示穿過2個環，引拔（第1次）。

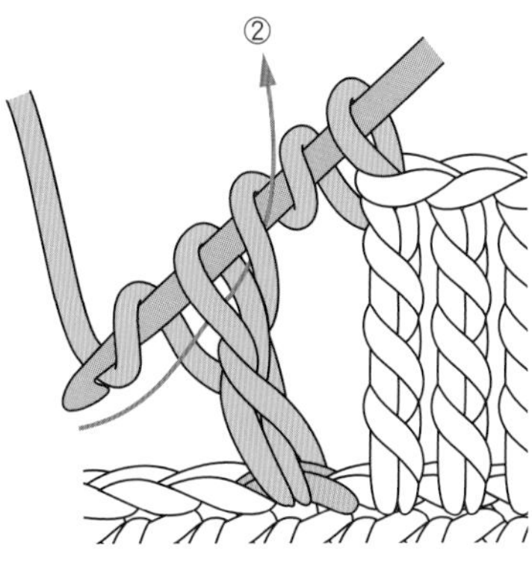

4

再一次掛線，依箭頭所示穿過2個環，引拔（第2次）。

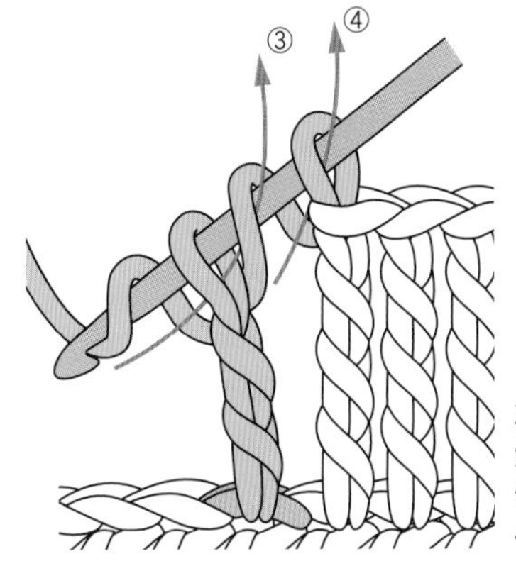

5

再一次「掛線，穿過2個環，引拔」此一步驟重複2次（第3、4次）。

6

鉤好三卷長針的情形。

四卷長針

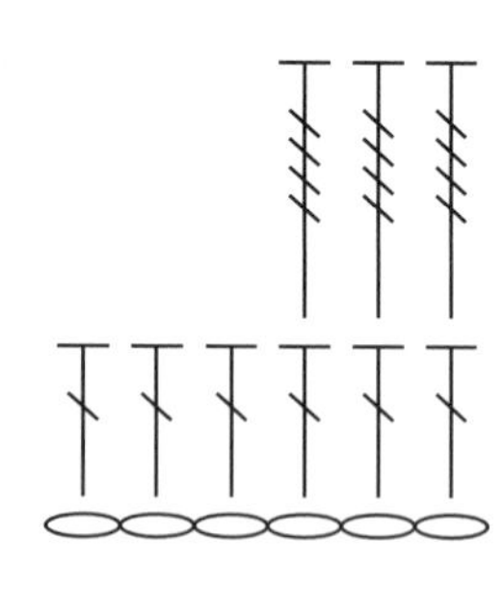

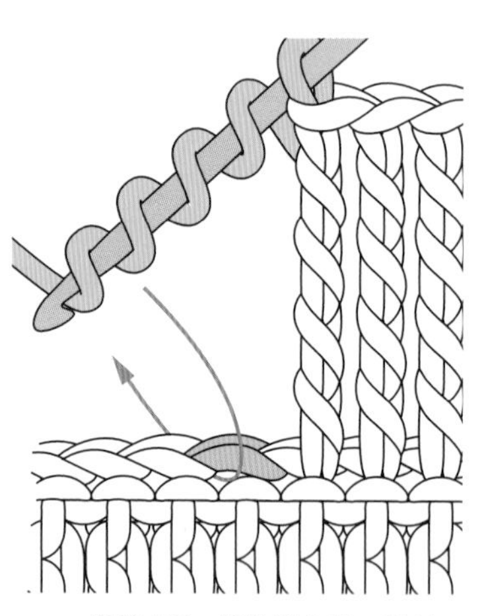

1 掛線4次，將針插入前一段針目的上方2條線處。掛線後拉出，拉出的線長以鎖針2針的高度為參考基準。

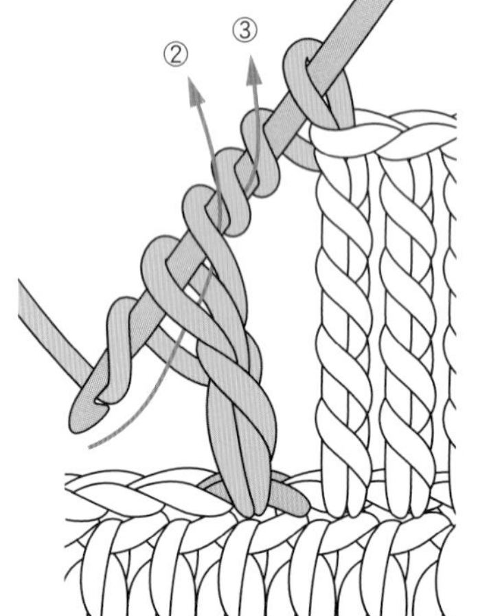

2 掛線，依箭頭所示穿過2個環，引拔（第1次）。

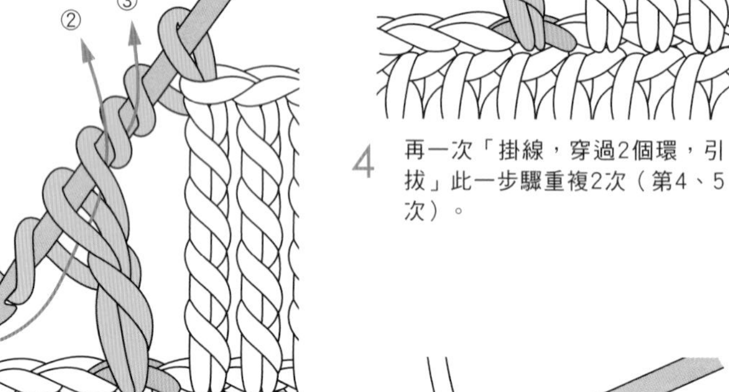

3 「掛線，穿過2個環，引拔」此一步驟重複2次（第2、3次）。

4 再一次「掛線，穿過2個環，引拔」此一步驟重複2次（第4、5次）。

5 鉤好四卷長針的情形。

事典篇

四卷長針

逆短針

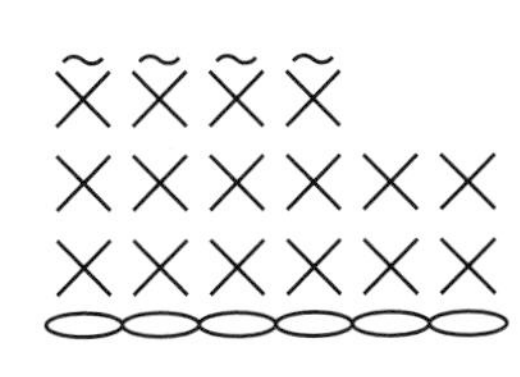

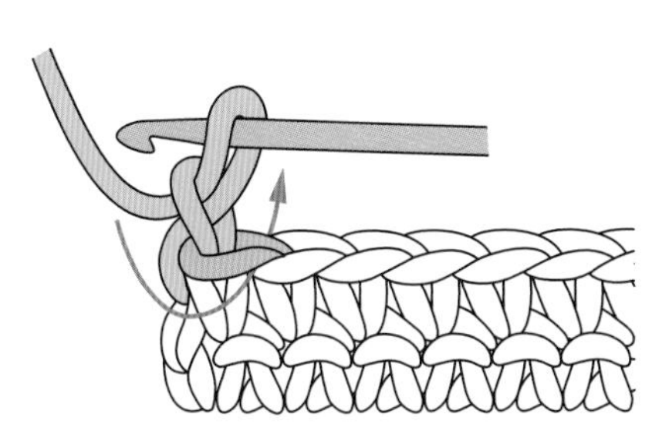

1 鉤立起鎖針1針，依箭頭所示，從前方將針插入前一段針目的上方2條線處。

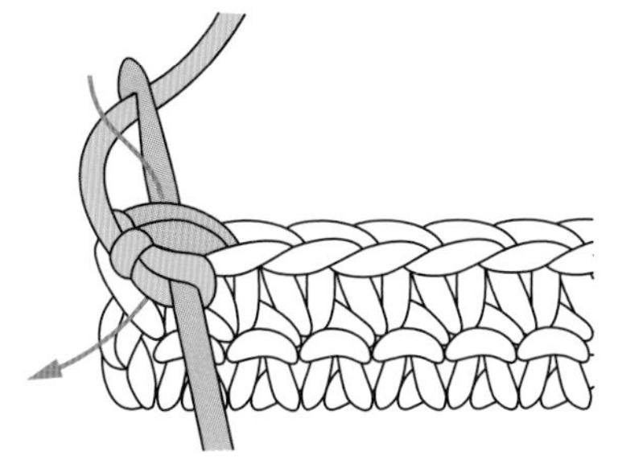

2 掛線，依箭頭所示將線拉出。

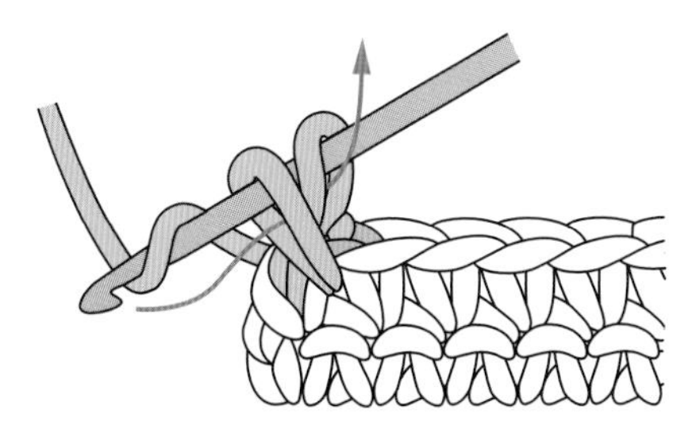

3 掛線，依箭頭所示穿過2個環，引拔。

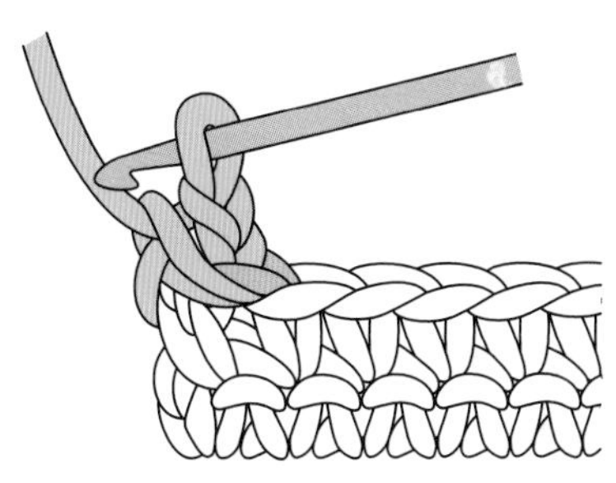

4 鉤好逆短針1針的情形。

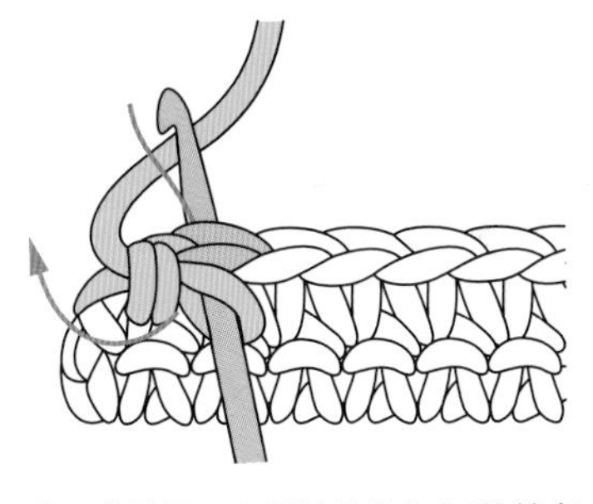

5 接下來，將針插入右側針目的上方2條線處，重複2～4的步驟。

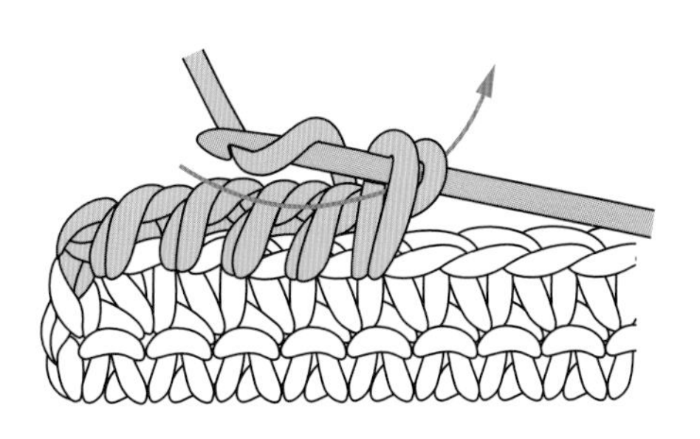

6 由左往右重複鉤。

彎曲短針

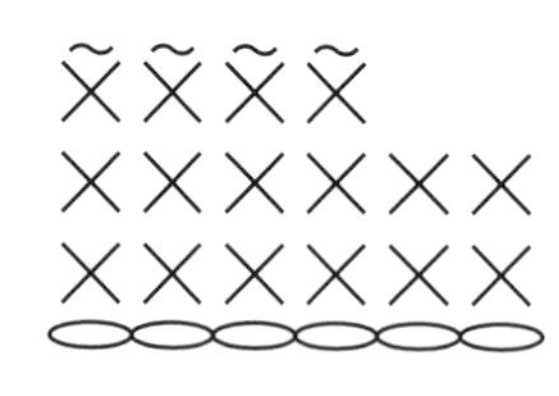

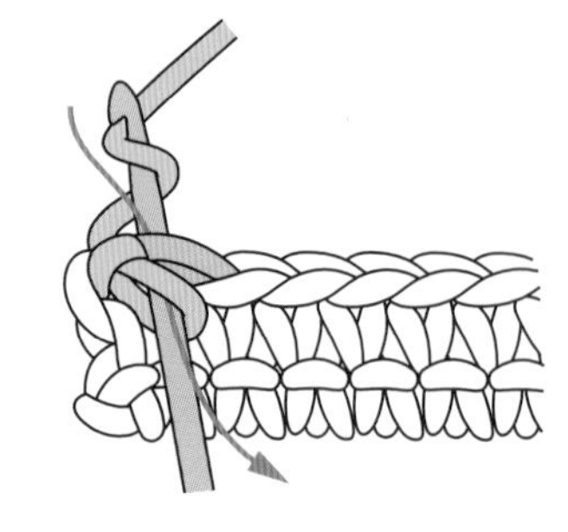

1

鉤立起鎖針1針，從前方將針插入前一段針目的上方2條線處，依箭頭所示掛線拉出。

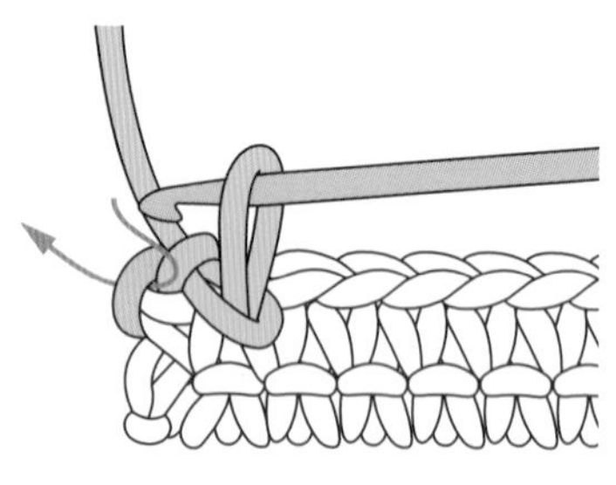

2

將針插入立起鎖針的裡山。

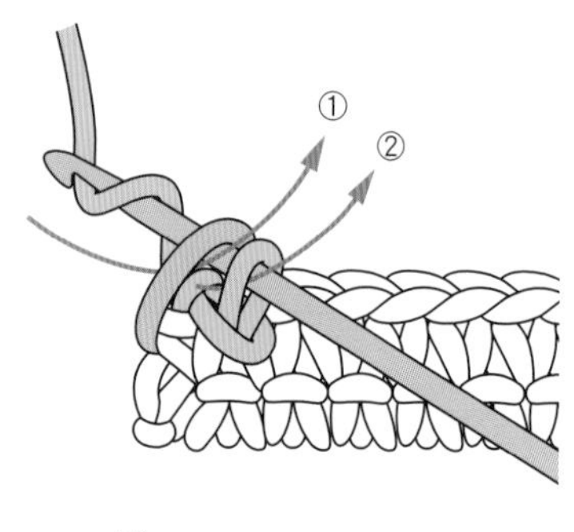

3

掛線，依箭頭所示將線拉出（①），再一次掛線，引拔2條線（②）。

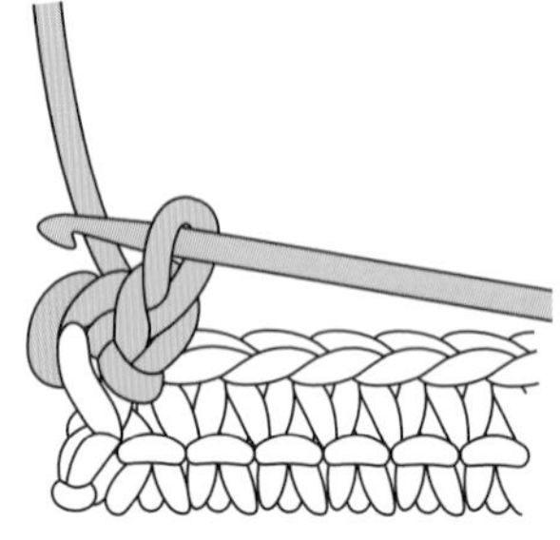

4

鉤好彎曲短針1針的情形。

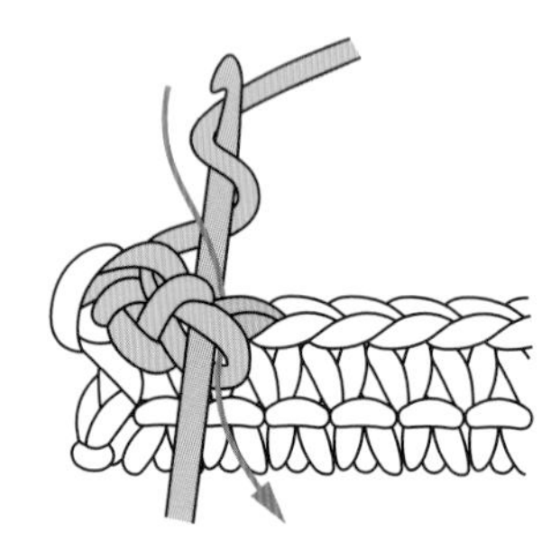

5

接下來，將針插入前一段右側針目的上方2條線處，掛線後依箭頭所示拉出。

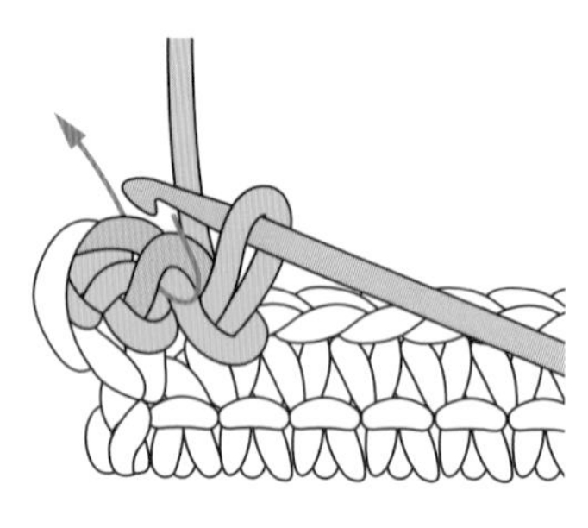

6

依箭頭所示，將針插入剛才鉤好針目的2條線處。

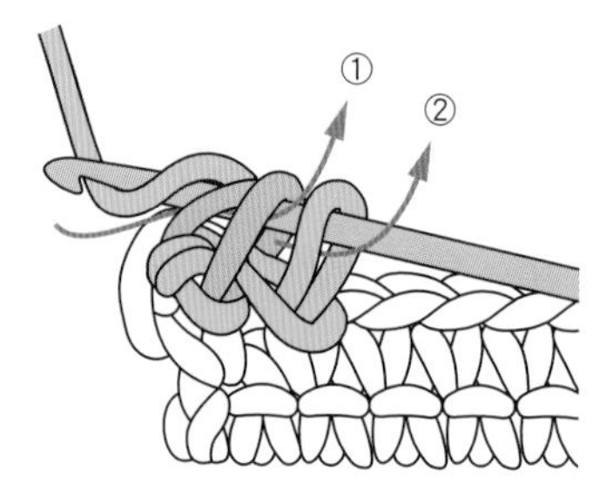

7

再一次掛線，依箭頭所示拉出（①）。再一次掛線，引拔2條線（②）。

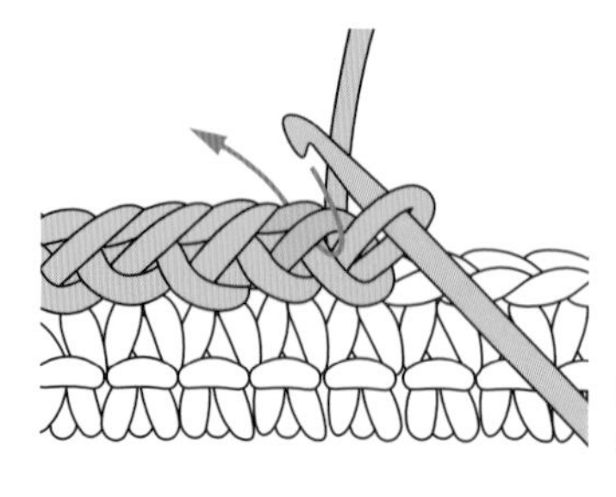

8

重複5～7步驟，由左往右鉤。

扭轉短針

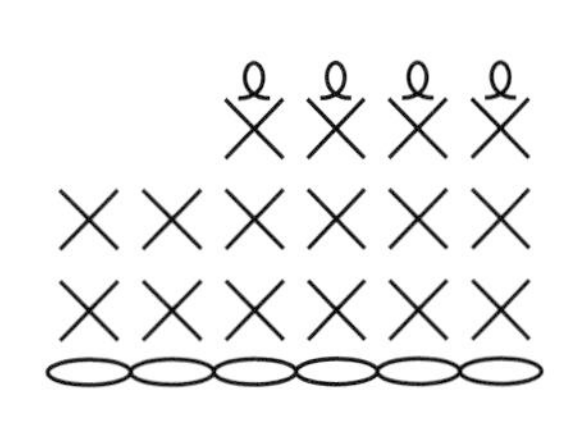

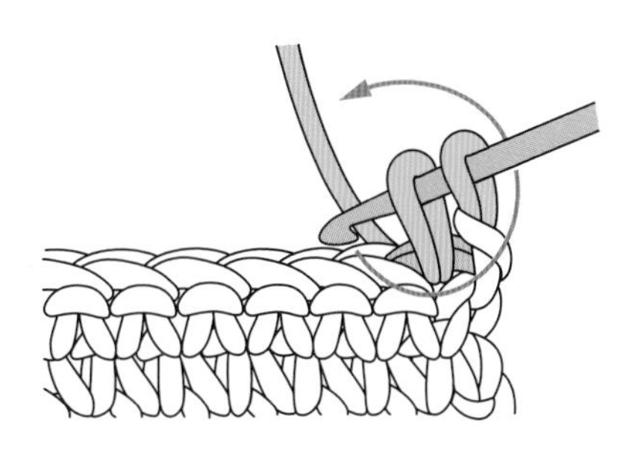

1 鉤立起鎖針1針，將針插入前一段針目的上方2條線處。掛線，多拉出一點線，然後依箭頭所示轉動針頭。

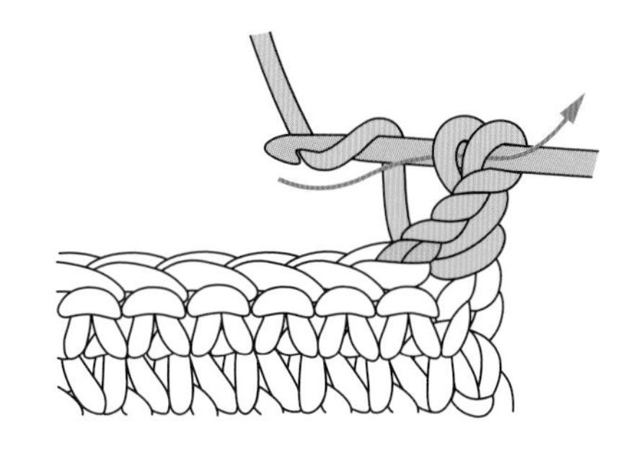

2 掛線，依箭頭所示穿過2個環，一次引拔。

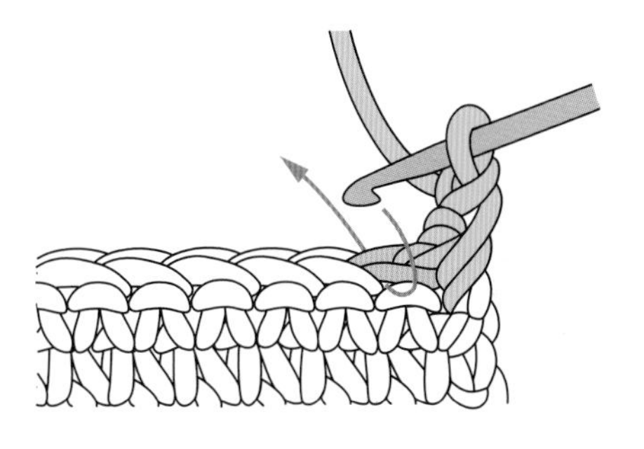

3 將針插入下個針目，重複1、2。

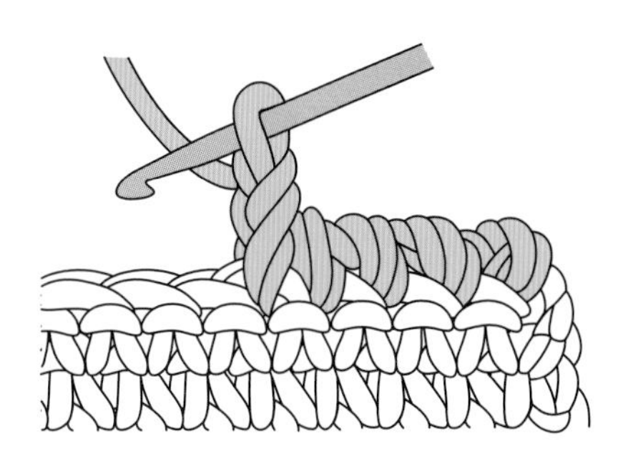

4 重複鉤扭轉短針的情形。

短針畝編

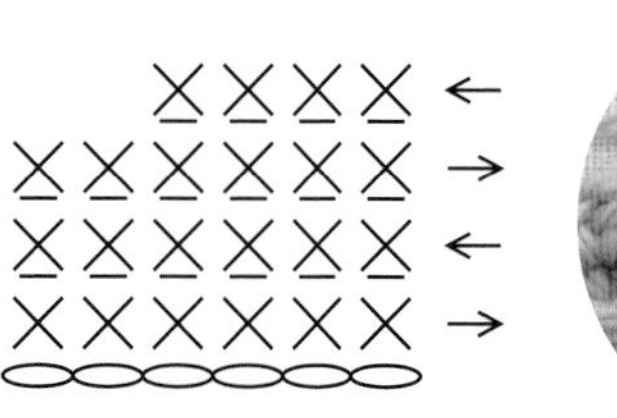

正面

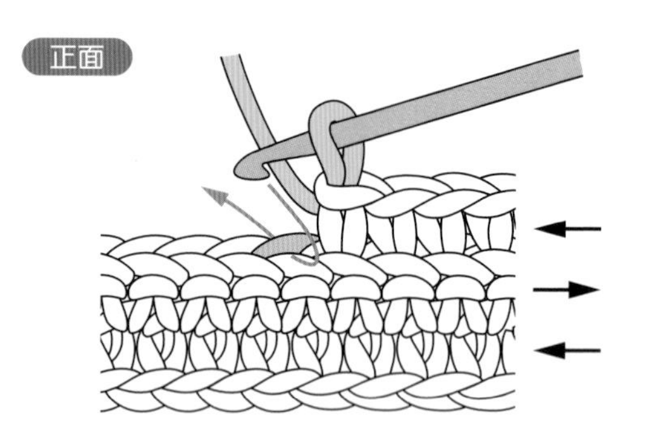

1 依箭頭所示，將針插入前一段針目的後側半針鎖針處，鉤短針。

背面

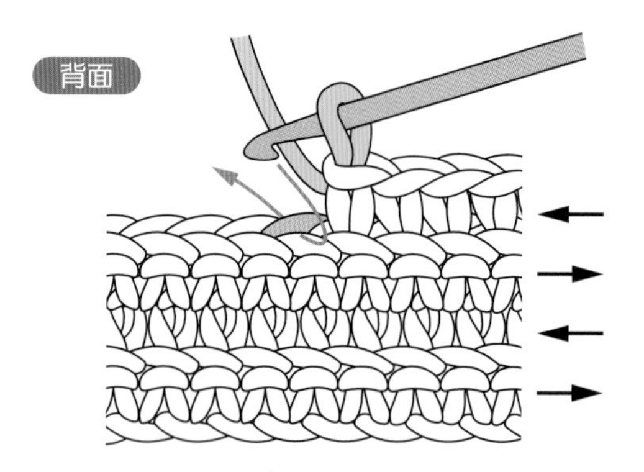

2 同樣持續鉤短針，因為每段都改變織片方向，所以正面、背面都會出現畝狀花紋。

短針筋編

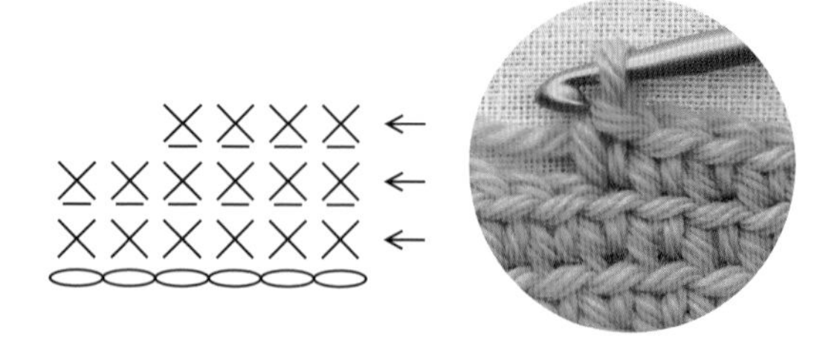

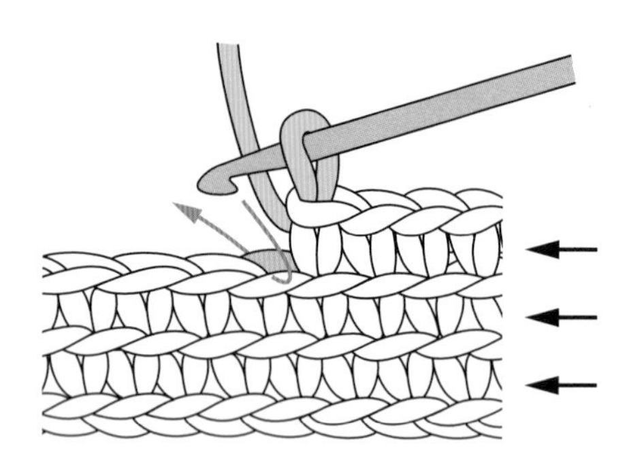

1 鉤法跟短針畝編相同，保持正面向上，將針插入前一段針目的後側半針鎖針處鉤短針，正面就會出現筋狀花紋。

中長針筋編

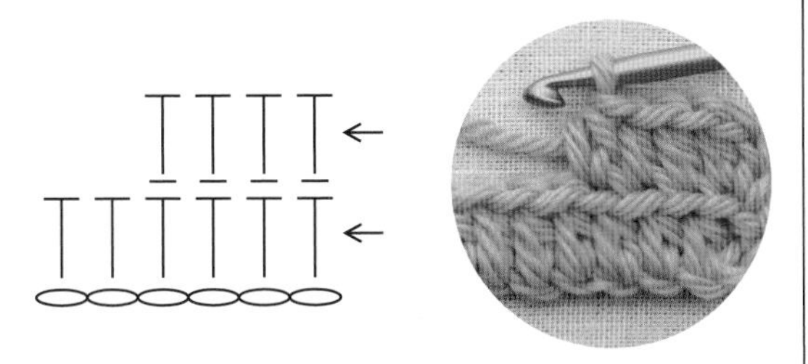

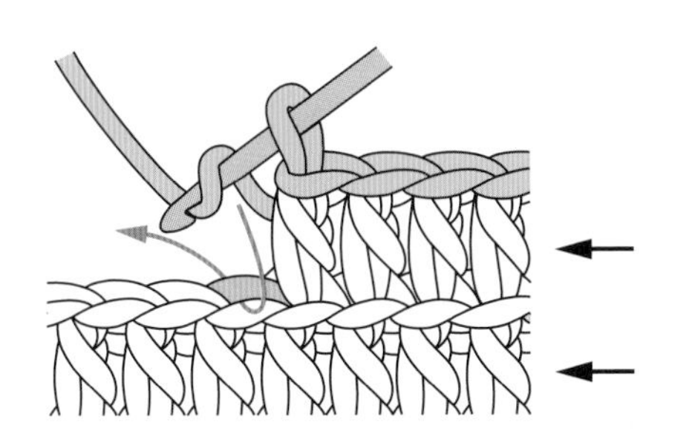

1 掛線，依箭頭所示，將針插入前一段針目的後側半針鎖針處。

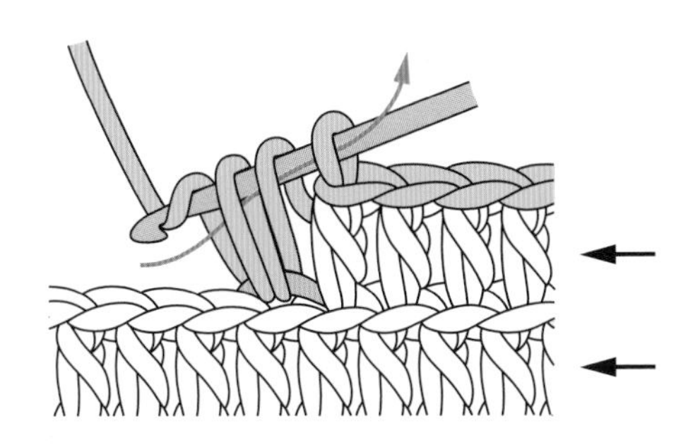

2 掛線後拉出，再一次掛線，依箭頭所示穿過3個環，一次引拔。

長針筋編

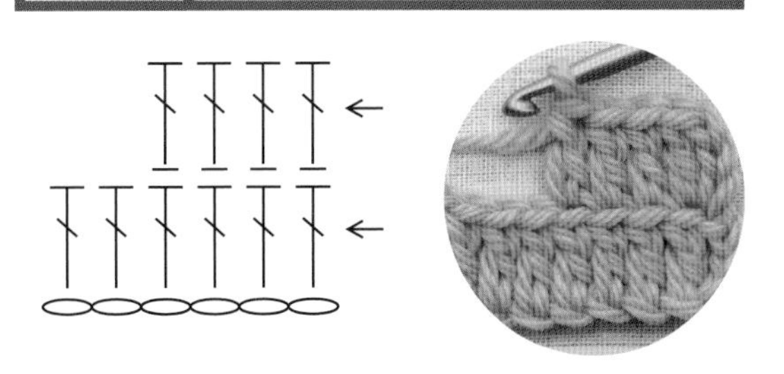

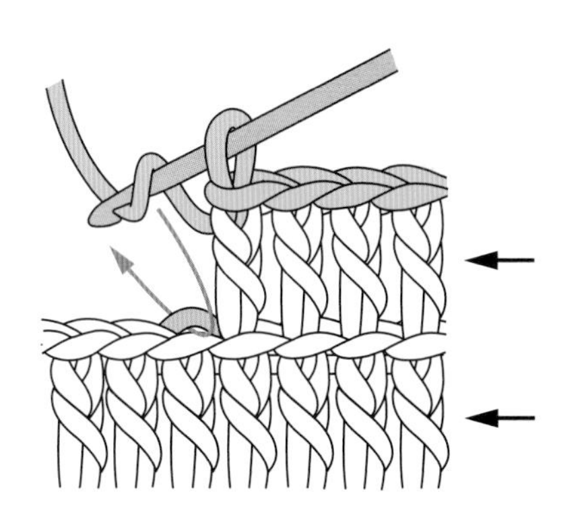

1 掛線，依箭頭所示，將針插入前一段針目的後側半針鎖針處。

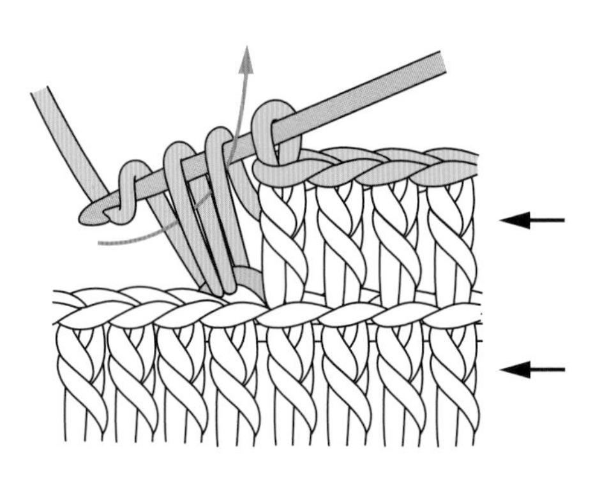

2 掛線後拉出，再一次掛線，依箭頭所示穿過2個環後引拔。然後再掛線，穿過剩下2個環，一次引拔。

未完成的針目

所謂「未完成的針目」，指的是最後引拔完成前的狀態。未完成的針目不算1針，2針鉤一針或玉編等狀態下可能出現未完成的針目。

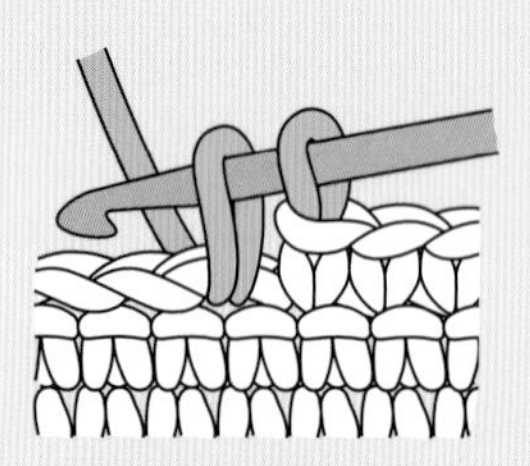

未完成的短針

針上掛2條線引拔前情形。

未完成的長長針

最後留在針上的2條線引拔前情形。

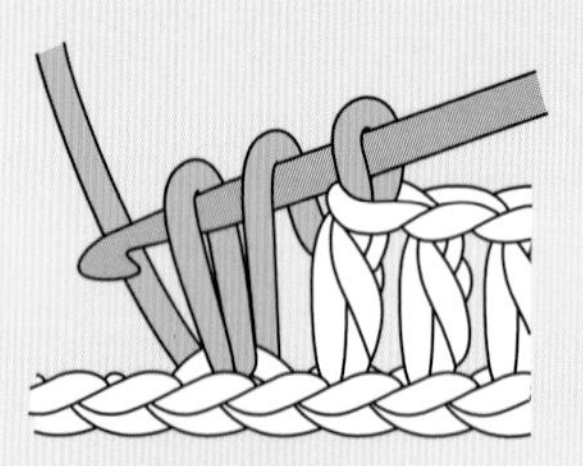

未完成的中長針

針上掛3條線引拔前情形。

未完成的三卷長針

最後留在針上的2條線引拔前情形。

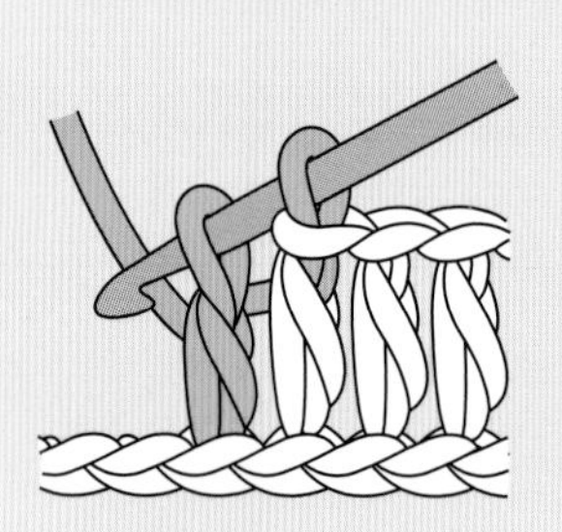

未完成的長針

最後留在針上的2條線引拔前情形。

中長針3針的玉編

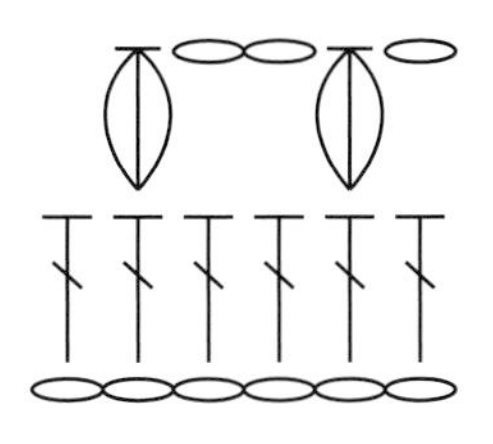

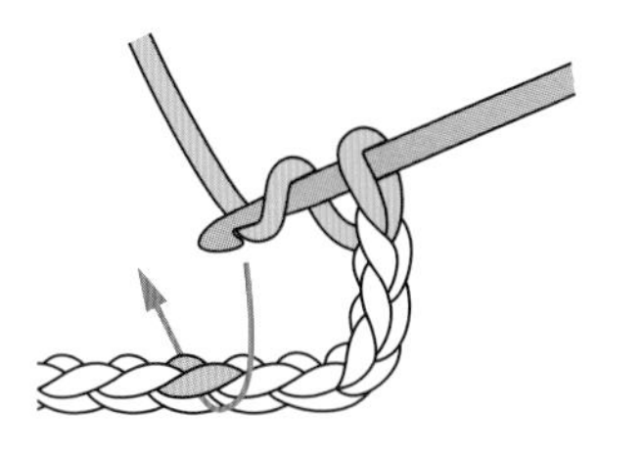

1

掛線，將針插入箭頭位置，鉤未完成的長針（參閱p.108）。這時候，多拉出一點線。

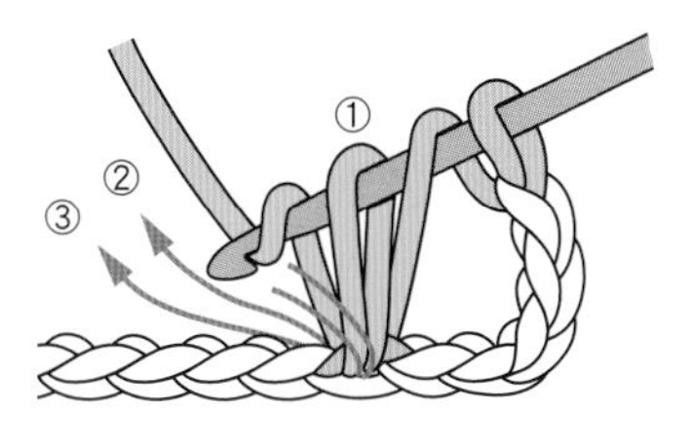

2

將針插入同一針目，再鉤2次未完成的中長針。

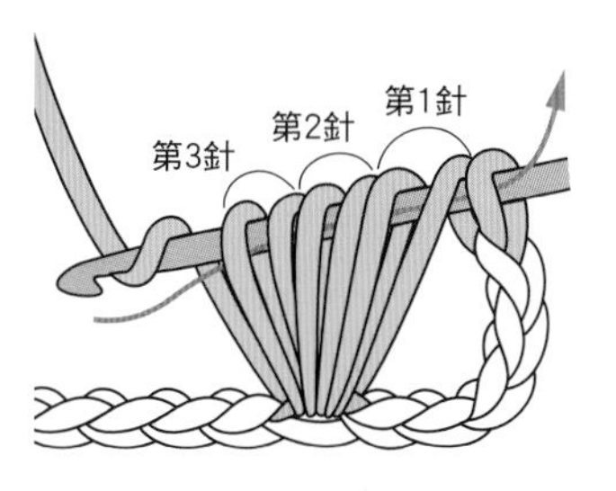

3

掛線，依箭頭所示穿過所有環，一次引拔。

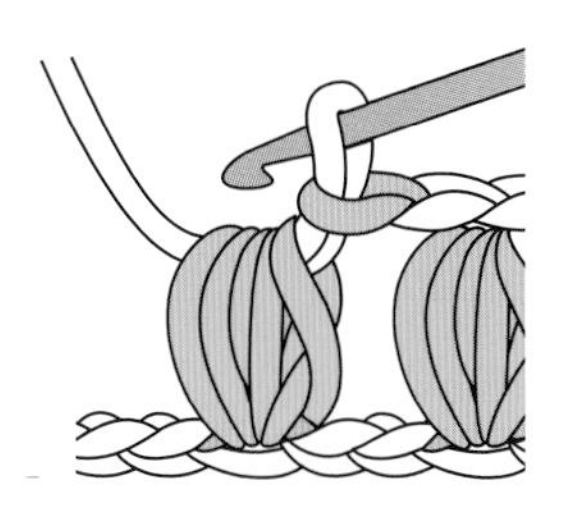

4

鉤好中長針3針玉編的情形。中長針玉編的上方會向右歪，接下來鉤鎖針1針，讓形狀安定。

變形中長針3針的玉編

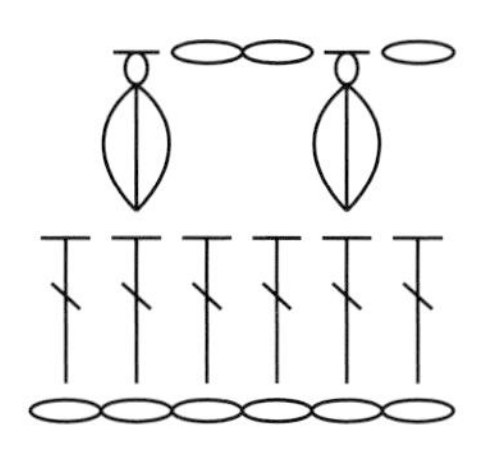

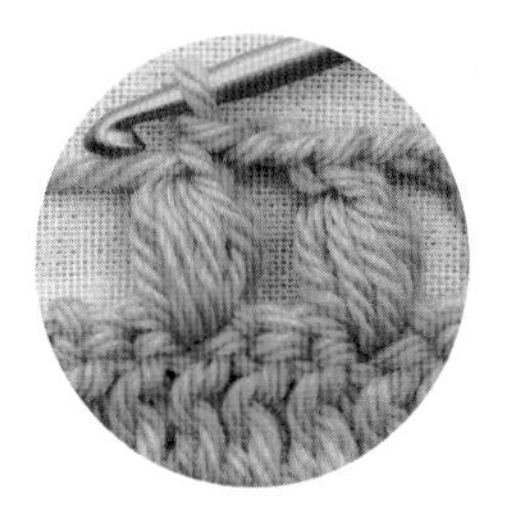

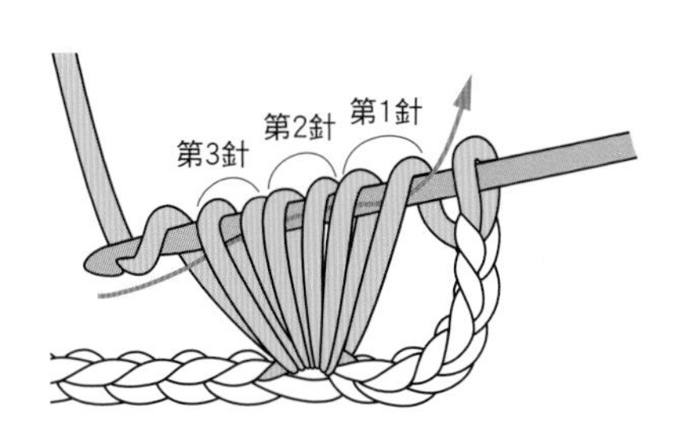

1 掛線，將針插入前一段針目，鉤未完成的中長針（參閱p.108）3針。掛線，依箭頭所示穿過掛在針上的環，引拔。

2 再一次掛線，穿過留在針上的2個環後引拔。

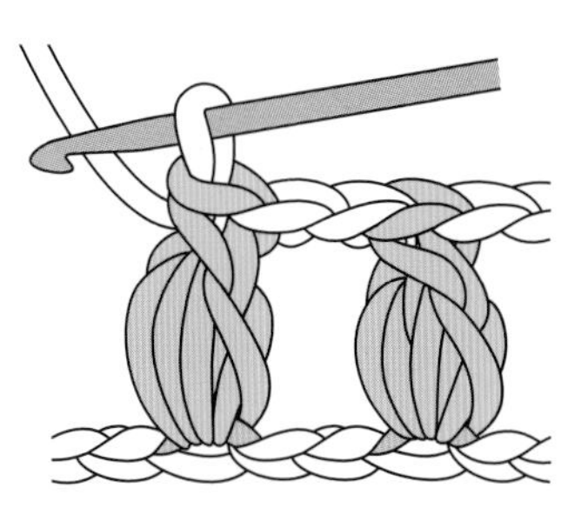

3 鉤好變形中長針3針玉編的情形。

長針3針的玉編

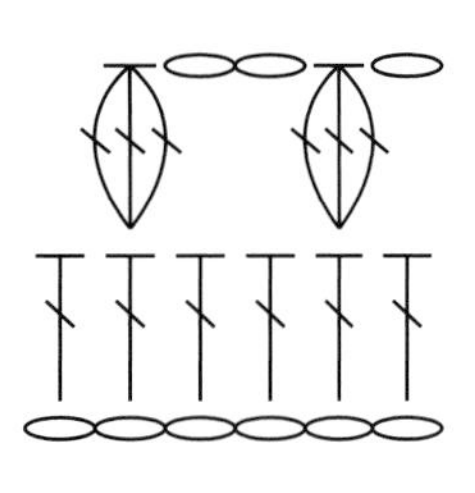

3

掛線，將針插入同一針目，再一次鉤2針未完成的長針。

1 掛線，將針插入前一段針目（這裡是裡山與半針鎖針），掛線拉出。拉出線長以鎖針2針的高度為參考基準。

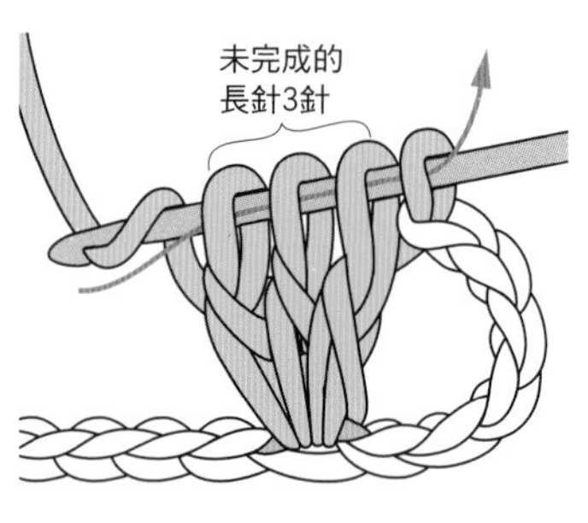

4

掛線，依箭頭所示穿過所有掛在針上的環，一次引拔。

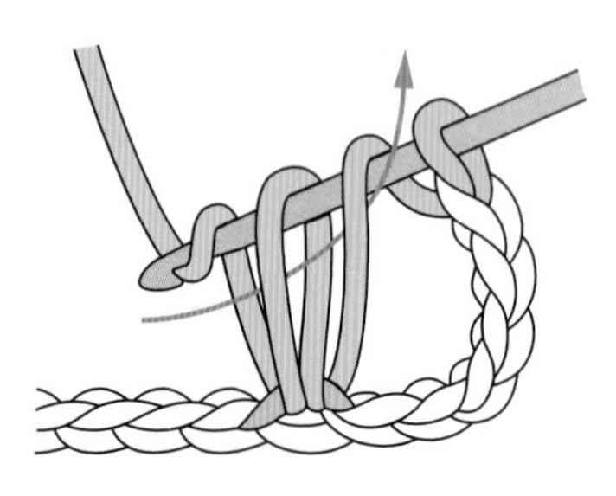

2

掛線，依箭頭所示穿過2個環，引拔（未完成的長針）。

5

鉤好長針3針玉編的情形。

長針3針的玉編整束鉤入

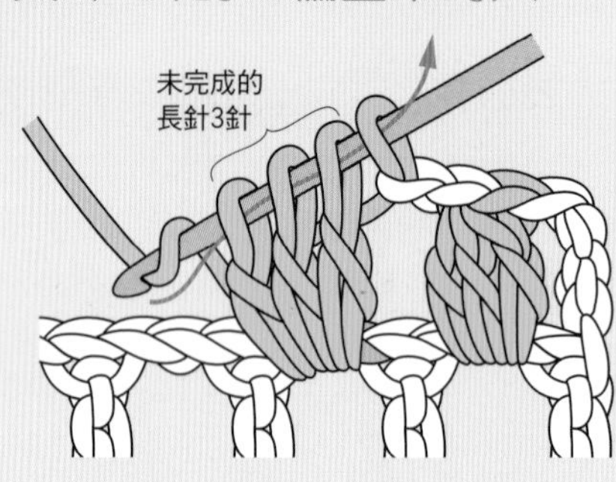

一次挑起前一段的所有鎖針，鉤長針3針的玉編。

長針5針的玉編

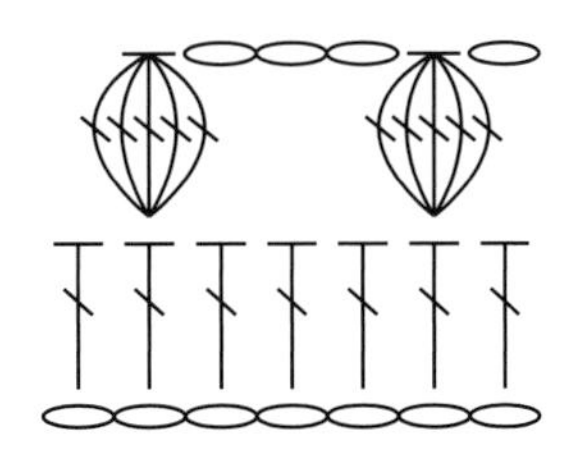

1 掛線，在箭頭位置鉤未完成的長針（參閱p.108）5針。

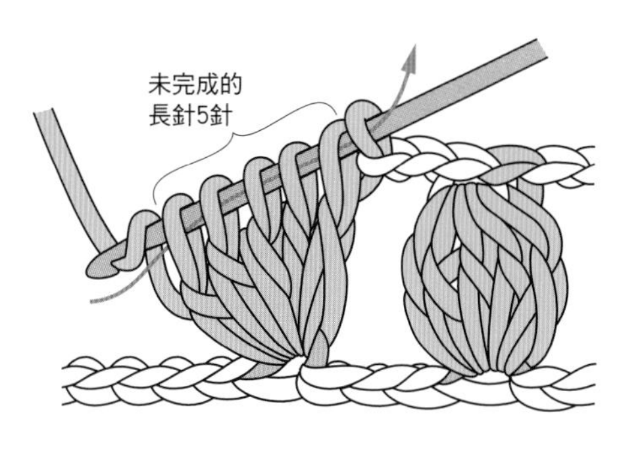

2 掛線，依箭頭所示穿過掛在針上的所有環，一次引拔。

3 鉤好長針5針的玉編2針的情形。

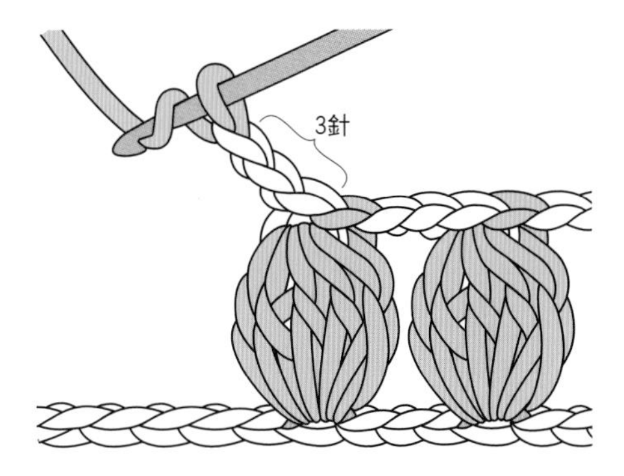

4 鉤接下來的鎖針3針，繼續以同樣方法鉤。

長針5針的玉編整束鉤入

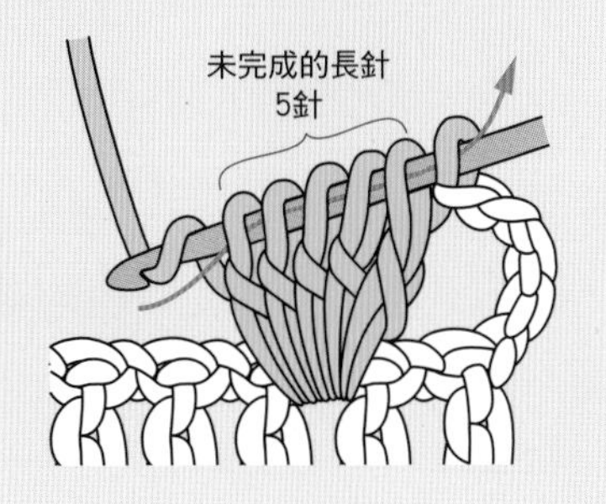

一次挑起前一段的所有鎖針，
鉤長針5針的玉編。

長長針5針的玉編

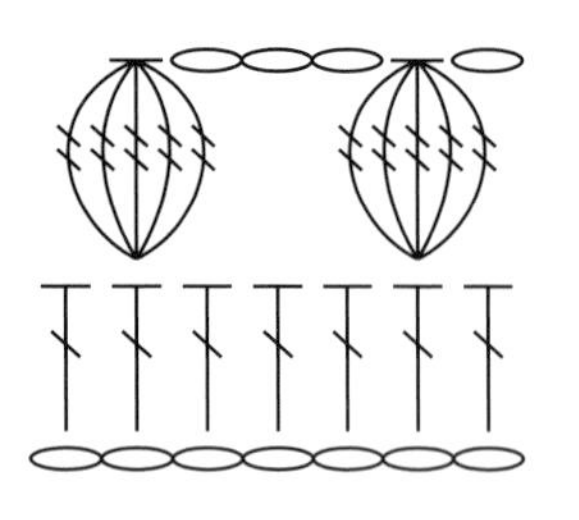

1 掛線2圈，將針插入箭頭位置後拉出線。

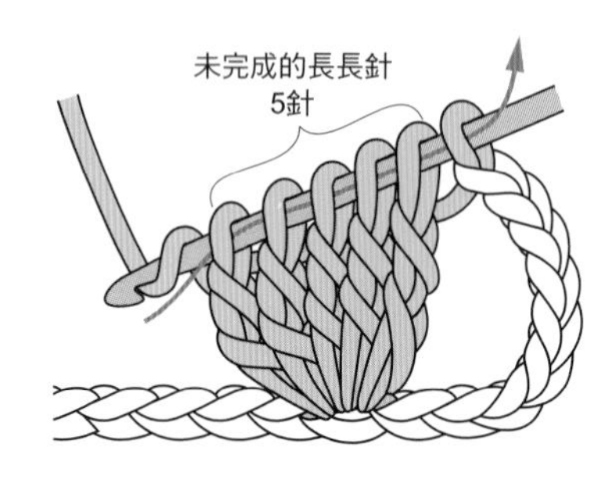

3 在同一針目處再鉤未完成的長長針4針，掛線，依箭頭所示穿過所有掛在針上的環，一次引拔。

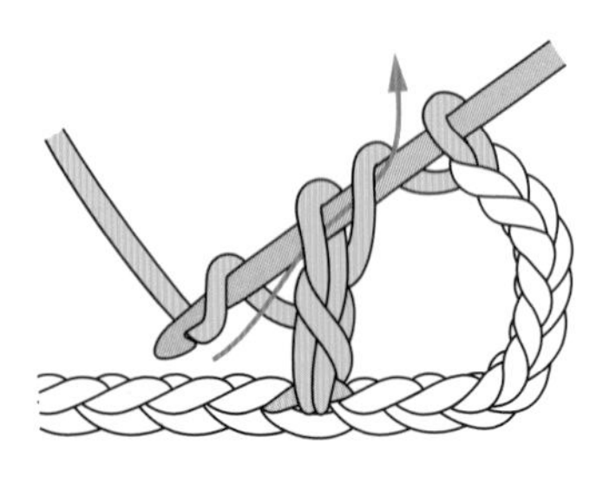

2 再一次掛線，鉤未完成的長長針（參閱p.108）。

4 鉤好長長針5針玉編後，再鉤鎖針2針的情形。

長長針5針的玉編整束鉤入

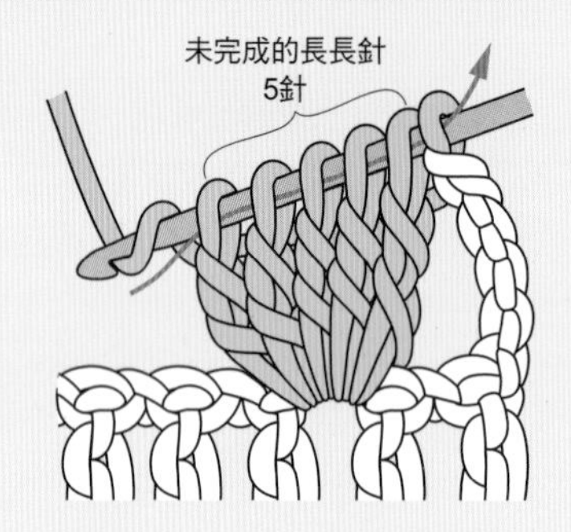

一次挑起前一段的所有鎖針，
鉤長長針5針的玉編。

事典篇
長長針5針的玉編

中長針5針的爆米花編

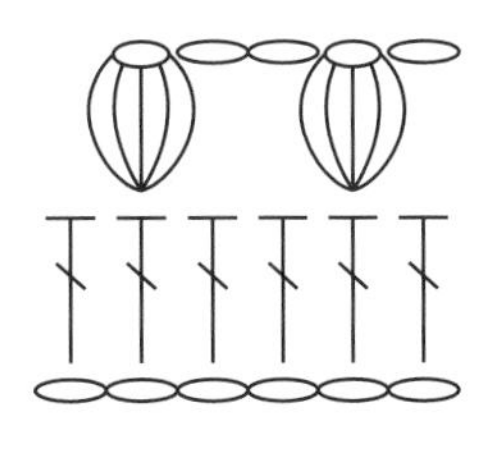

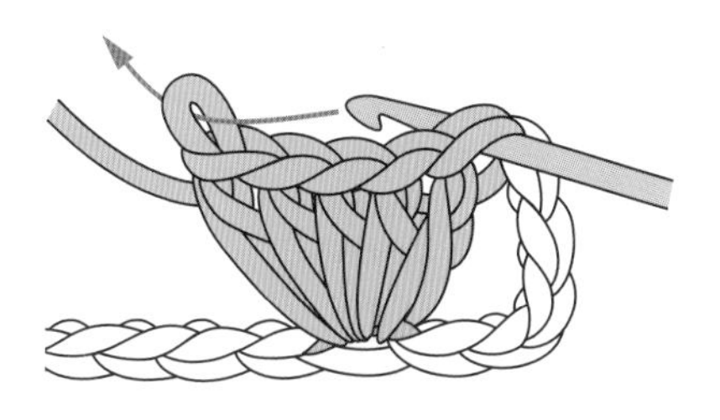

1 在同一針目鉤中長針5針後，先把針拔下，再重新插入最初1針和拔下的環。

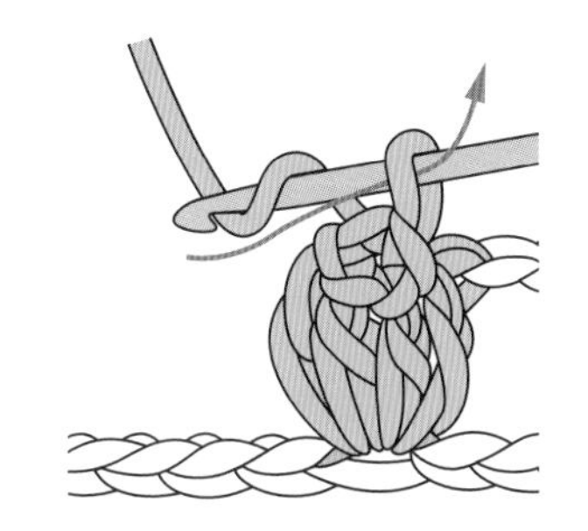

3 鉤鎖針1針後拉緊線。

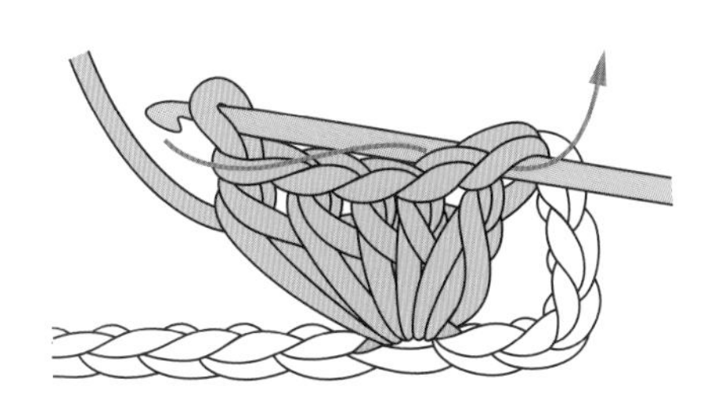

2 依箭頭所示拉出針頭鉤住的環。

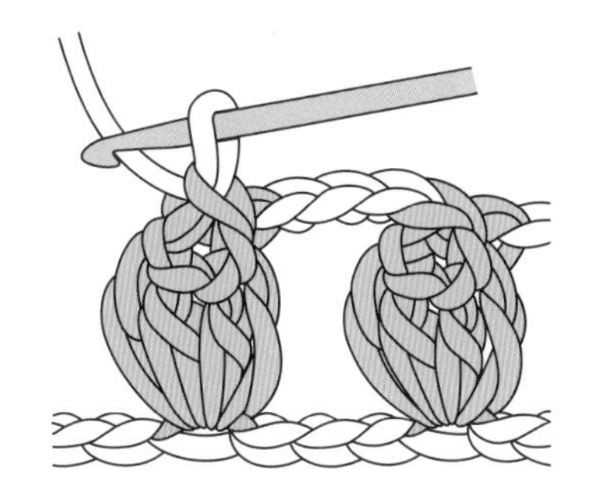

4 鉤好2個中長針5針爆米花編的情形。

中長針5針的爆米花編整束鉤入

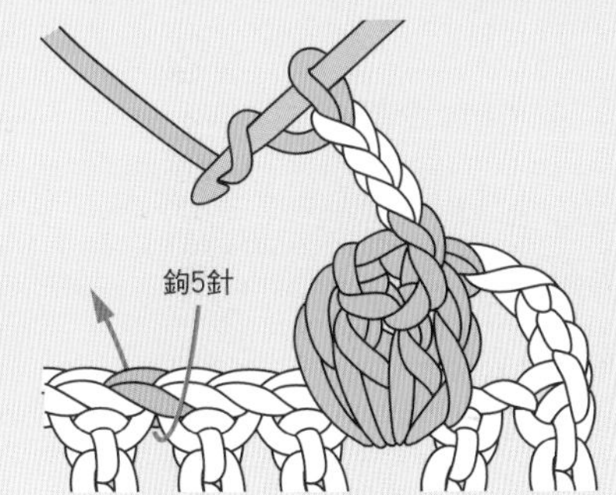

一次挑起前一段的所有鎖針，
鉤中長針5針的爆米花編。

長針5針的爆米花編

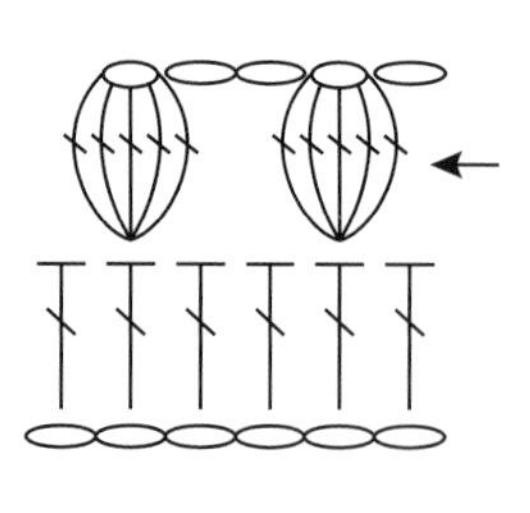

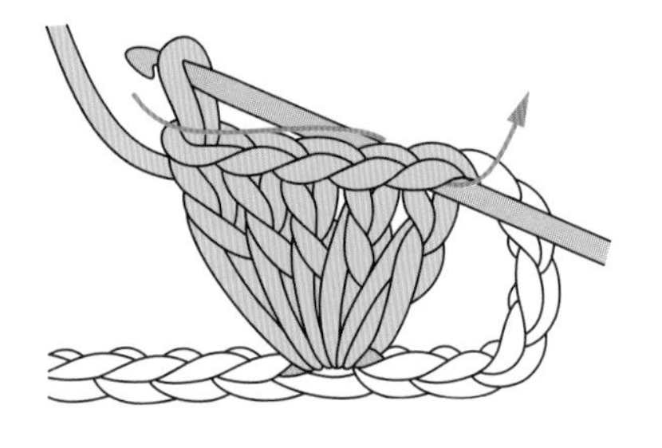

1 在同一針目鉤長針5針後，先把針拔下，重新插入最初1針跟拔下的環中，依箭頭所示拉出。

2 鉤鎖針1針後拉緊。

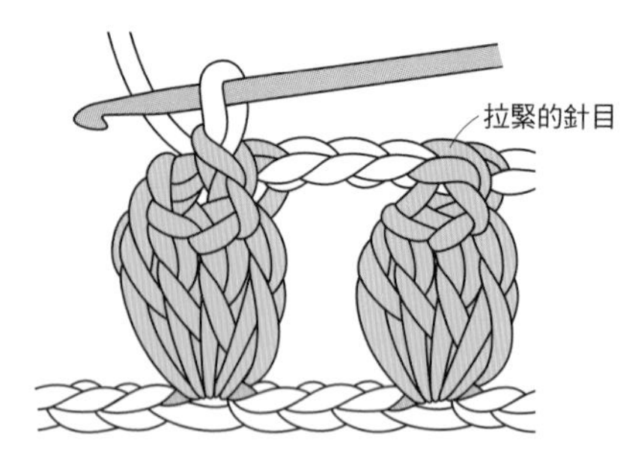

3 鉤好2個長針5針爆米花編的情形。

從背面鉤長針5針的爆米花編

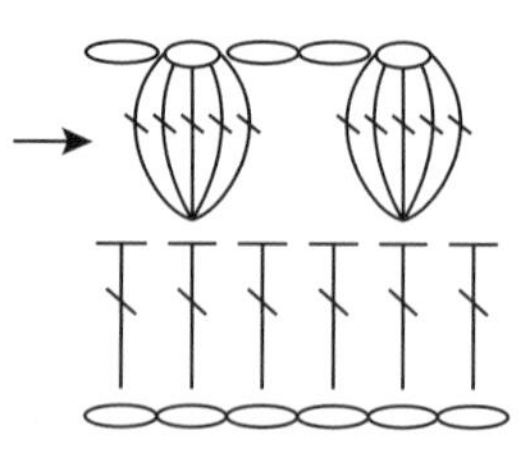

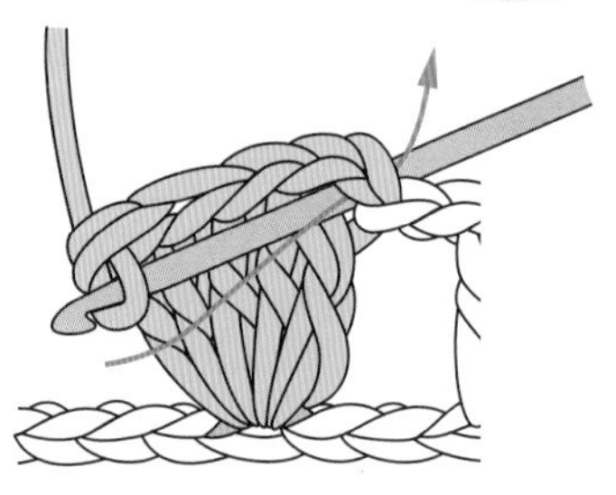

1 在同一針目鉤長針5針後，先把針拔下，從背面重新插入最初1針中，從正面重新插入拿下的圈中，依箭頭所示拉出。

2 鉤鎖針1針後拉緊針目（正面會凸起）。

長針5針的爆米花編整束鉤入

一次挑起前一段的所有鎖針，鉤長針5針的爆米花編。

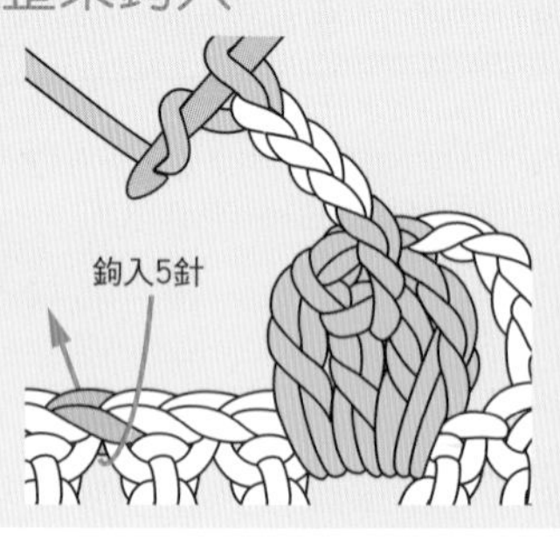

長長針6針的爆米花編

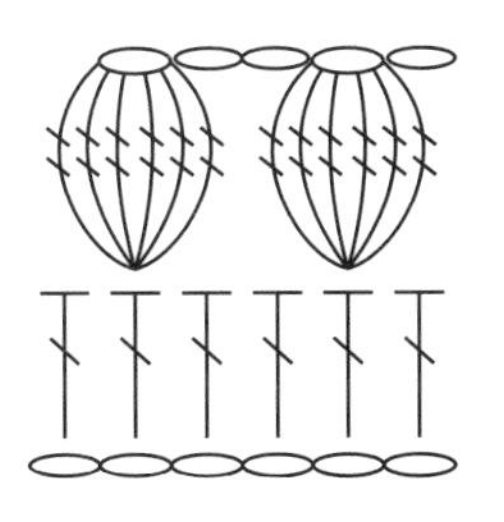

1 掛線2圈，將針插入箭頭位置鉤長長針。

2 在相同位置再鉤5針長長針。

3 先把針拔下，重新插入最初1針與拔下的環中，依箭頭所示將環拉出。

4 鉤鎖針1針後拉緊。

長長針6針的爆米花編整束鉤入

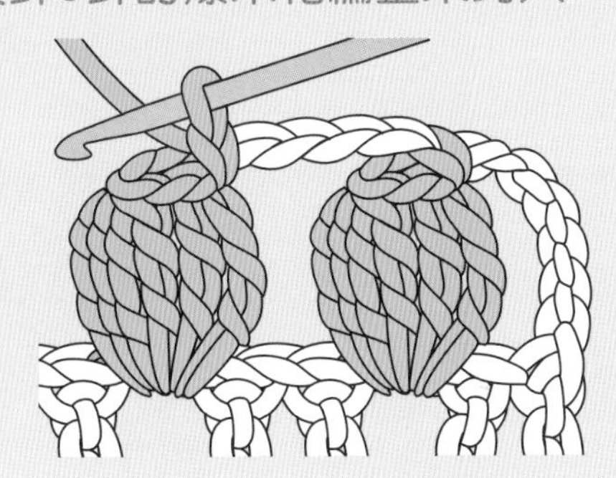

一次挑起前一段的所有鎖針，
鉤長長針6針的爆米花編。

X 中長針交叉編

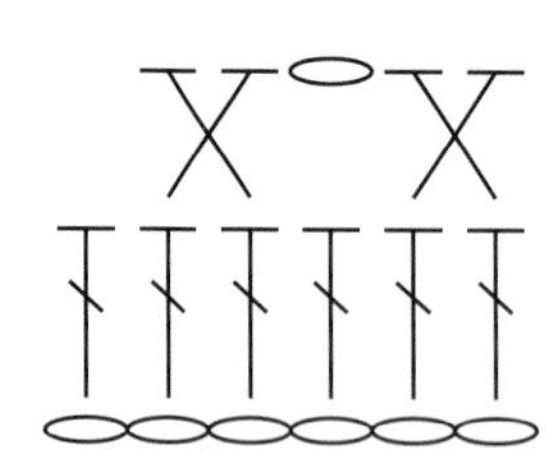

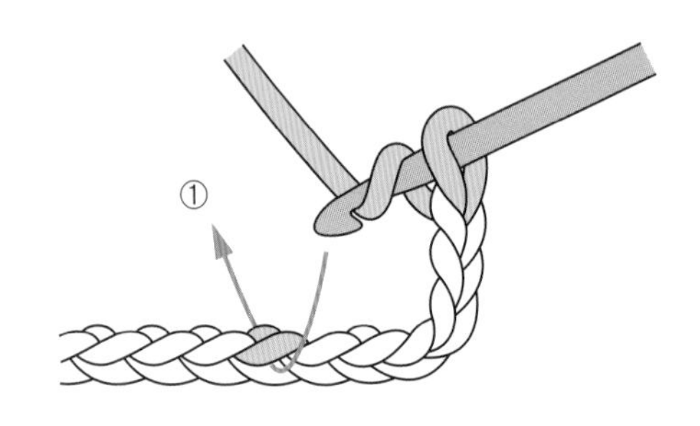

1 掛線，將針插入箭頭位置，鉤中長針。

2 掛線，依箭頭所示將針插入剛才鉤好的右側針目中，掛線後拉出。

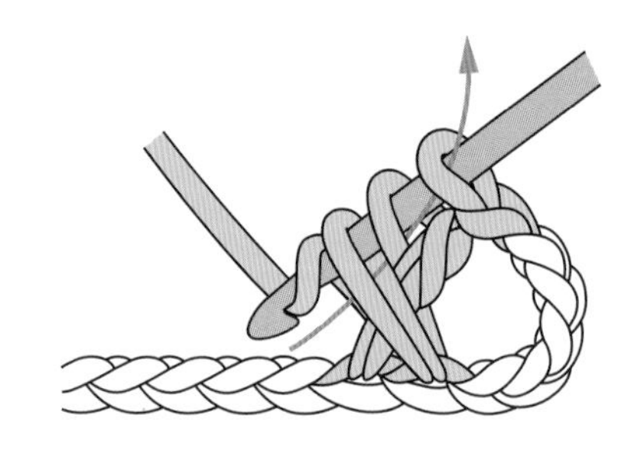

3 鉤中長針，包住剛才鉤的中長針。

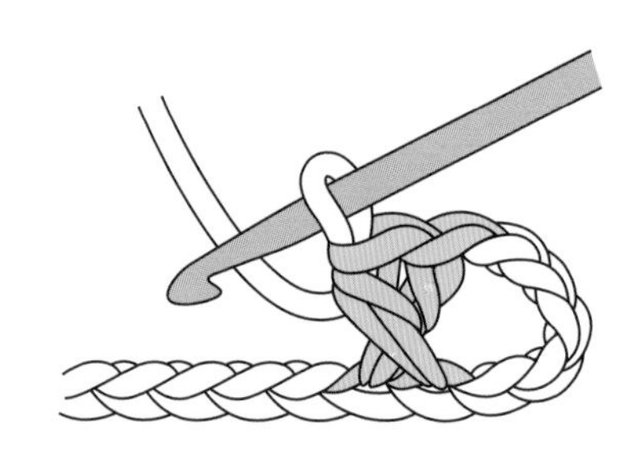

4 鉤好1個中長針交叉編的情形。

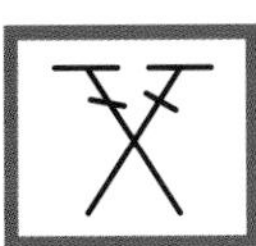

長針交叉編

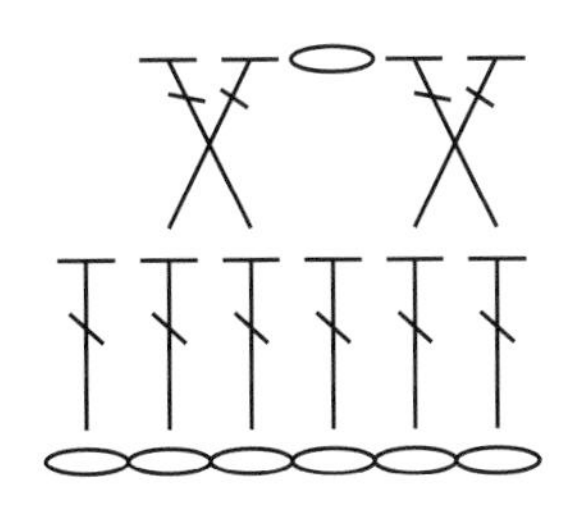

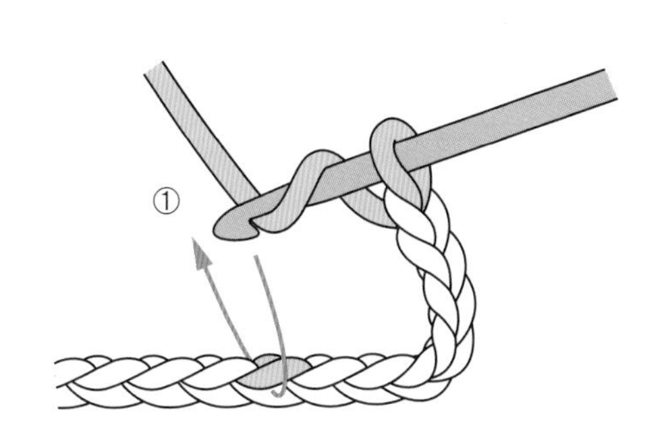

1 掛線，將針插入箭頭位置，鉤長針。

2 掛線，依箭頭所示，將針插入剛才鉤好的右側針目中，掛線後拉出。

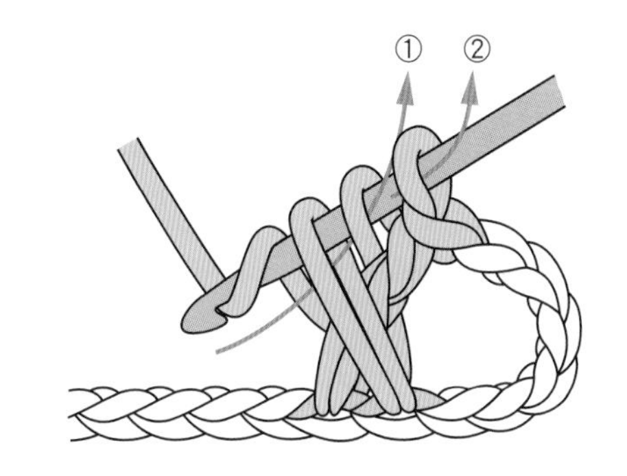

3 鉤長針，包住剛才鉤的長針。

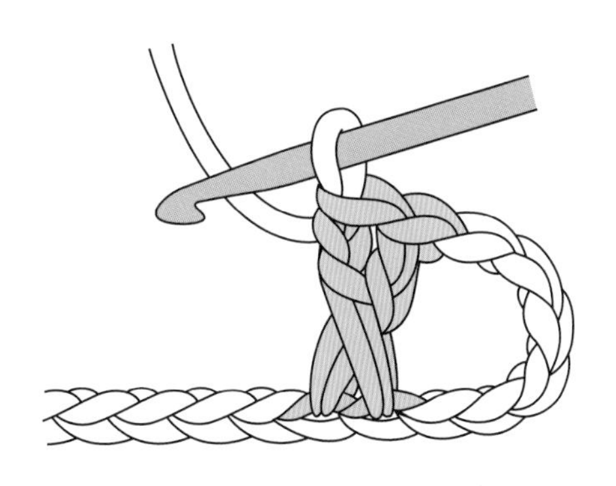

4 鉤好1個長針交叉編的情形。

長長針交叉編

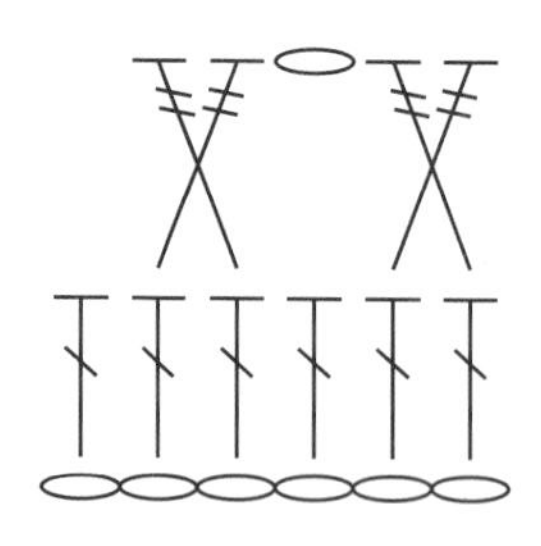

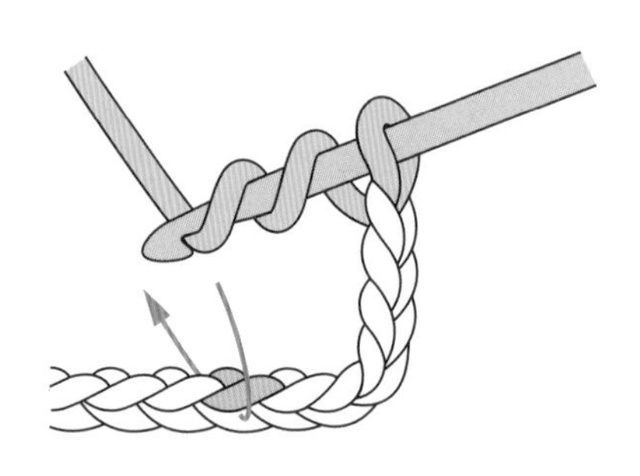

1 掛線2圈，將針插入箭頭位置，鉤長長針。

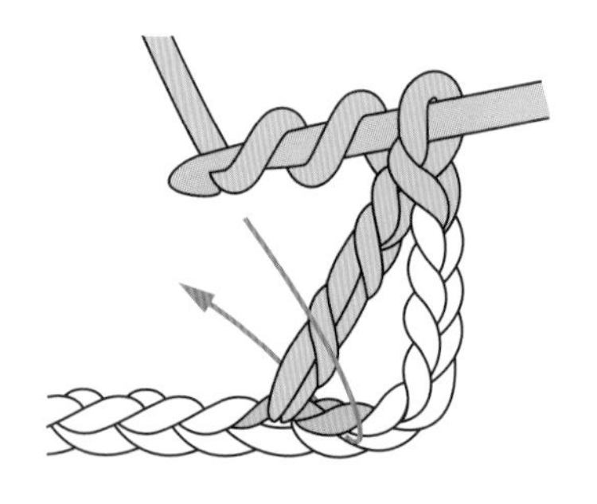

2 掛線2圈，依箭頭所示，將針插入剛才鉤好的右側針目中，掛線後拉出。

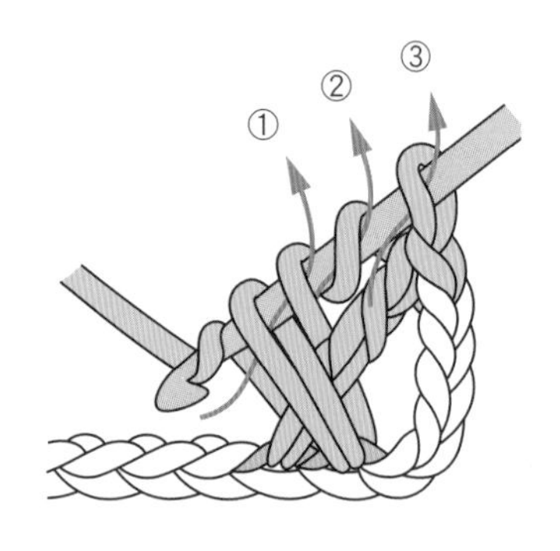

3 重複「掛線，穿過2個環，引拔」此一步驟3次，鉤長長針包住剛才鉤的長長針。

4 鉤好1個長長針交叉編的情形。

變形長針交叉編（右上）

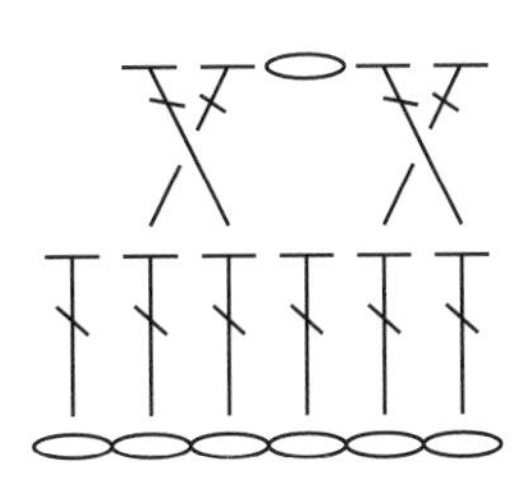

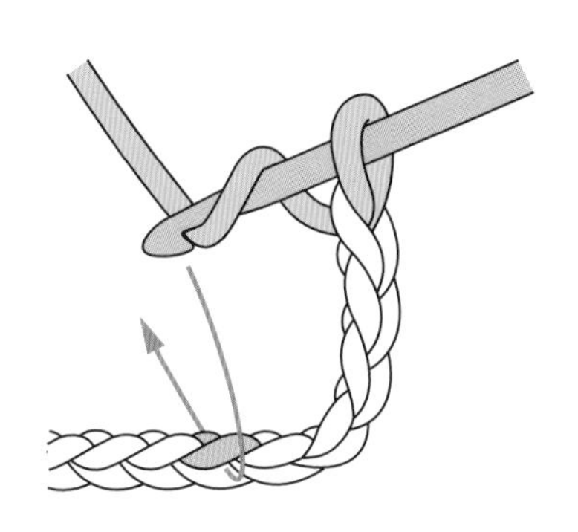

1 掛線，將針插入箭頭位置，鉤長針。

2 掛線，依箭頭所示，從前面將針插入剛才鉤好的右側針目中，掛線後拉出。

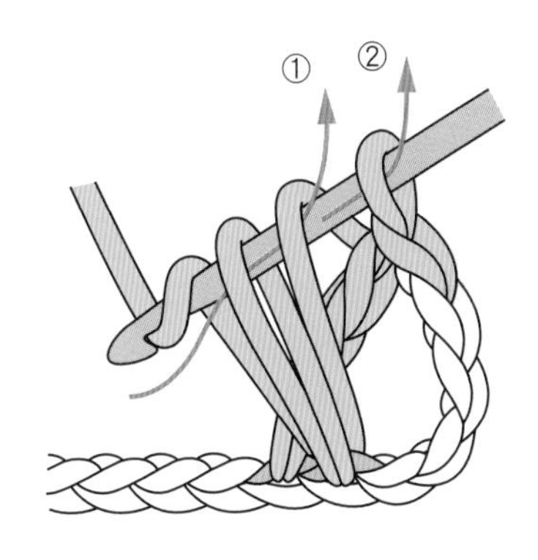

3 重複「掛線，穿過2個引拔」此一步驟2次，鉤長針（不包住交叉長針）。

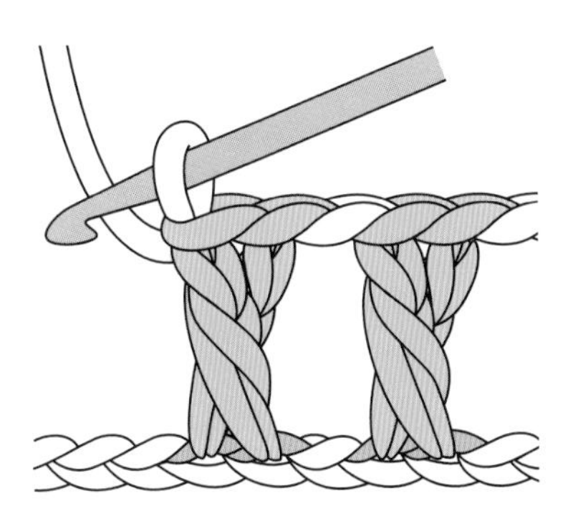

4 鉤鎖針1針，鉤好2個變形長針交叉編（右上）的情形。

變形長針交叉編（左上）

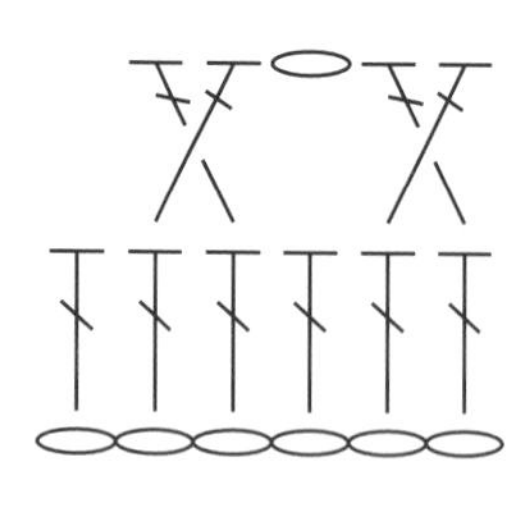

1 掛線，將針插入箭頭位置，鉤長針。

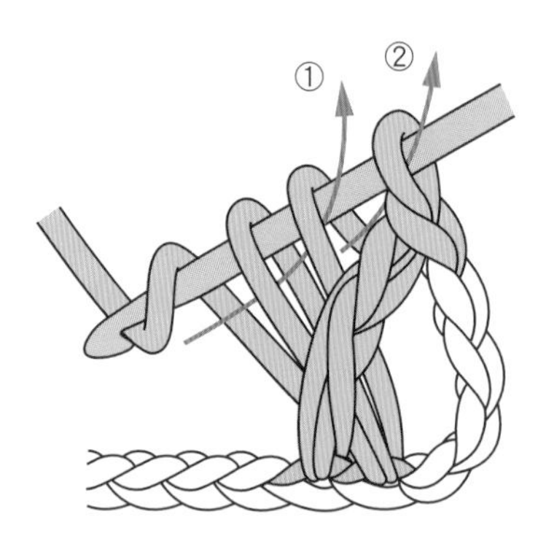

3 重複「掛線，穿過2個環後引拔」此一步驟2次，鉤長針（不包住交叉長針）。

2 掛線，依箭頭所示，將針插入剛才鉤好的右側針目中，掛線後拉出。

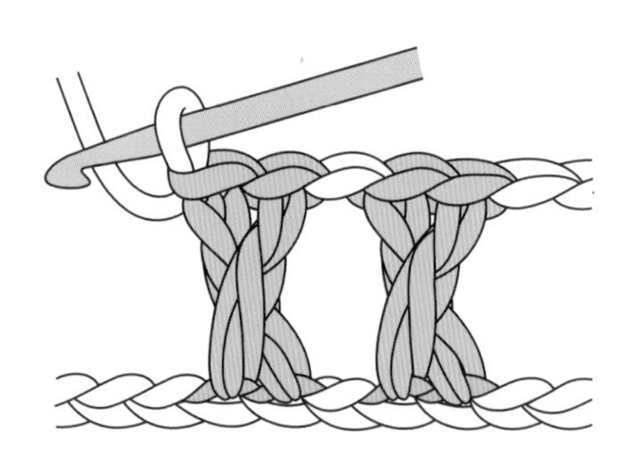

4 鉤好2個變形長針交叉編（左上）的情形。

成品是否整齊漂亮的關鍵在於針腳長度

立起鎖針與長針高度要相同

二個織片都是鉤長針7針4段，左邊長針針目排列整齊，右邊的立起鎖針跟旁邊的長針間有空隙。這是因為長針高度比立起鎖針低。鉤的時候要注意讓立起鎖針跟長針的高度相同。

左右要比較長，才能在鉤入時保持相同高度

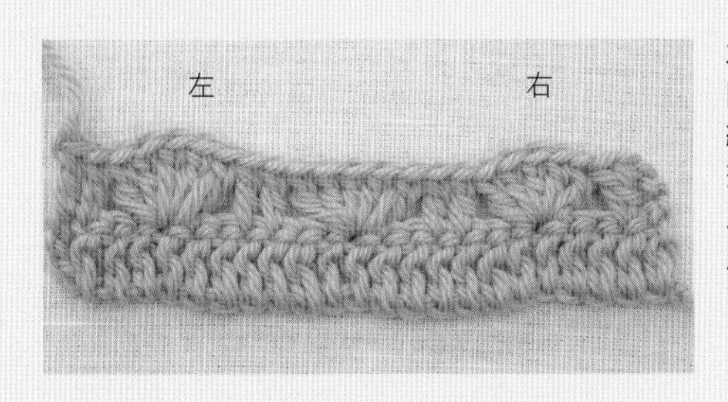

左圖是鉤入長針5針的織片，左邊的織片以相同長度鉤長針，織片中央變高成為山形。右邊織片則是將長針鉤得比較緊，織片左右扭曲。想讓織片平坦，關鍵在於5針中左右側要鉤得比較長。看同樣的織圖鉤，鉤法不同就會讓完成品有差異，請特別注意。

交叉針與引針要保持平衡

鉤長針、交叉針、引針混在一起的圖樣時，交叉針的長針要鉤得比較長，才能讓高度一致。此外，引針的高度要一致，必須拉得高一點鉤。

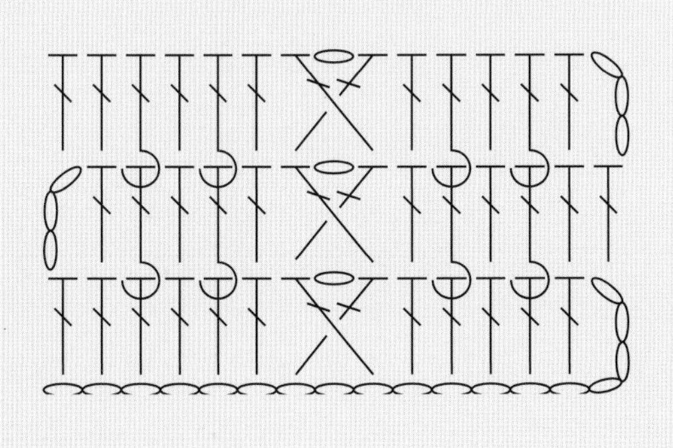

長針十字編

（中間鉤鎖針2針）

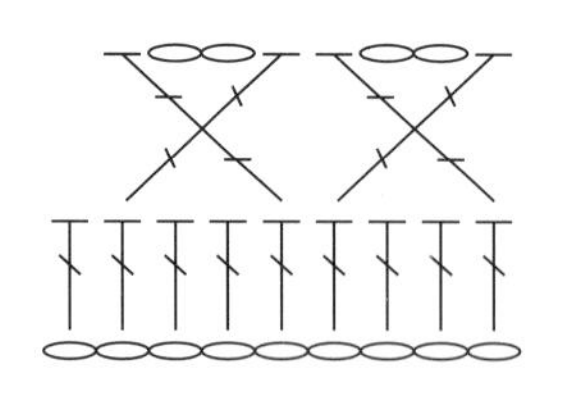

1

掛線2圈，將針插入箭頭位置。

2

掛線後拉出，再一次掛線，依箭頭所示穿過2個環後引拔。

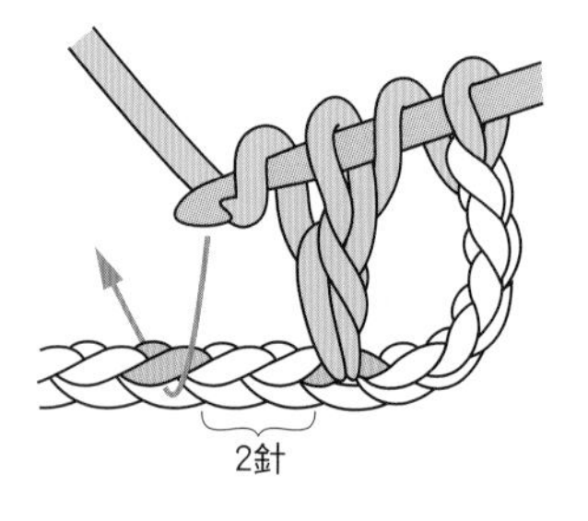

3

掛線，將針插入跳過2針的針目中。

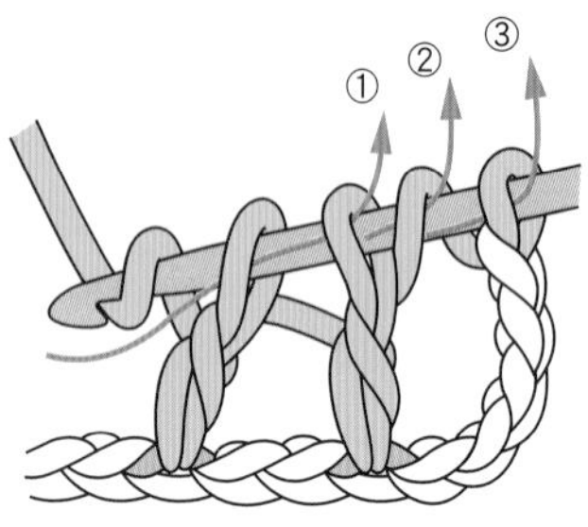

4

與2一樣鉤未完成的長針（參閱p.108），重複「掛線，穿過2個環後引拔」此一步驟3次。

5

鉤鎖針2針，掛線後將針插入箭頭位置。

6

掛線後拉出，重複「掛線，穿過2個環後引拔」此一步驟2次。

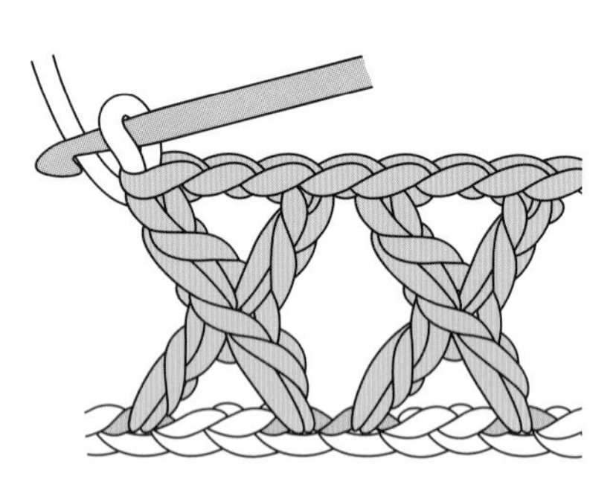

7 鉤好2個長針十字編的情形。

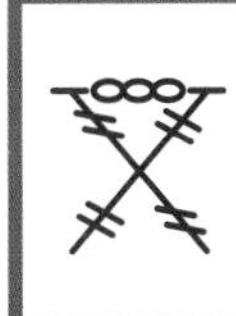

長長針十字編

（中間鉤鎖針3針）

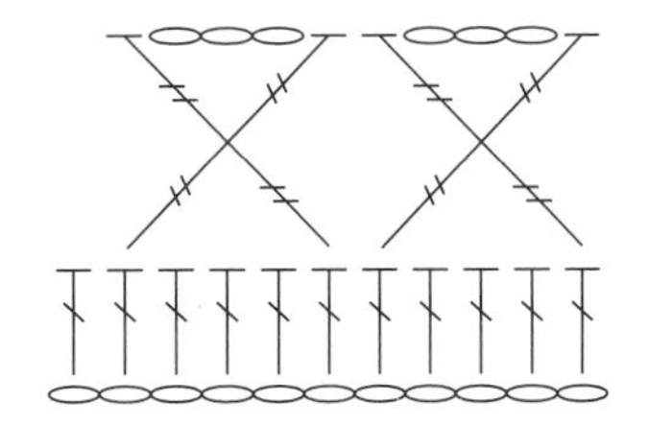

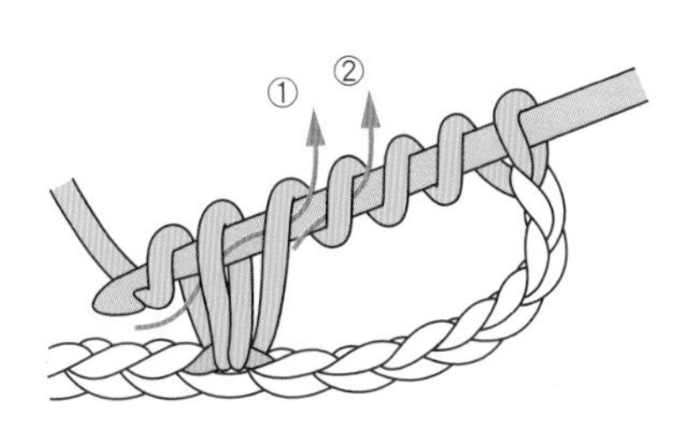

1 掛線4圈，將針插入前一段針目中拉線，重複「掛線，穿過2個環後引拔」此一步驟2次。

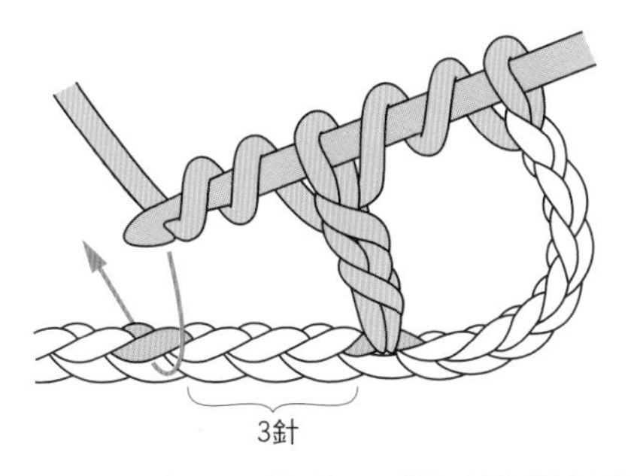

2 再一次掛線2圈，將針插入跳過3針的針目中拉線，重複「掛線，穿過2個環後引拔」此一步驟2次。

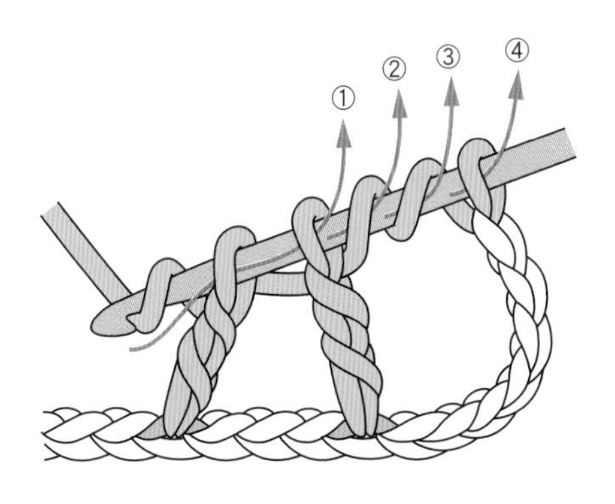

3 再重複「掛線，穿過2個環後引拔」此一步驟4次。

4 鉤鎖針3針，掛線2圈後，將針插入箭頭位置，鉤長長針。

5 鉤好長長針十字編的情形。

Y字編

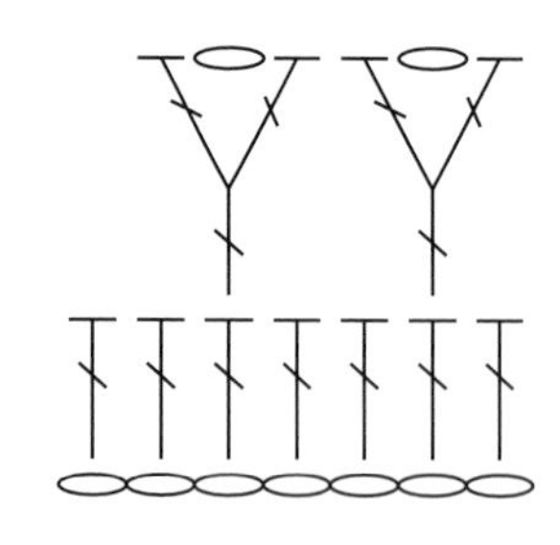

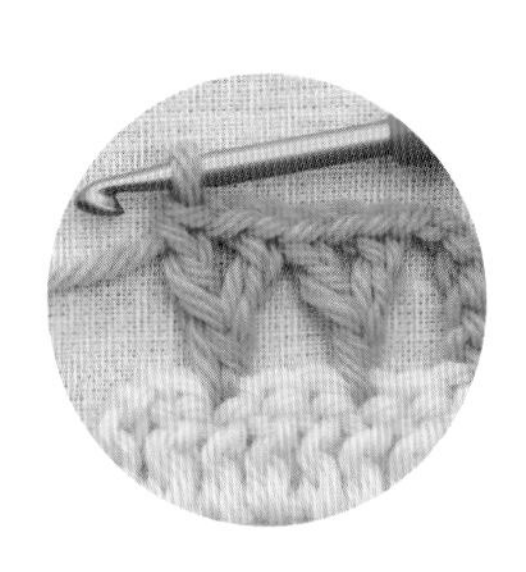

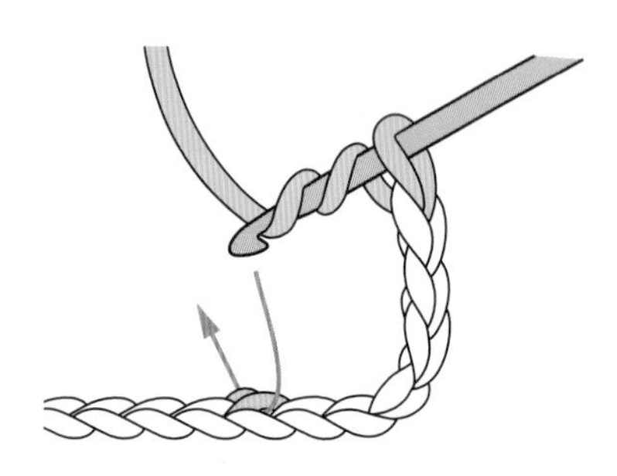

1 掛線2圈，將針插入箭頭位置，鉤長長針。

2 鉤鎖針1針，掛線後，將針插入箭頭位置，再一次掛線拉出。

3 重複「掛線，穿過2個環後引拔」此一步驟2次，鉤長針。

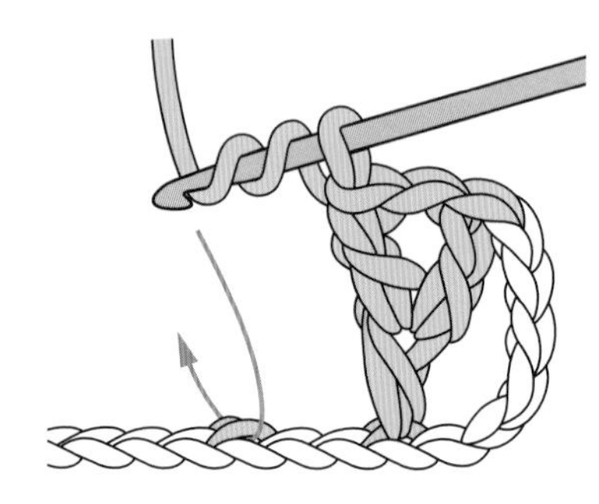

4 鉤好1個Y字編的情形。跳過2針重複1～3步驟。

5 鉤好2個Y字編的情形。

事典篇

Y字編

逆Y字編

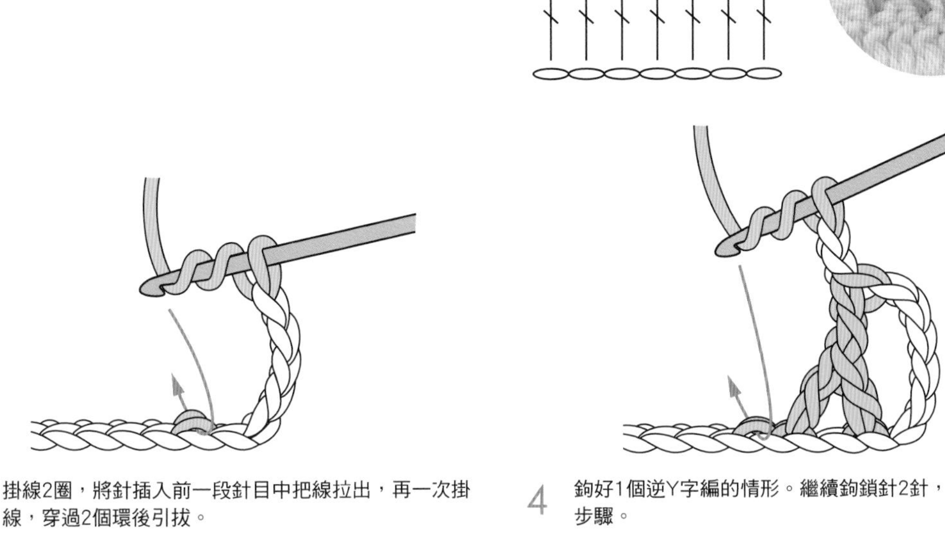

1 掛線2圈，將針插入前一段針目中把線拉出，再一次掛線，穿過2個環後引拔。

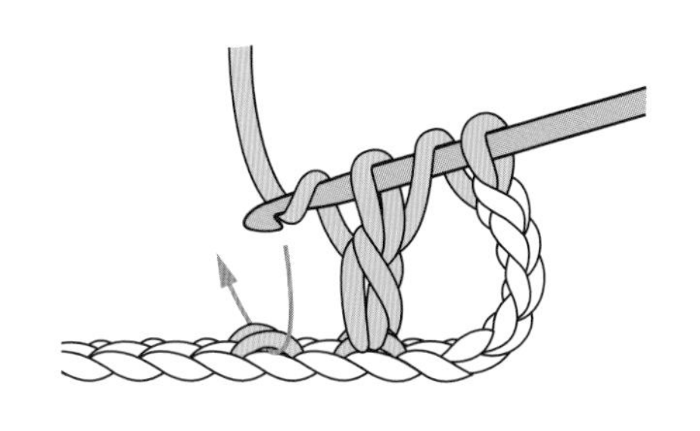

2 掛線，將針插入跳過1針的針目中把線拉出，再一次掛線後，穿過2個環後引拔。

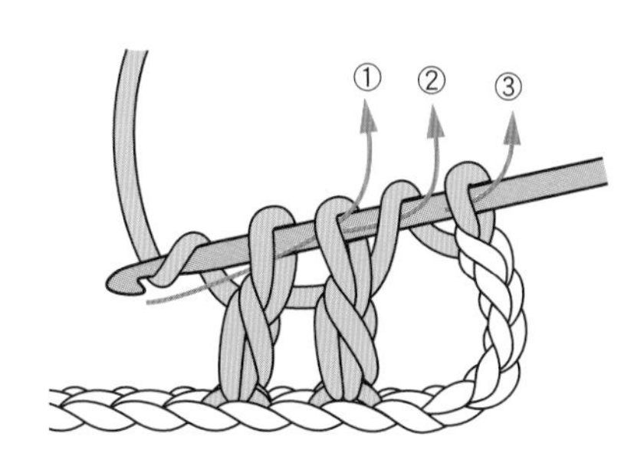

3 重複「掛線，穿過2個環後引拔」此一步驟3次。

4 鉤好1個逆Y字編的情形。繼續鉤鎖針2針，重複1～3步驟。

5 鉤好2個逆Y字編的情形。

鉤入短針2針

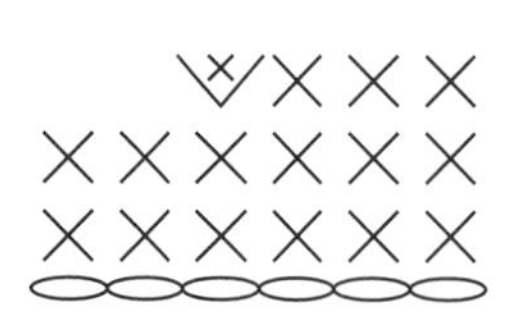

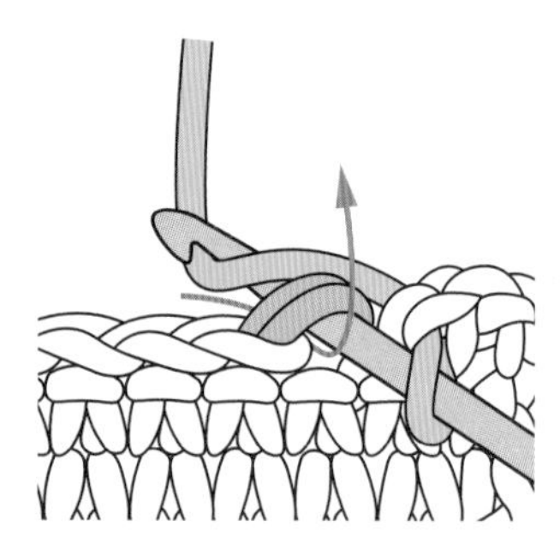

1 將針插入前一段針目上方的鎖狀2條線處，掛線拉出。然後再一次掛線後引拔，鉤短針。

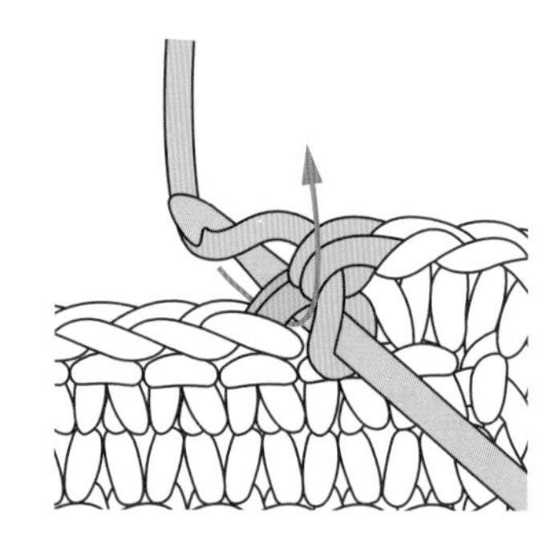

3 掛線後拉出，再鉤短針1針。

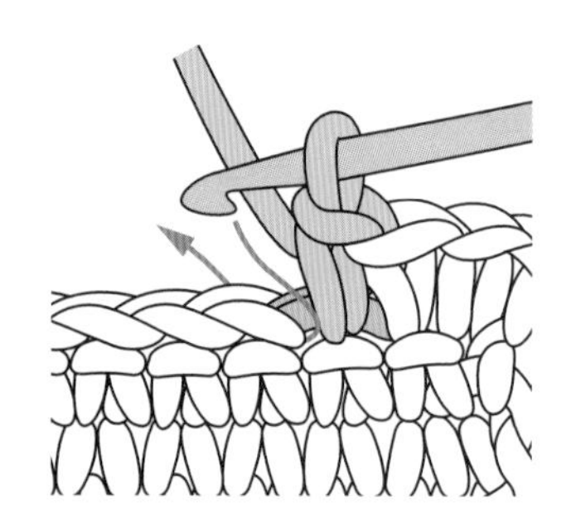

2 在前一段的同一針目中，再一次將針插入。

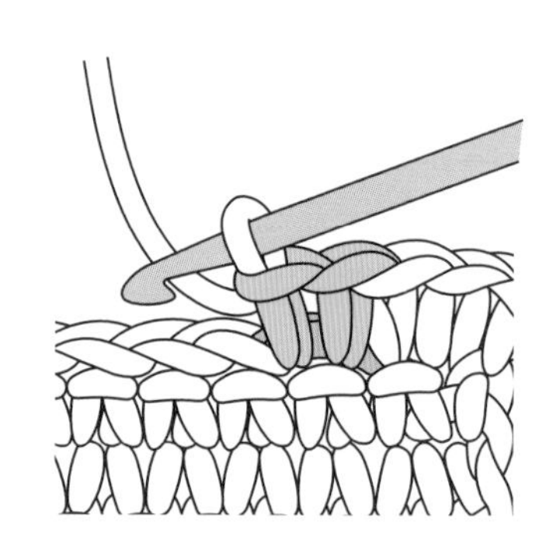

4 在同一針目鉤入短針2針的情形。

鉤入短針3針

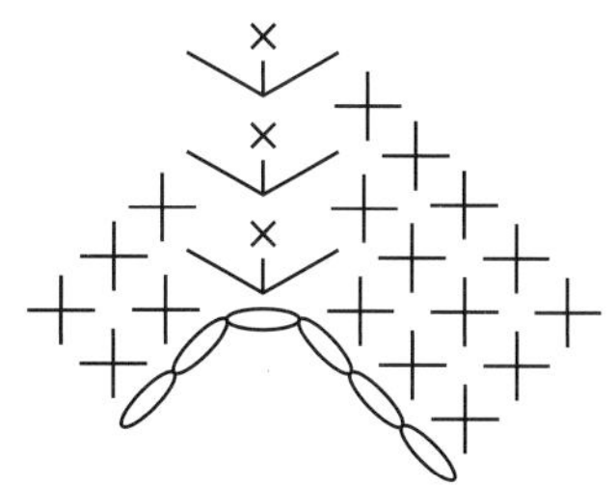

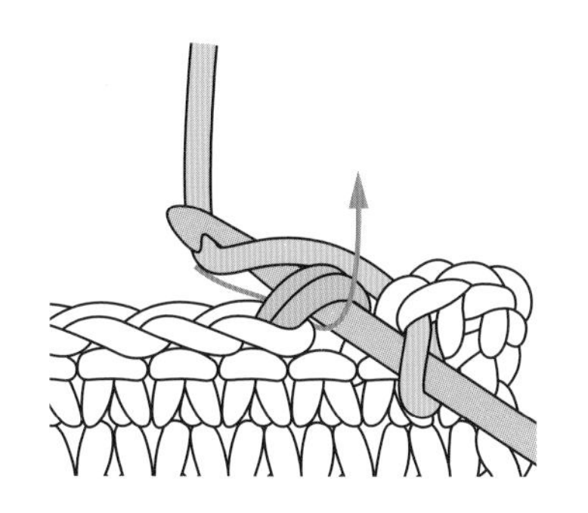

1 將針插入前一段針目上方的鎖狀2條線處，掛線拉出。然後再一次掛線後引拔，鉤短針。

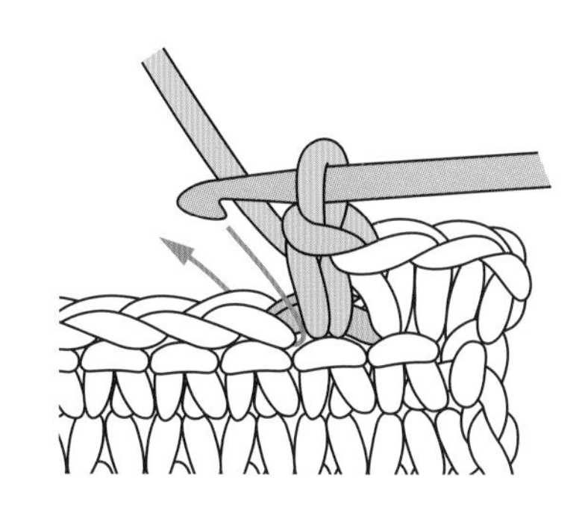

2 在前一段的同一針目中，再一次將針插入。

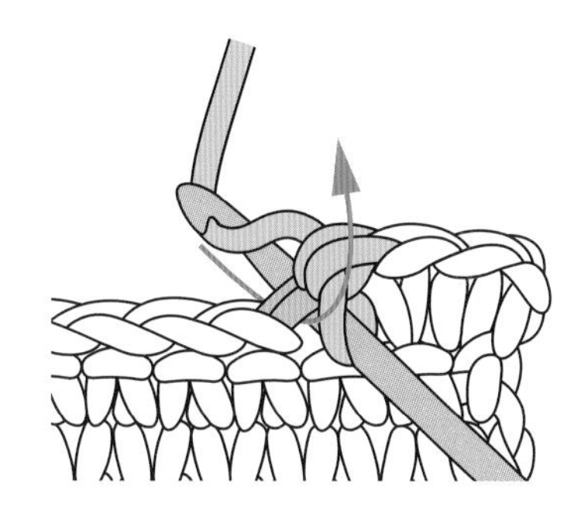

3 掛線後拉出，鉤短針1針，然後再鉤1針。

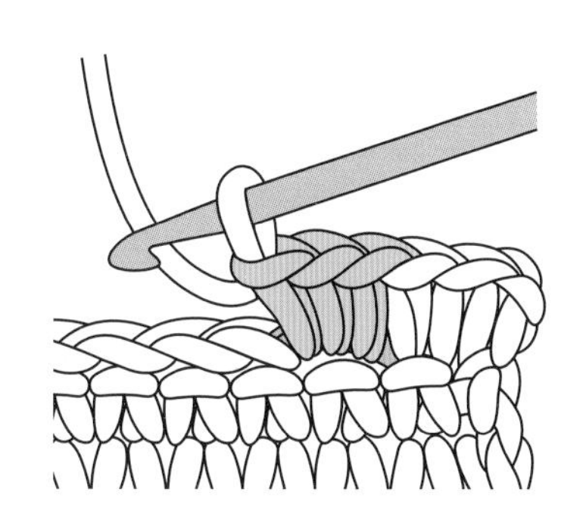

4 在同一針目鉤入短針3針的情形。

V 鉤入中長針2針

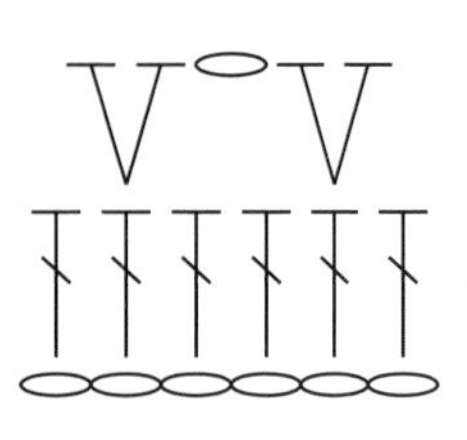

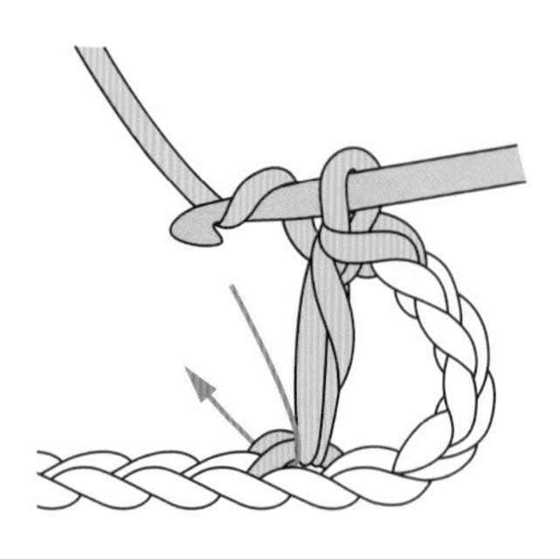

1 鉤中長針1針，掛線後，將針插入相同針目中，掛線後拉出。

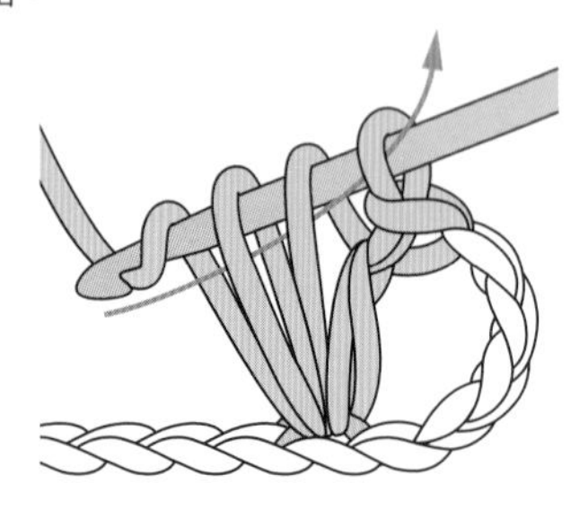

2 掛線，依箭頭所示穿過3個環後引拔，再鉤中長針1針。

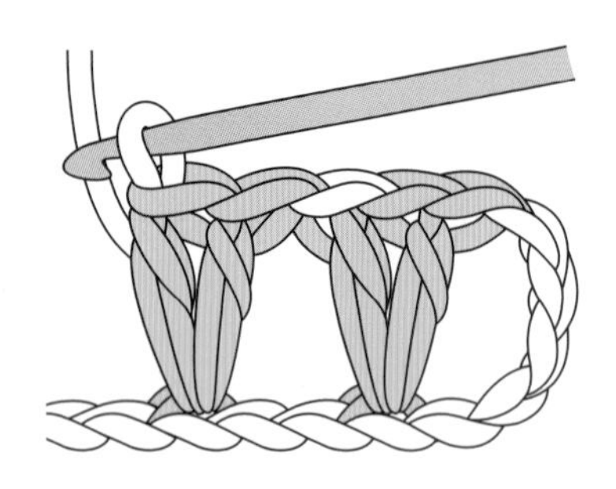

3 完成2個「鉤入中長針2針」。

V 鉤入中長針3針

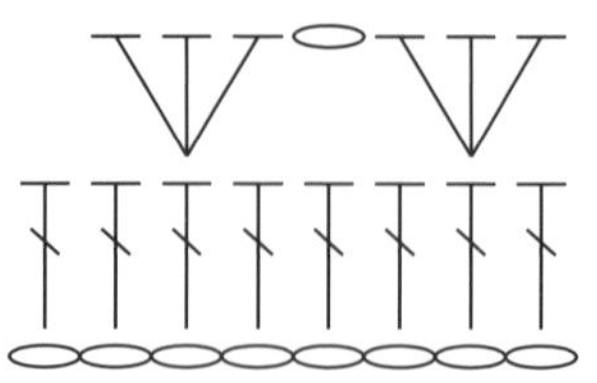

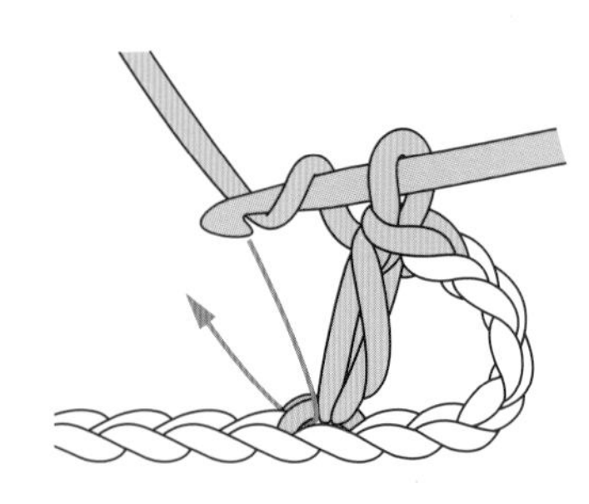

1 鉤中長針1針，掛線後，將針插入相同針目中，再鉤中長針1針。

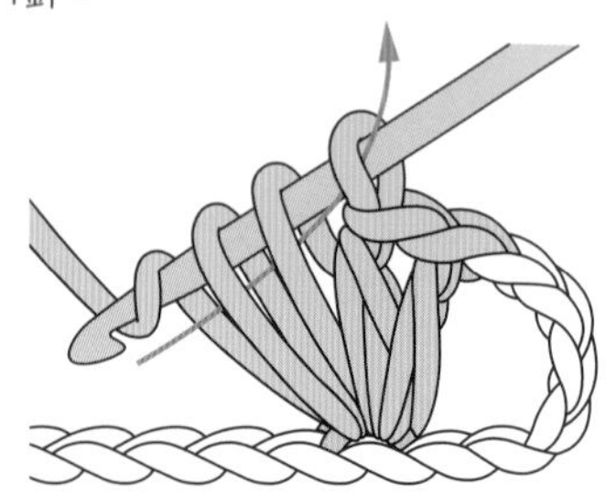

2 掛線，再將針插入相同針目中，鉤第3針中長針。

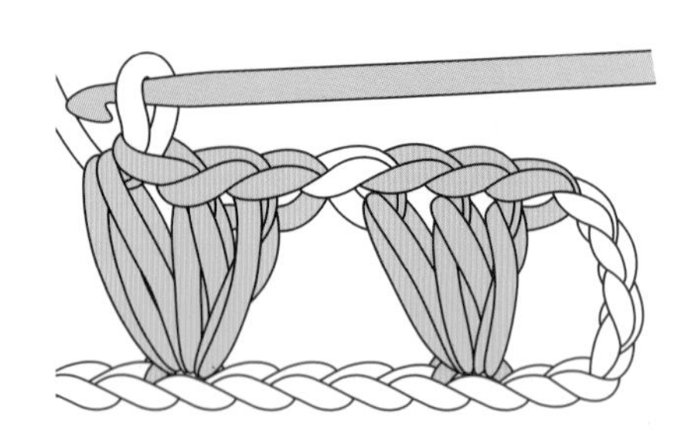

3 完成2個「鉤入中長針3針」。

鉤入長針2針

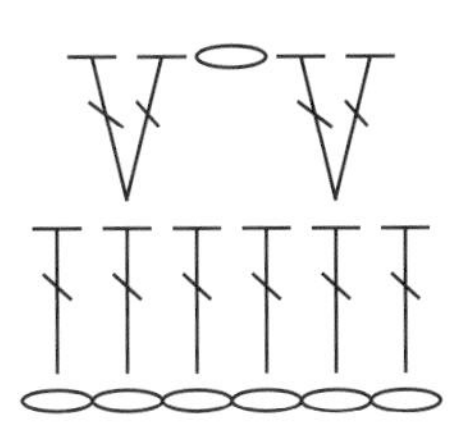

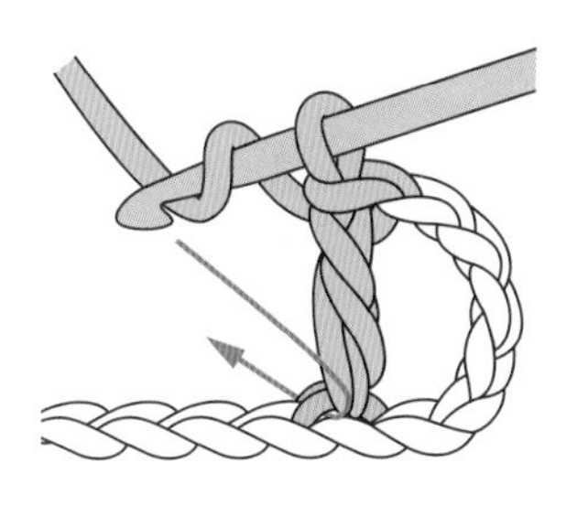

1 鉤長針1針，掛線，插入相同針目中，再一次掛線後拉出。

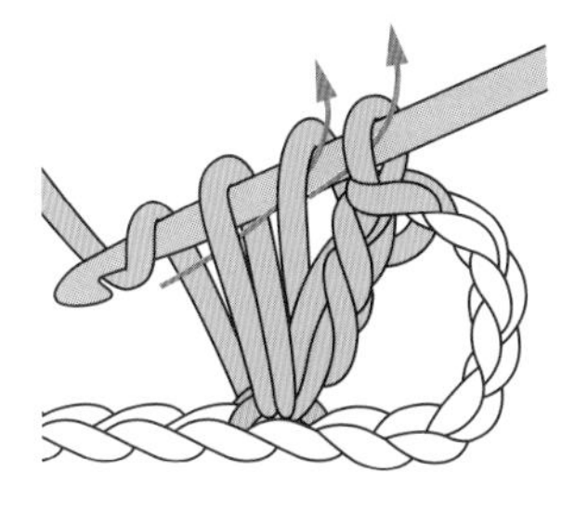

2 重複「掛線，穿過2個環後引拔」此一步驟2次，鉤長針。

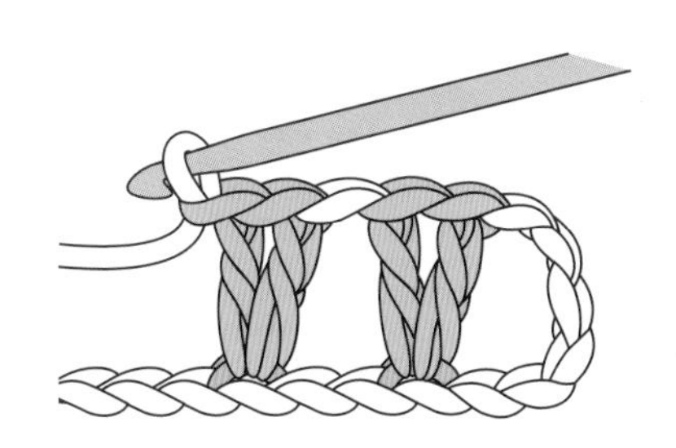

3 完成2個「鉤入長針2針」。

鉤入長針3針

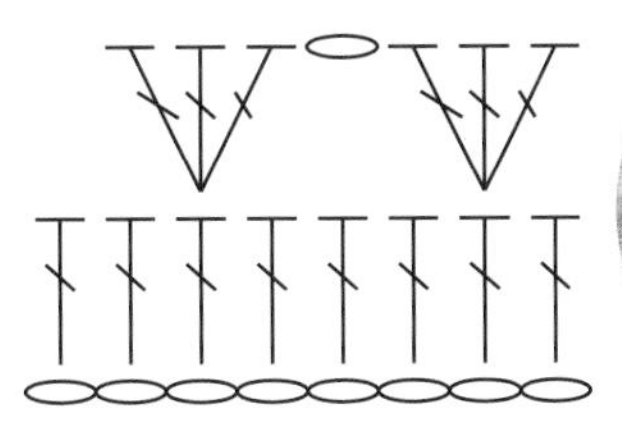

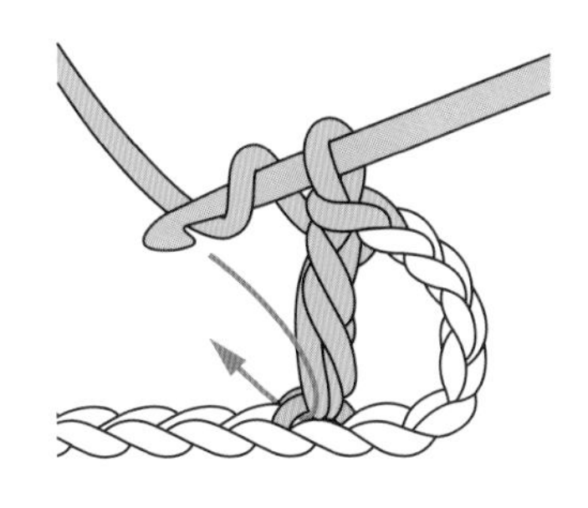

1 鉤長針1針，掛線，插入相同針目中，再鉤1針長針。

2 掛線，再插進相同針目中，鉤長針。

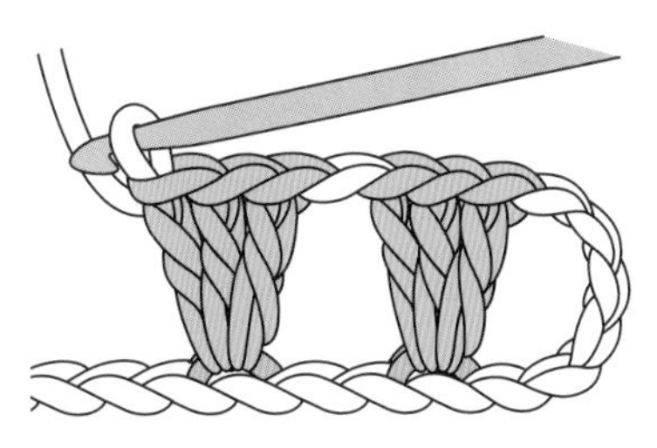

3 完成2個「鉤入長針3針」。

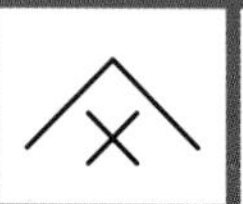

2針短針鉤成一針

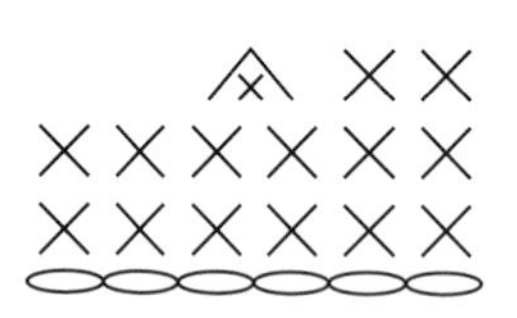

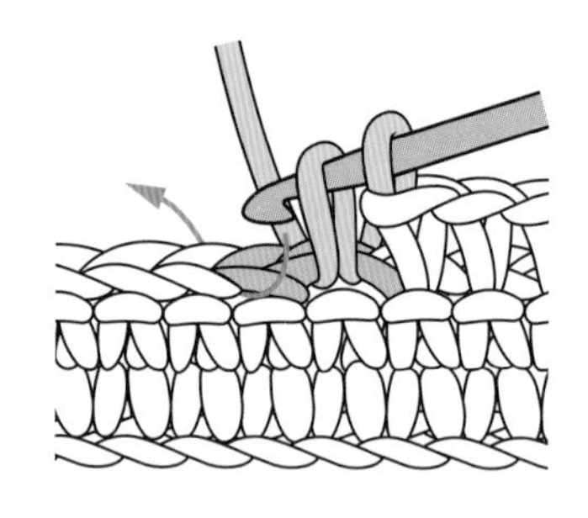

1 將針插入前一段針目的上方鎖狀2條線處，掛線後拉出（未完成的短針 參閱p.108）。下一個針目也一樣將針插入上方的鎖狀2條線處，掛線後拉出。

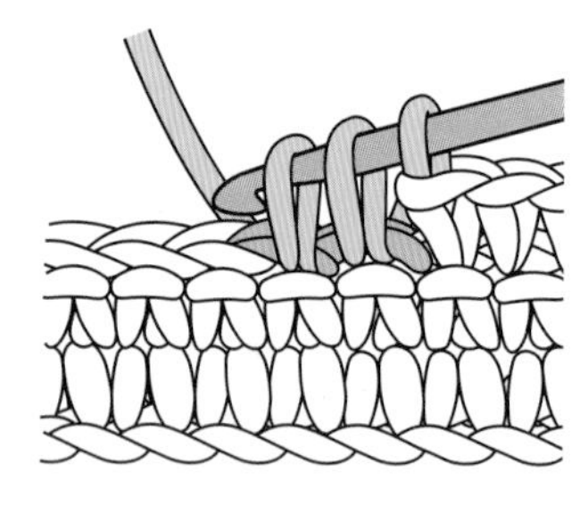

2 鉤好未完成的短針2針的情形。

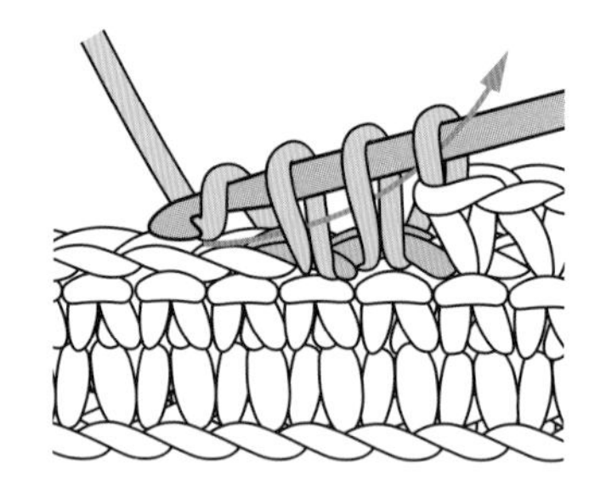

3 掛線，依箭頭所示穿過3個環，一次引拔。

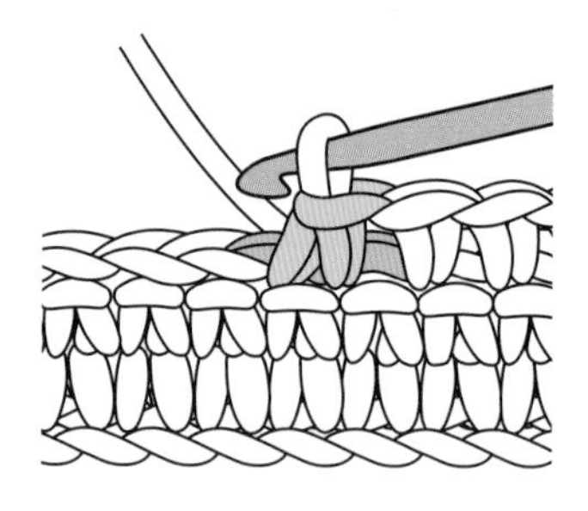

4 鉤好2針短針鉤成一針的情形。

3針短針鉤成一針

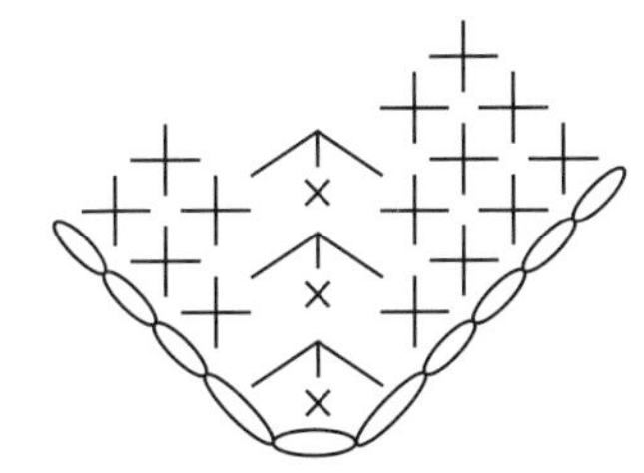

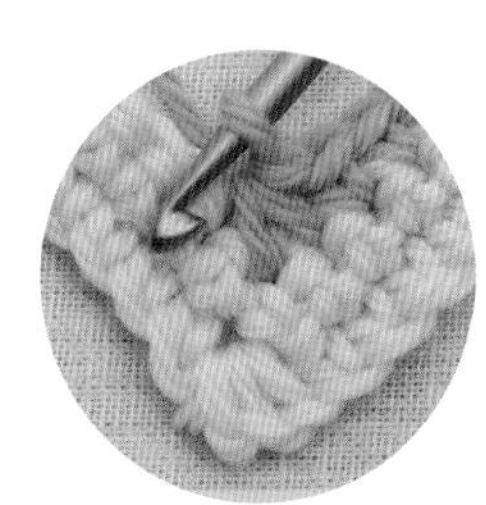

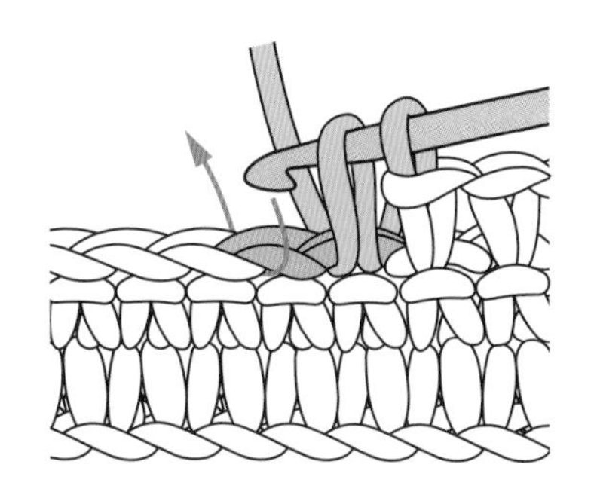

1 將針插入前一段針目的上方鎖狀2條線處，掛線後拉出（未完成的短針 參閱p.108）。下一個針目也一樣將針插入上方的鎖狀2條線處，掛線後拉出。

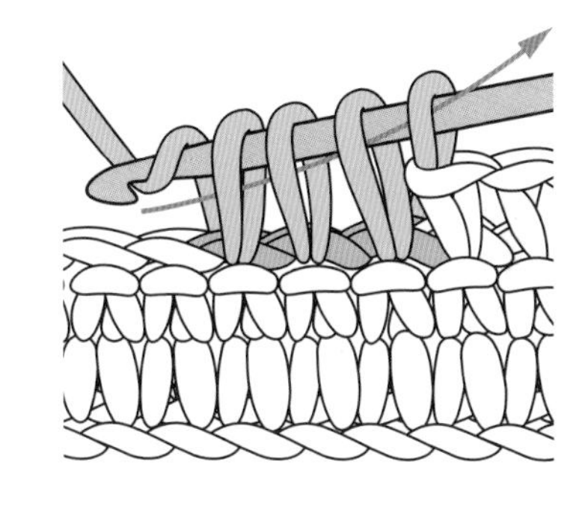

3 掛線，依箭頭所示穿過4個環，一次引拔。

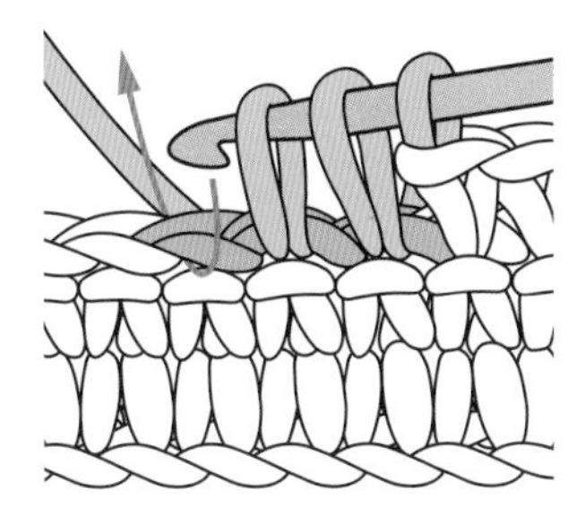

2 再下一個針目也鉤未完成的短針。

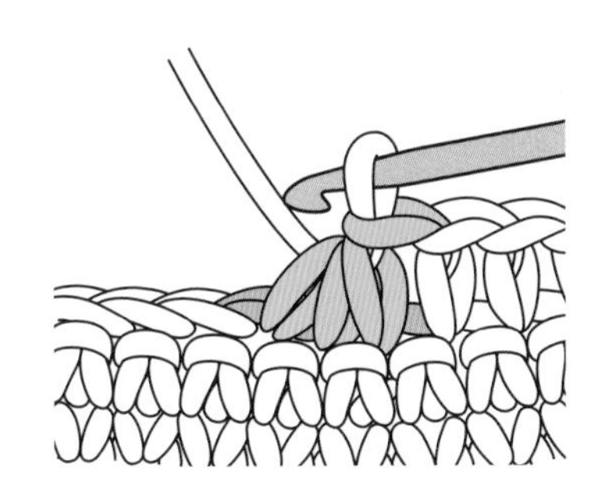

4 鉤好3針短針鉤成一針的情形。

各種鉤入形式

桌上只要放有小飾巾杯墊就會顯得更奢華。以「整束鉤入」、「分開針目鉤入」，鉤出美麗的花樣。

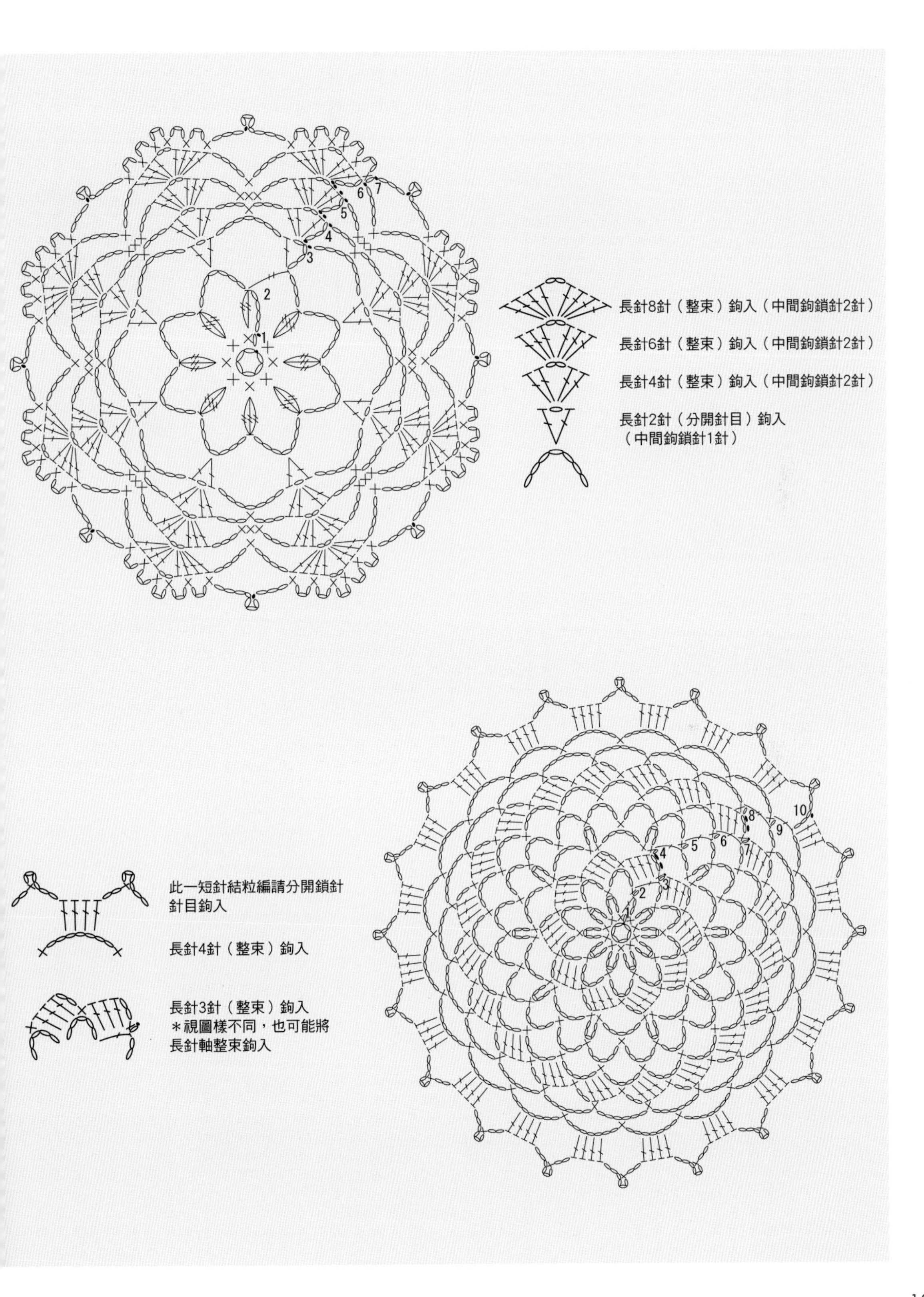
長針8針（整束）鉤入（中間鉤鎖針2針）
長針6針（整束）鉤入（中間鉤鎖針2針）
長針4針（整束）鉤入（中間鉤鎖針2針）
長針2針（分開針目）鉤入
（中間鉤鎖針1針）
此一短針結粒編請分開鎖針
針目鉤入
長針4針（整束）鉤入
長針3針（整束）鉤入
＊視圖樣不同，也可能將
長針軸整束鉤入

2針中長針鉤成一針

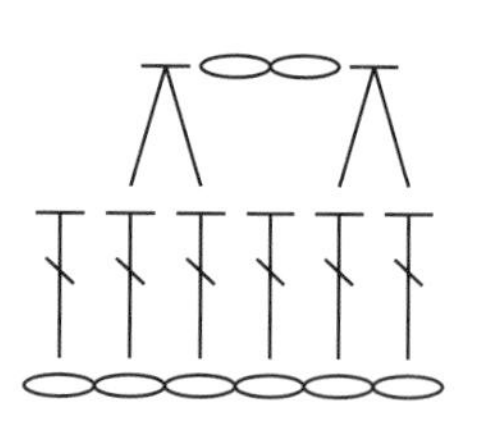

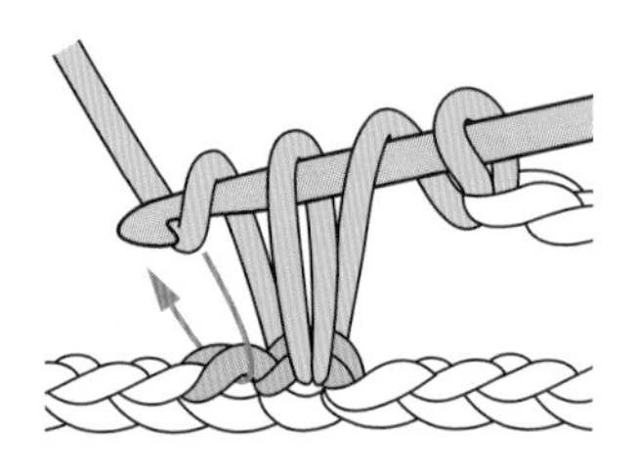

1 鉤未完成的中長針（參閱p.108），掛線，插進下一個針目中。

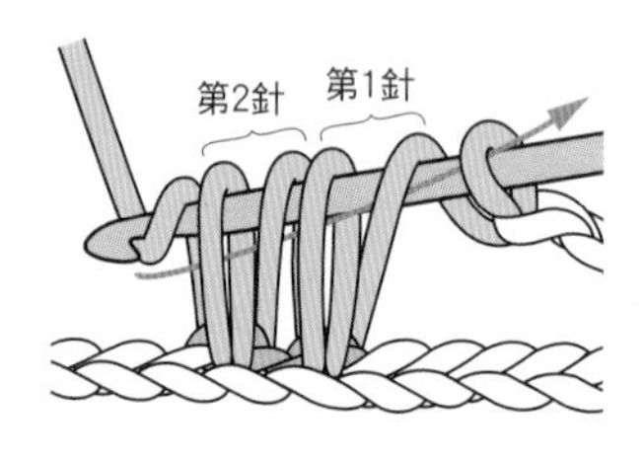

2 下一個針目也鉤未完成的中長針，掛線，依箭頭所示穿過掛在針上的所有環後一次引拔。

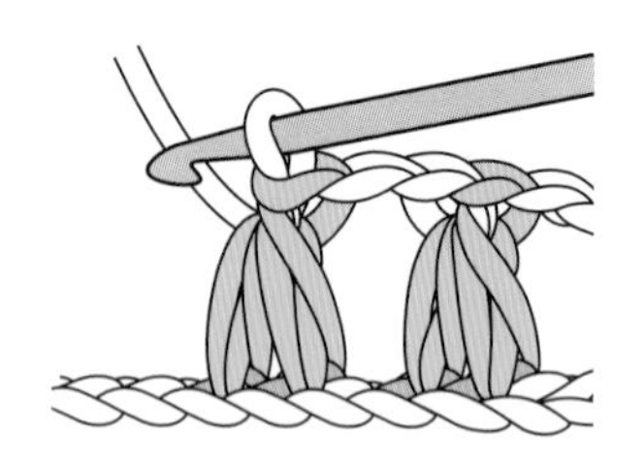

3 鉤鎖針2針，跳過鎖針1針重複1～2步驟。完成2個2針中長針鉤成一針。

3針中長針鉤成一針

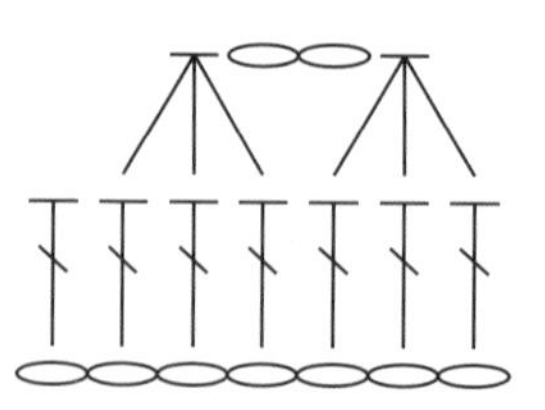

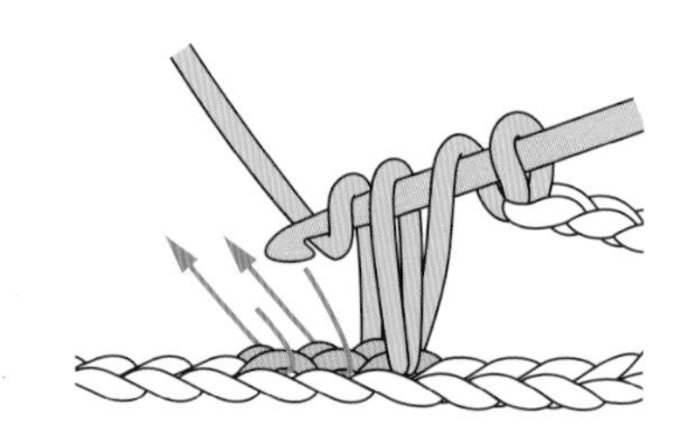

1 鉤未完成的中長針，掛線，下一個針目也鉤未完成的中長針。掛線，再下一個針目也一樣鉤未完成的中長針。

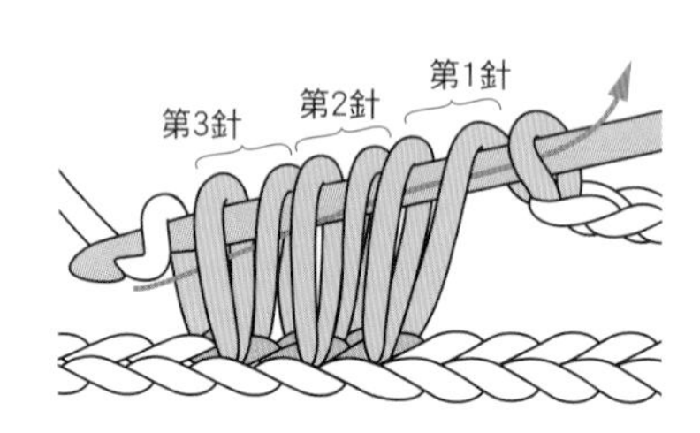

2 掛線，依箭頭所示穿過掛在針上的所有環後一次引拔。

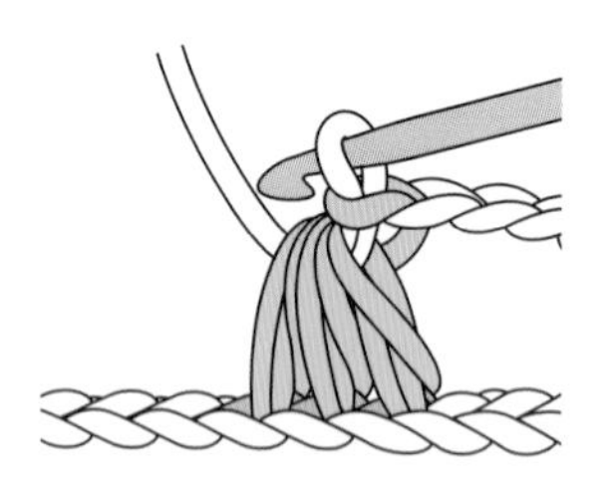

3 完成1個3針中長針鉤成一針。

2針長針鉤成一針

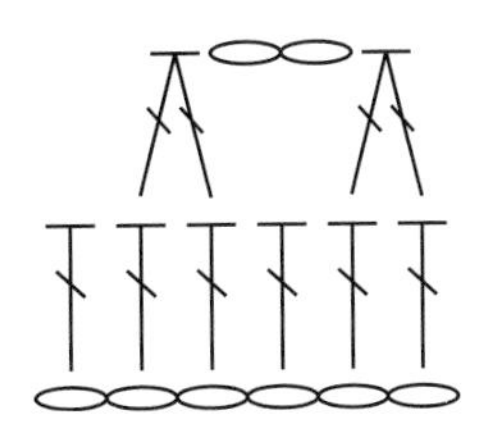

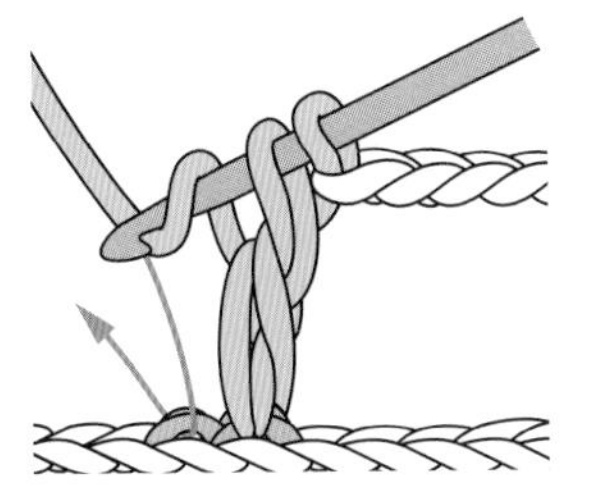

1
鉤未完成的長針（參閱p.108）1針，掛線插進下一個針目中，再鉤一次未完成的長針。

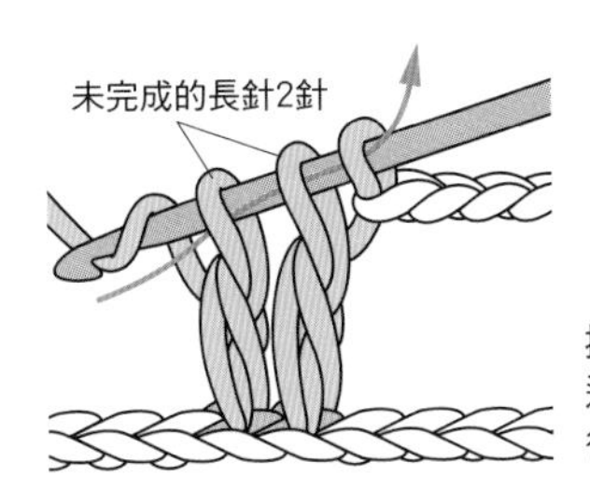

2
掛線，依箭頭所示穿過掛在針上的所有環後一次引拔。

3
完成1個2針長針鉤成一針。

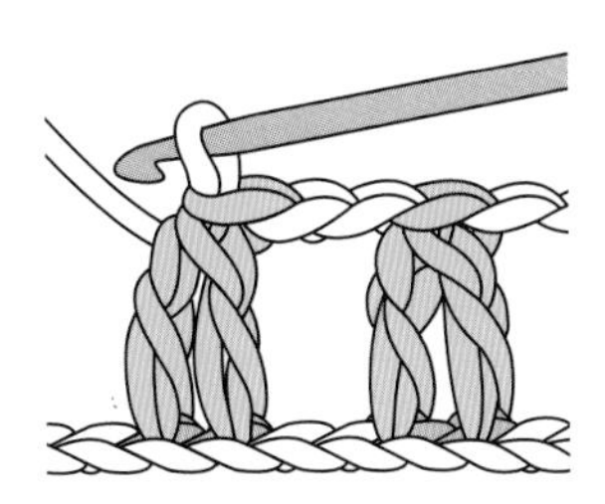

4
重複1～3步驟，完成2個2針長針鉤成一針。

3針長針鉤成一針

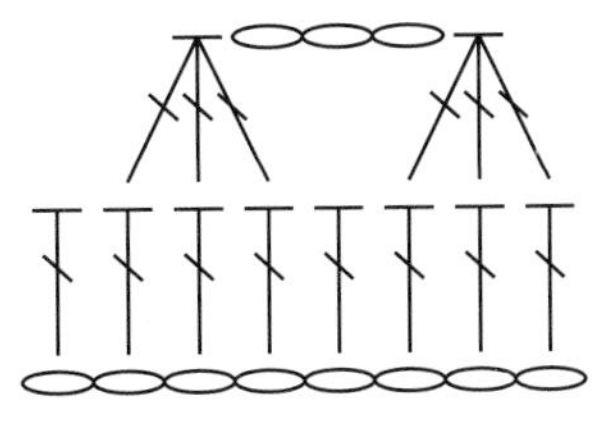

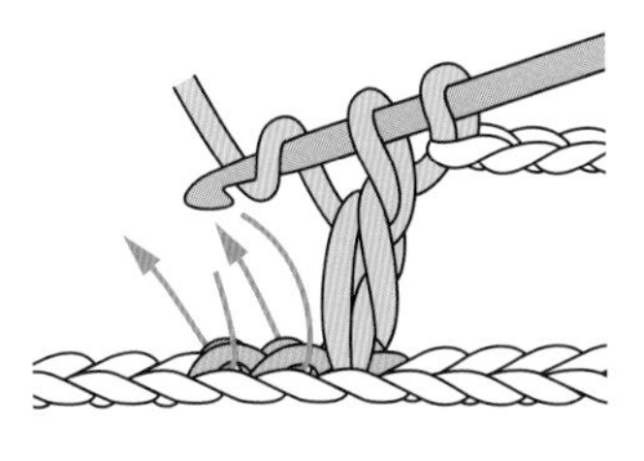

1
鉤未完成的長針1針，下兩個針目也鉤未完成的長針。

2
掛線，依箭頭所示穿過掛在針上的所有環後一次引拔。

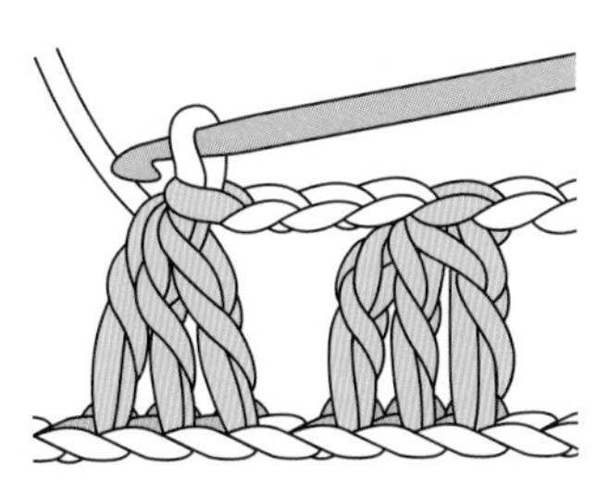

3
重複1、2步驟，完成2個3針長針鉤成一針。

4針長針鉤成一針

鉤未完成的長針4針，掛線，穿過掛在針上的所有環後一次引拔，完成4針長針鉤成一針。

表引短針

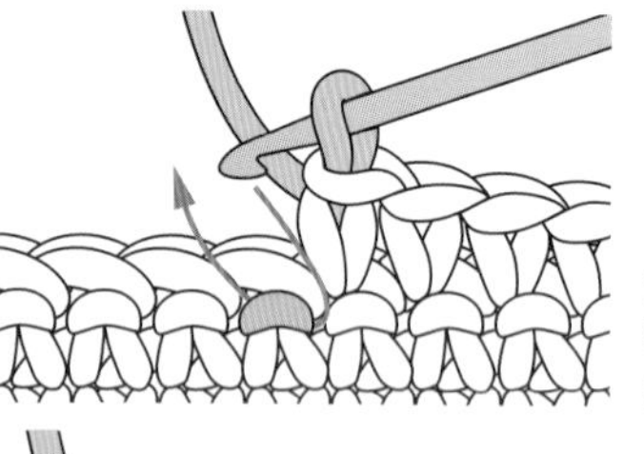

1

依箭頭所示，從前面右側將針插入前一段的針腳。

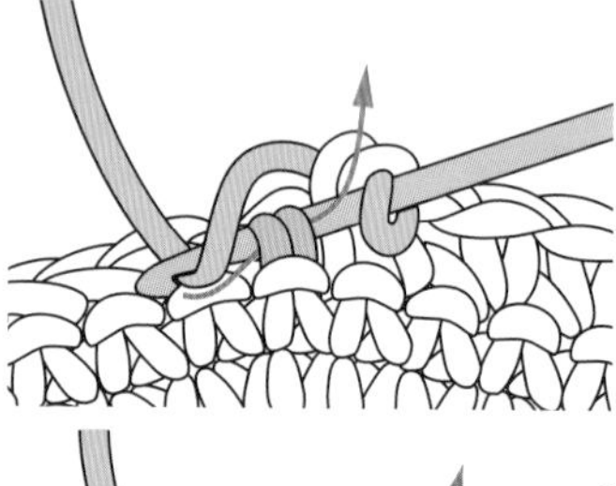

2

掛線，稍微拉出一點線。

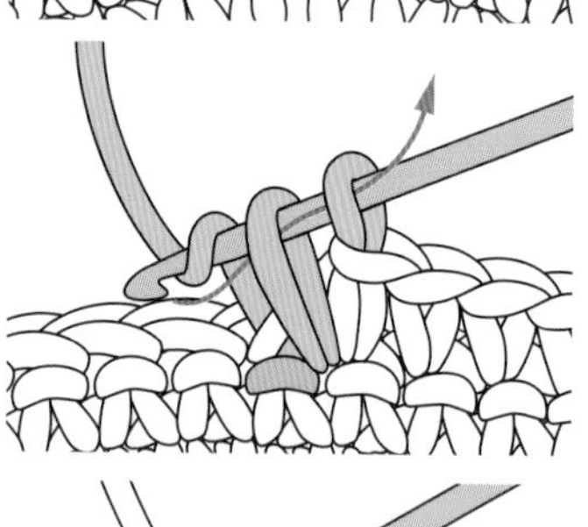

3

掛線，依箭頭所示，穿過2個環引拔。

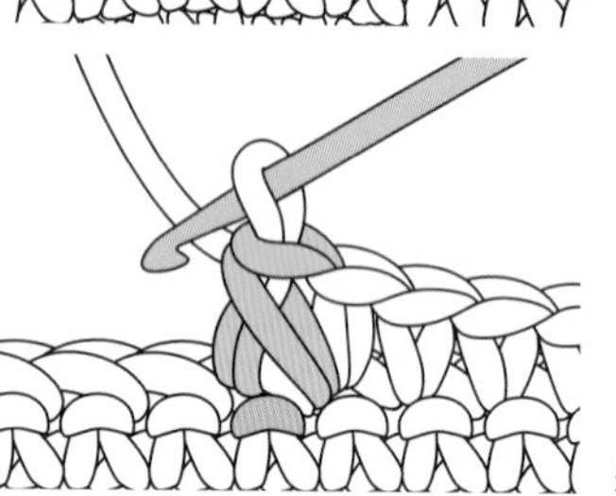

4

完成1針表引短針。

裡引短針

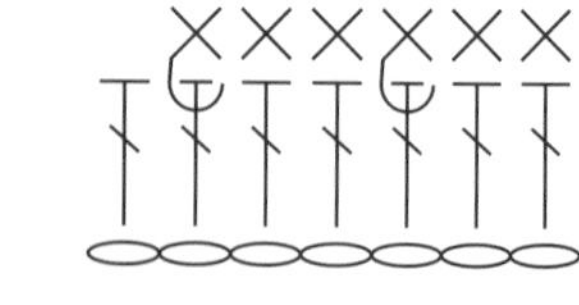

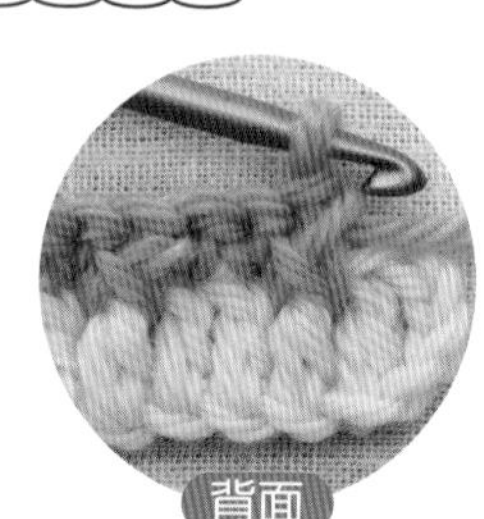

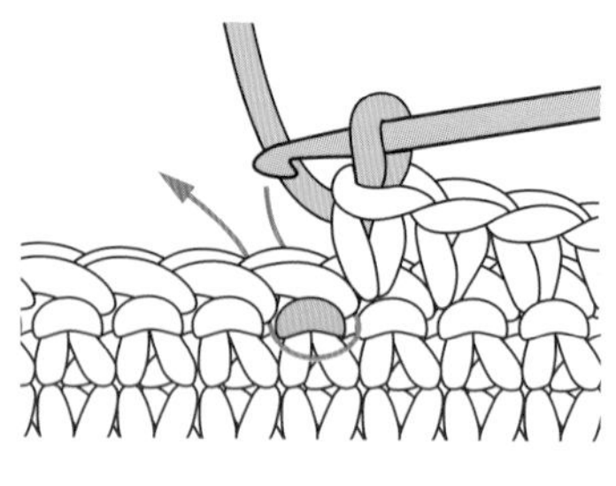

1

依箭頭所示，從背面將針插入前一段的針腳。掛線，稍微拉出一點線。

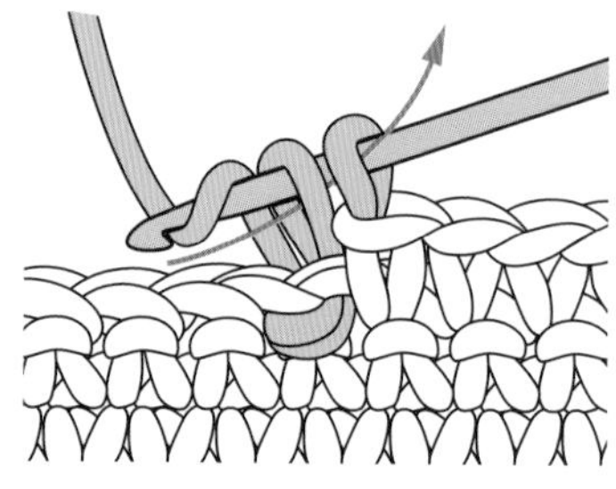

2

掛線，依箭頭所示穿過2個環後引拔。

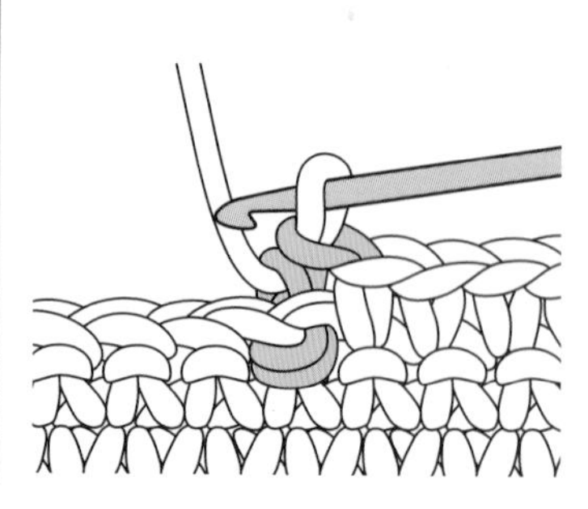

3

完成1針裡引短針。

表引中長針

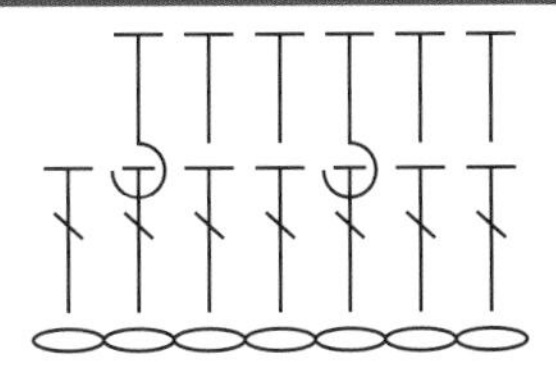

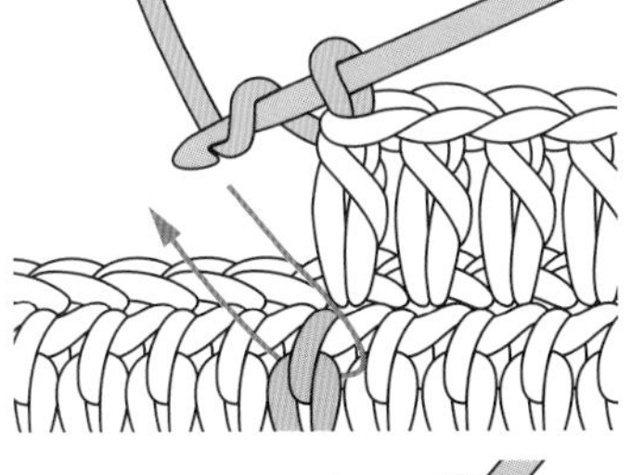

1

掛線，依箭頭所示，從前面將針插入前一段的針腳。

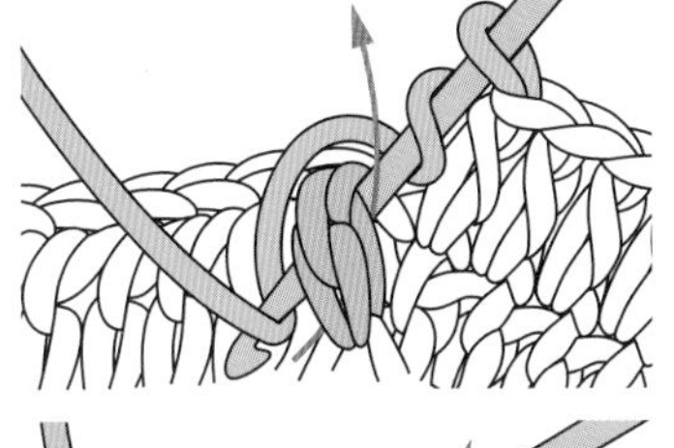

2

掛線，多拉出一點線。

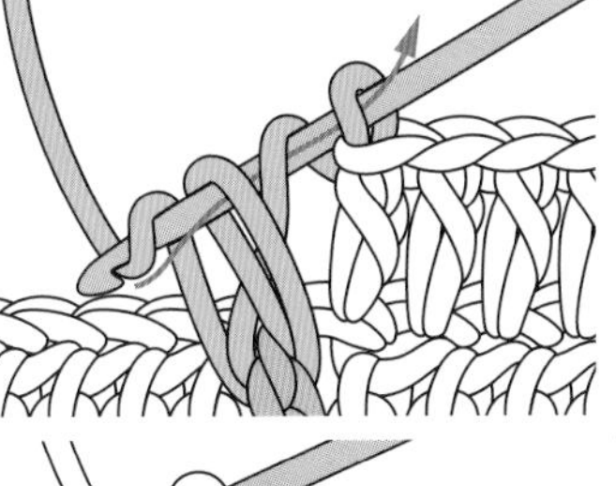

3

掛線，依箭頭所示穿過掛在針上的所有環，一次引拔。

4

中間鉤中長針2針，完成2針表引中長針。

裡引中長針

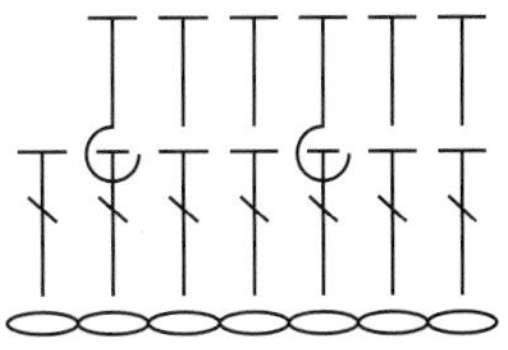

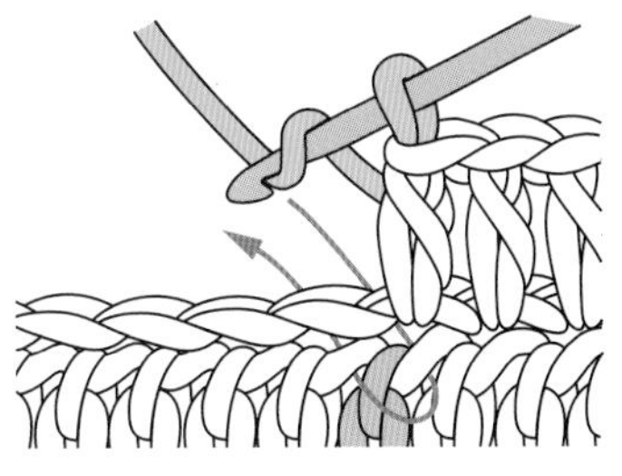

1

掛線，依箭頭所示，從背面將針插入前一段的針腳，掛線，多拉出一點線。

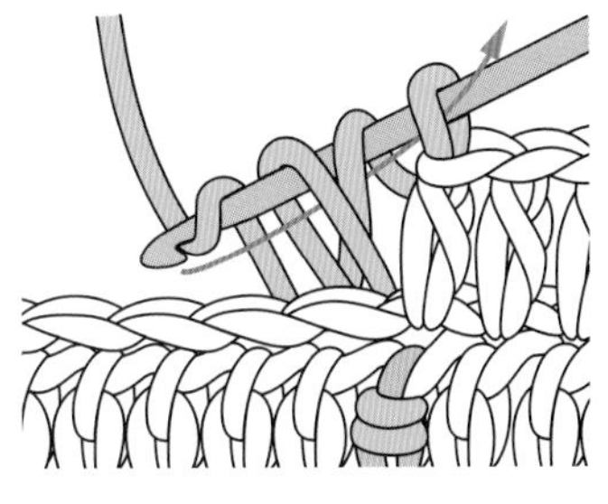

2

掛線，依箭頭所示穿過3個環，一次引拔。

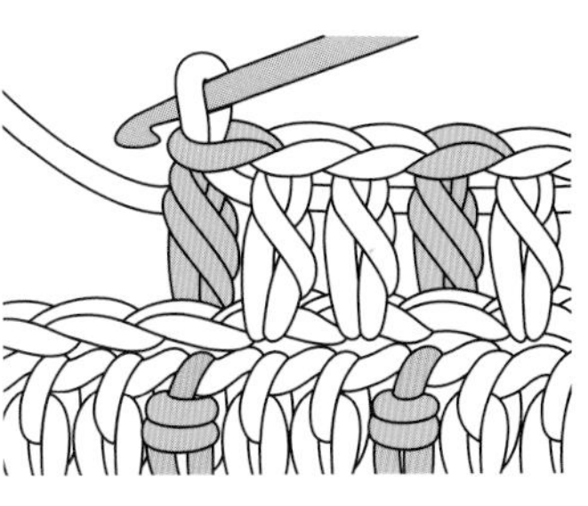

3

中間鉤中長針2針，完成2針裡引中長針。

表引長針

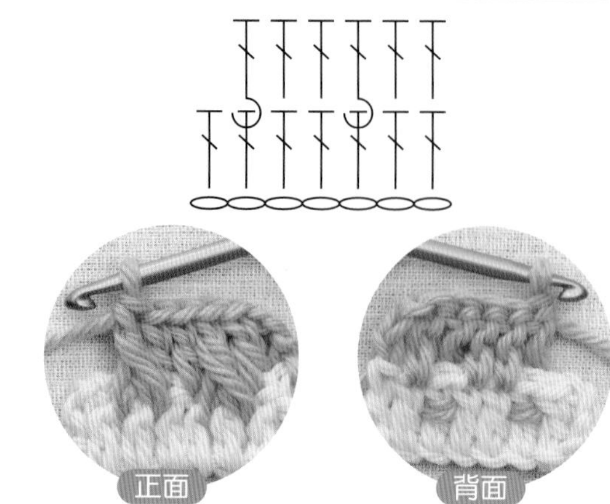

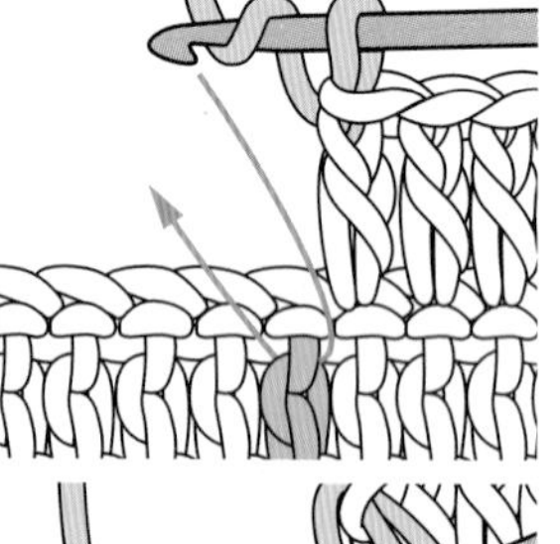

1

掛線，依箭頭所示，從前面將針插入前一段針目的針腳。

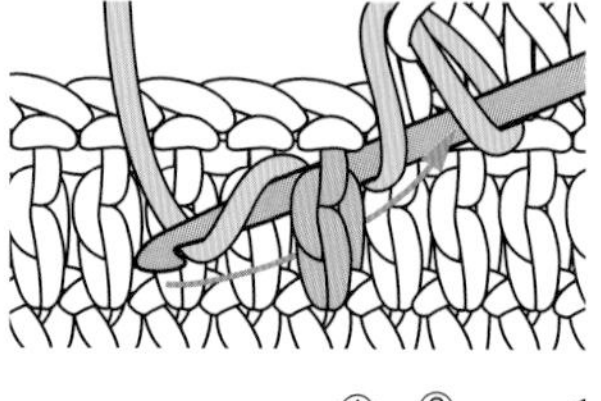

2

掛線，多拉出一點線。

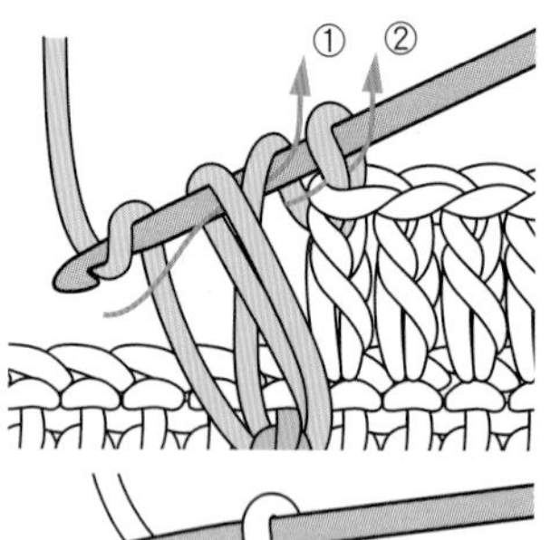

3

掛線，依箭頭所示穿過2個環引拔（①），再一次掛線，穿過剩下的2個環，一次引拔（②）。

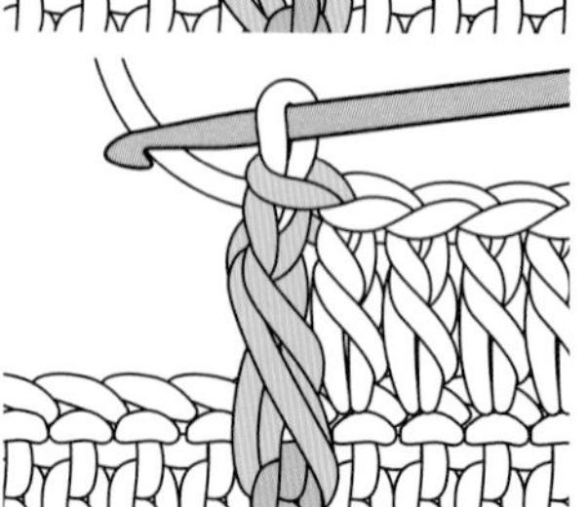

4

完成1針表引長針。

裡引長針

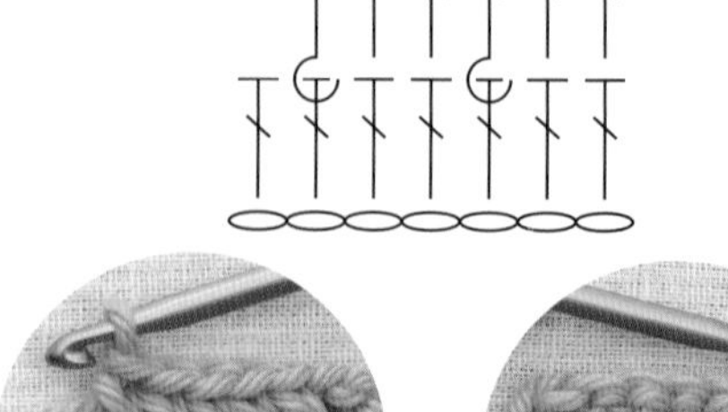

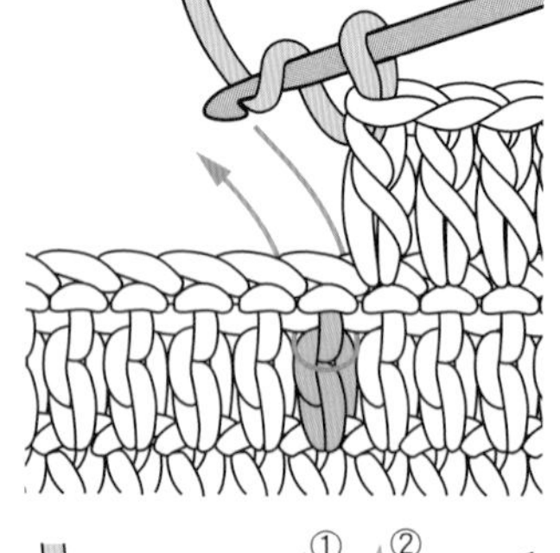

1

掛線，依箭頭所示，從背面將針插入前一段的針腳。掛線，多拉出一點線。

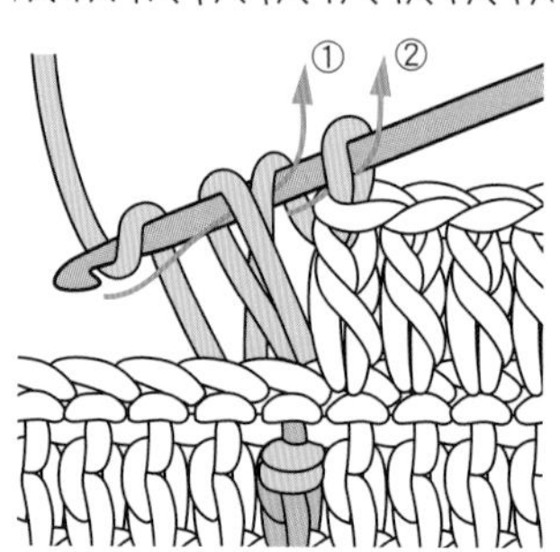

2

掛線，依箭頭所示，穿過2個環引拔（①），再一次掛線，穿過剩下的2個環，一次引拔（②）。

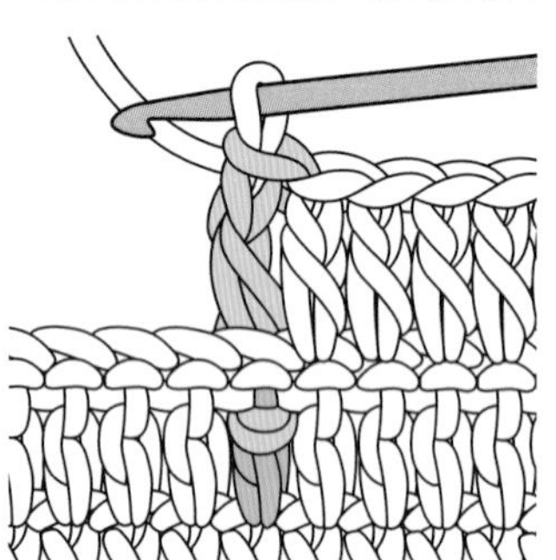

3

完成1針裡引長針。

Column

各類鉤法的組合

嘗試學習多種鉤織法，如十字編、Y字編等。
試著鉤罩子、圍巾等作品也不錯喔！

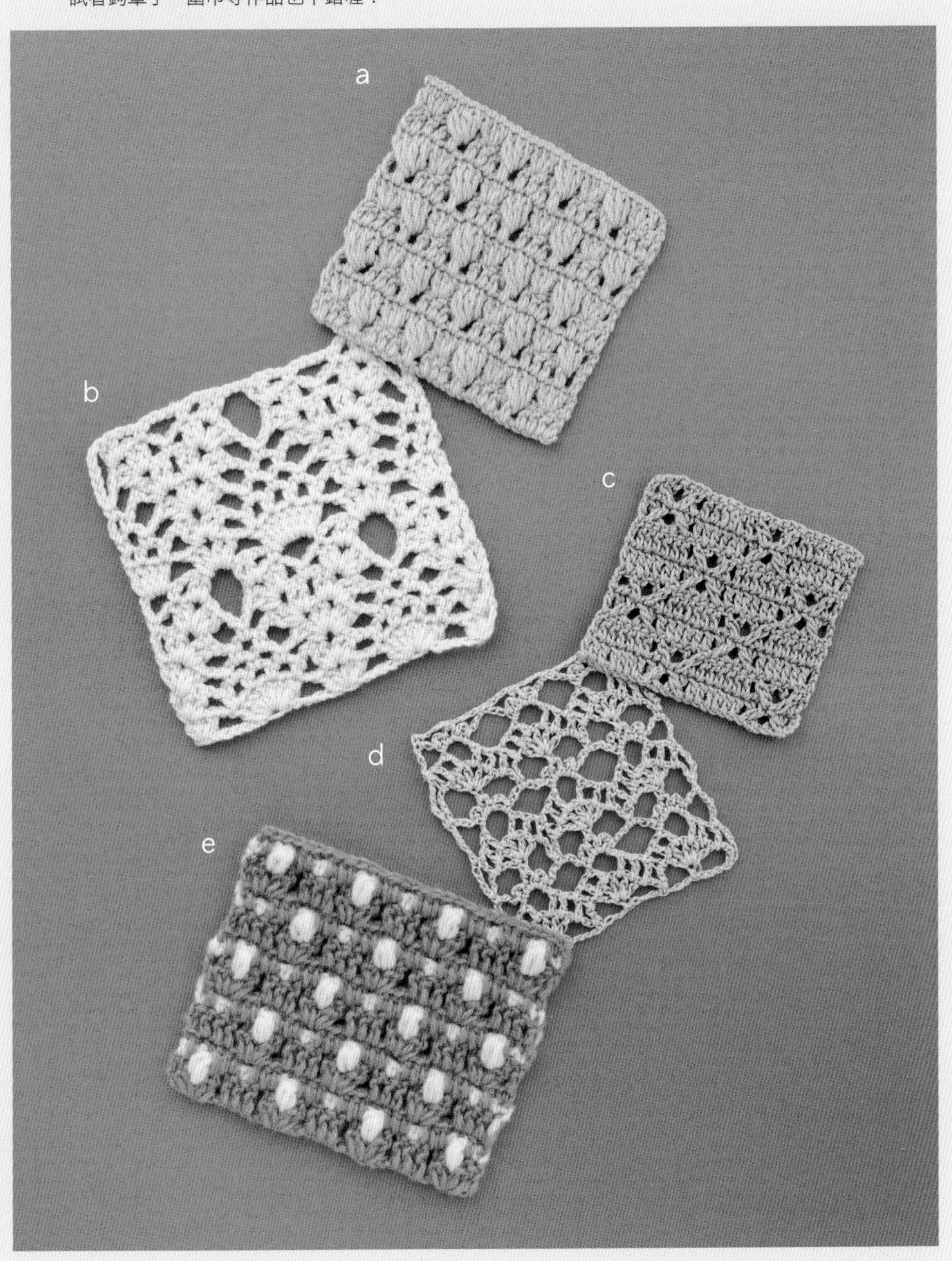

a　引針編的變化

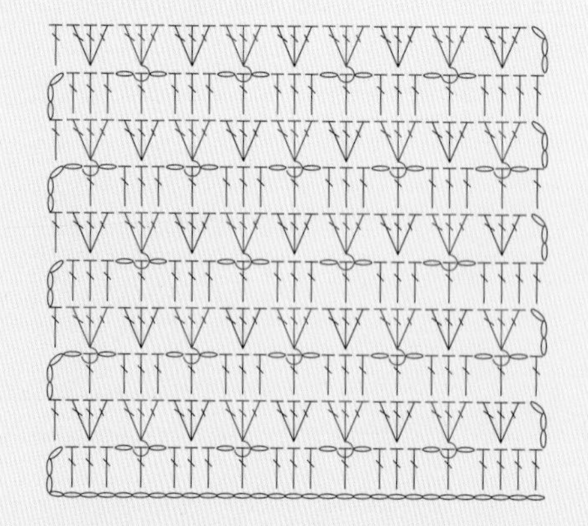

d　Y字編的變化

b　鳳梨圖樣

e　中長針玉編的變化

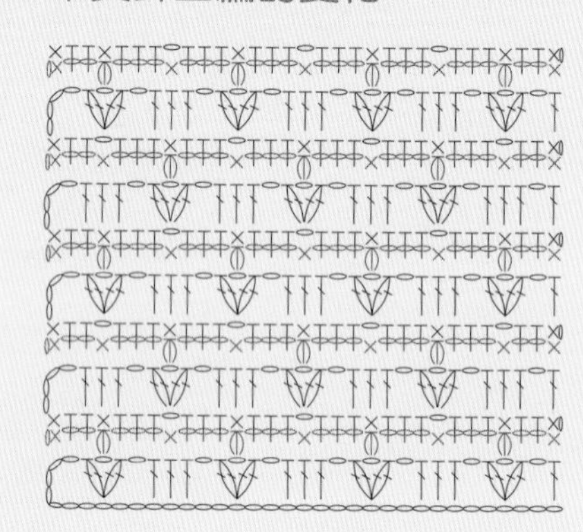

c　十字編的變化

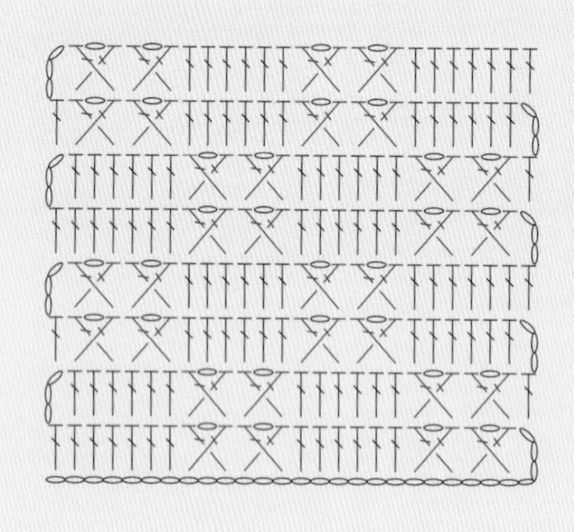

正面、背面的圖樣不一樣喔！

短針環編

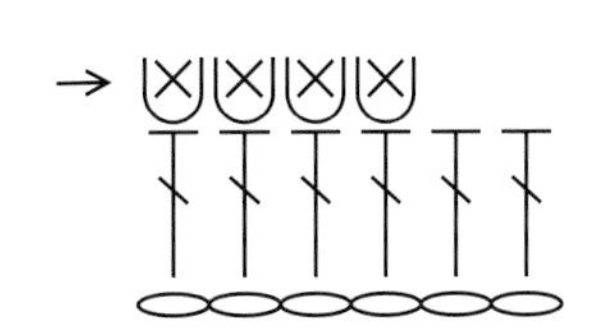

從背面看織片
（這邊才是正面）。

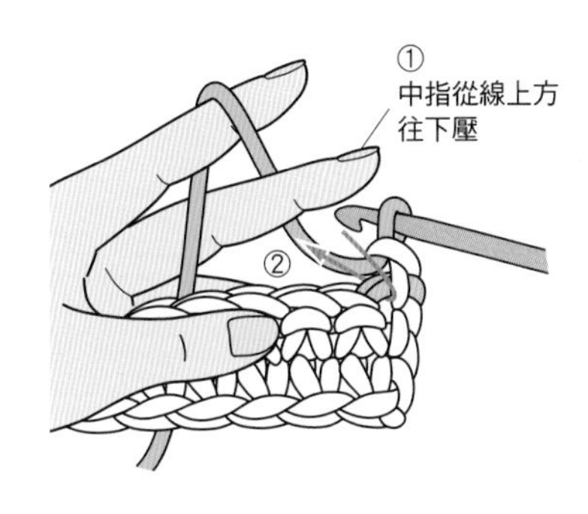

1 左手中指從線上方往下壓，依箭頭所示，將針插入前一段針目上方的鎖狀2條線處。

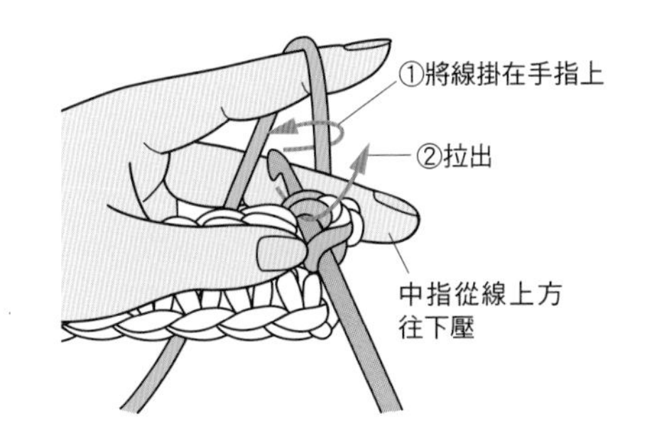

2 左手中指壓住線，依箭頭所示，掛線拉出。

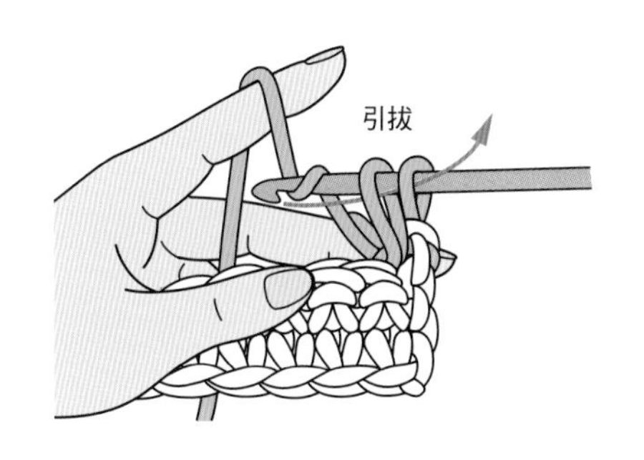

3 掛線，鉤短針（放掉左手中指後，背面出現環狀）。

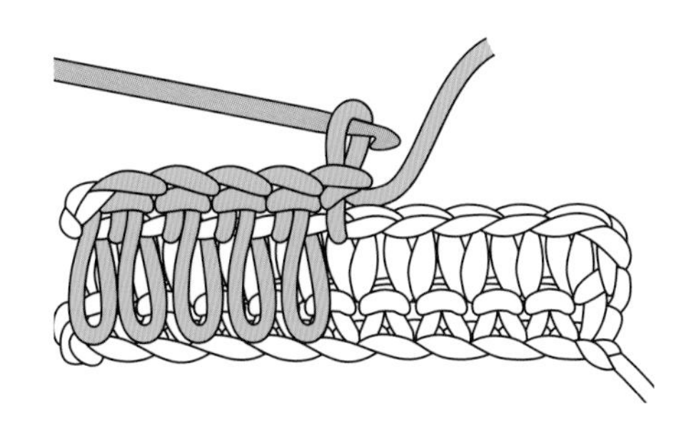

4 重複鉤就會出現相連的環狀（從背面看）。

長針環編

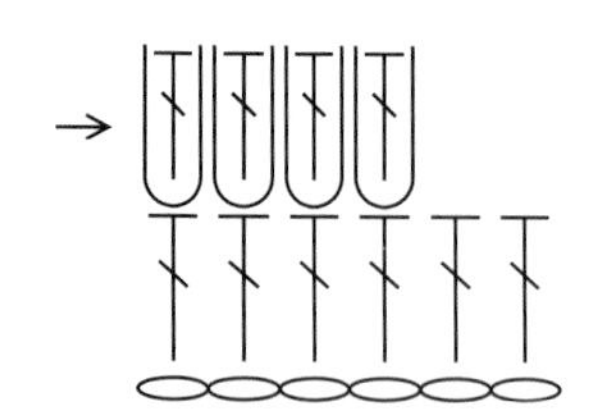

從背面看織片
（這邊才是正面）。

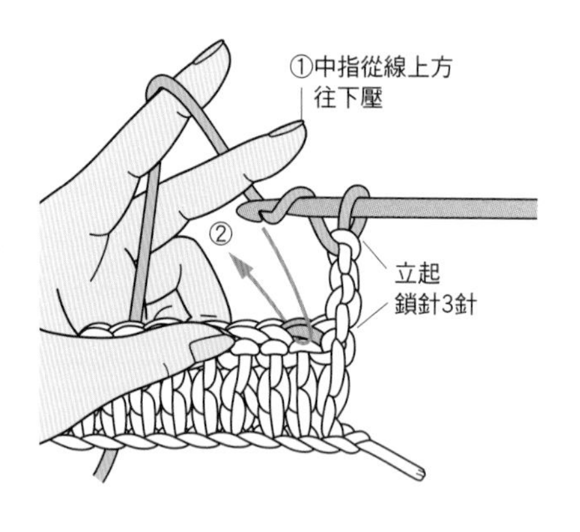

1 掛線，左手中指從線上方往下壓，依箭頭所示，將針插入前一段針目上方的鎖狀2條線處。

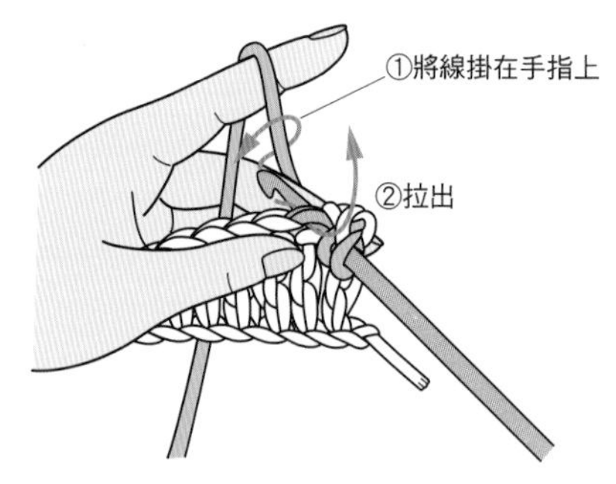

2 左手中指壓住線，依箭頭所示，掛線拉出。

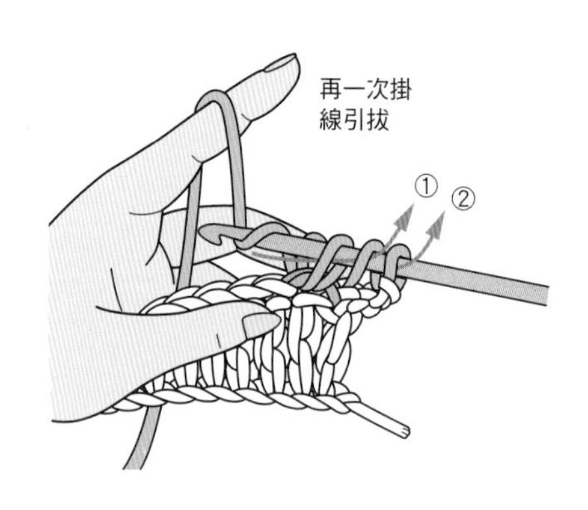

3 掛線，依箭頭所示穿過2個環後引拔，再一次掛線，穿過剩下的2個環引拔（放掉左手中指後，背面出現環狀）。

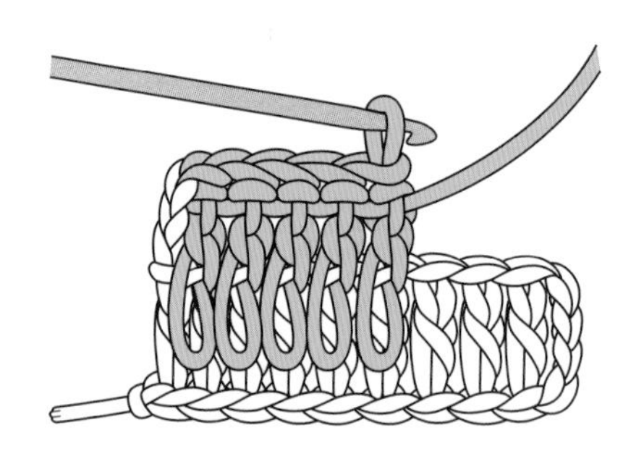

4 重複鉤就會出現相連的環狀（從背面看）。

3個線圈的環狀圖樣

通常，環編對於鉤好的環狀都不會作變化，但有時候會將3個線圈組合在一起，形成不同的圖樣。

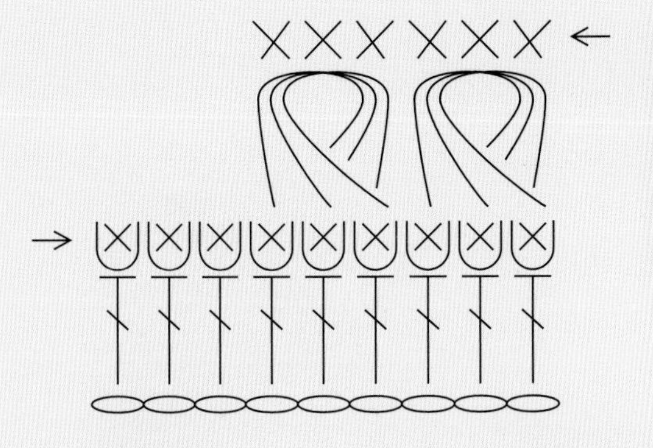

3　掛線，依箭頭所示拉出（第1針短針）。

1　鉤立起鎖針5針。

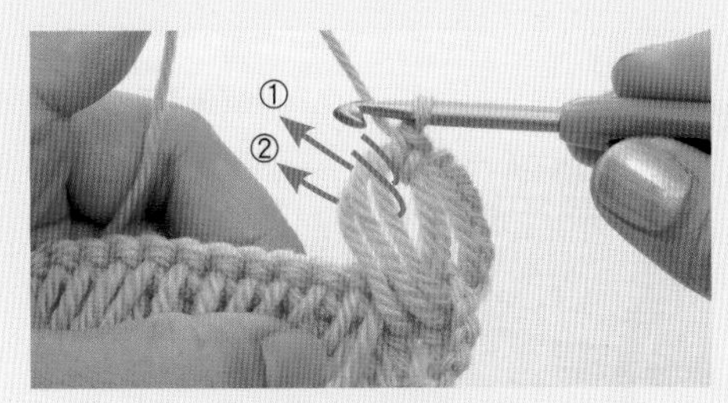

4　再一次挑起同樣3個線圈，鉤短針2針。

2　將針插入3個線圈中，掛線拉出。

5　接下來，也一樣每3圈環編各鉤短針3針。

卷針

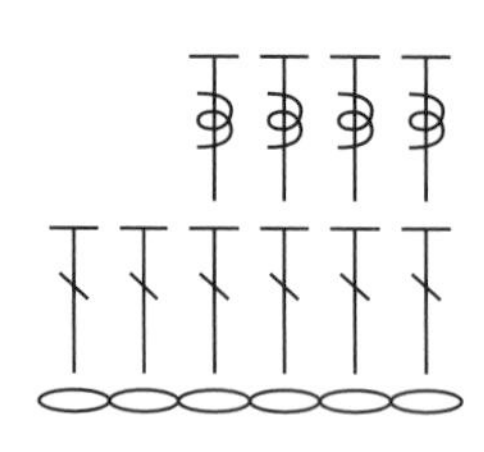

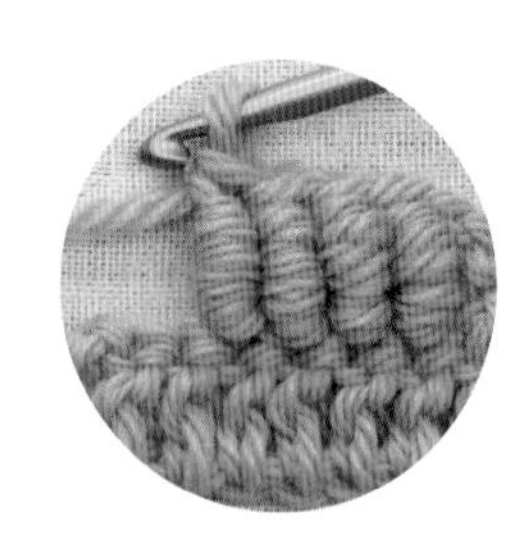

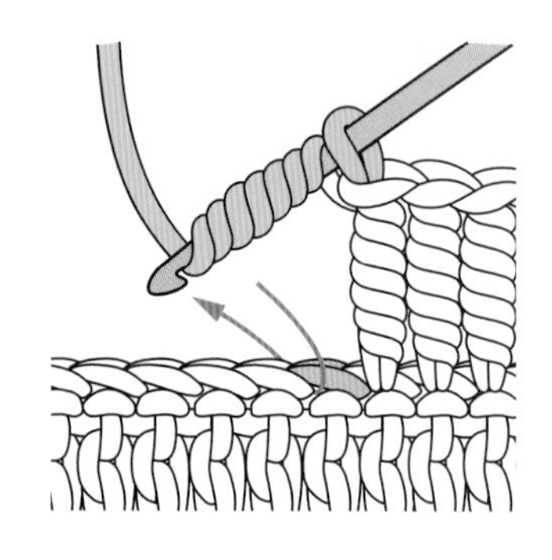

1 掛線7～10次，將針插入前一段針目的上方鎖狀2條線處。

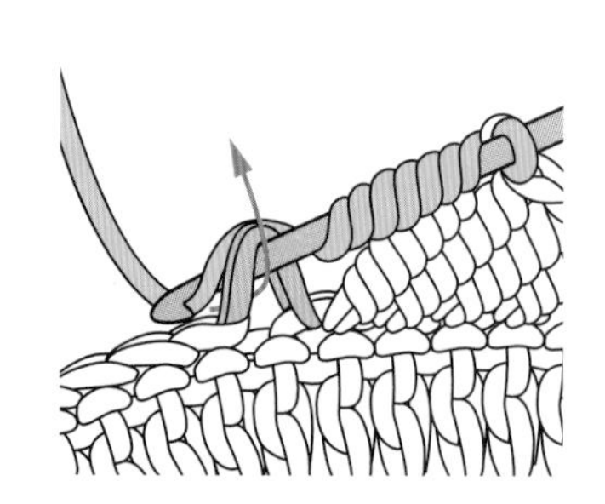

2 掛線，依箭頭所示將線拉出。

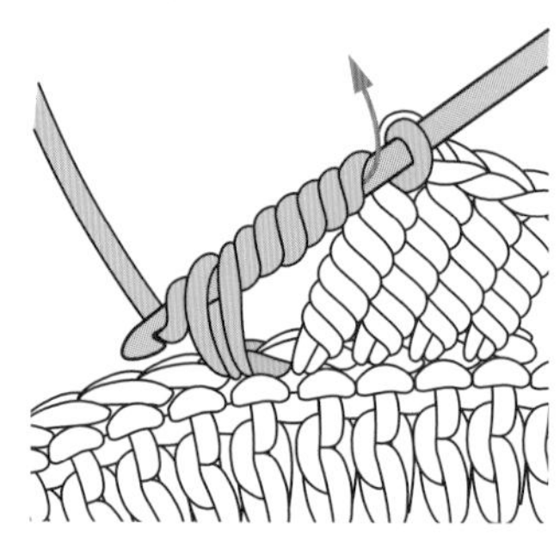

3 再一次掛線，依箭頭所示穿過環拉出。這時候，小心不要弄亂卷好線的形狀。

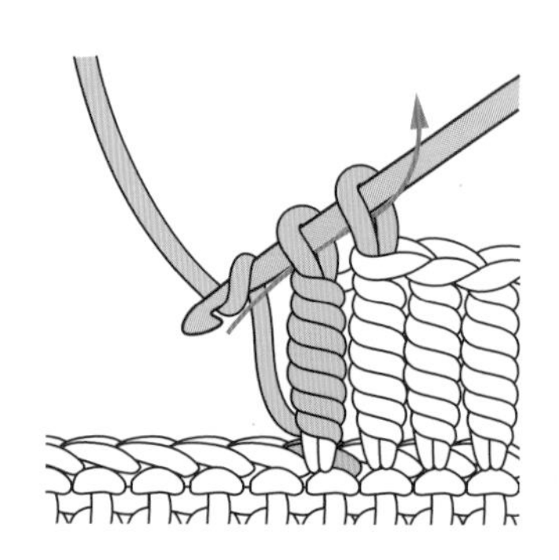

4 再一次掛線，穿過剩下的2個環，一次引拔。

七寶針

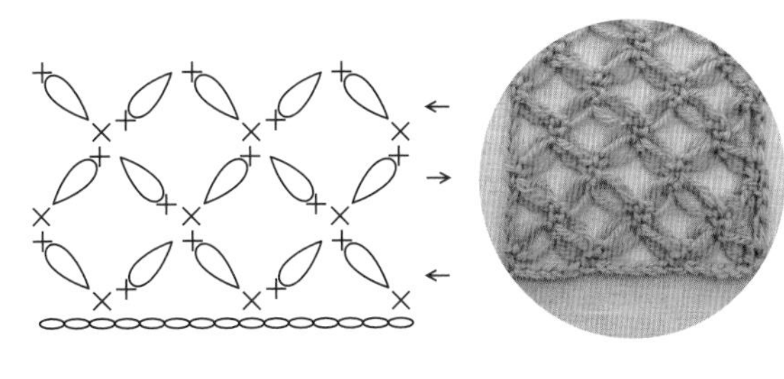

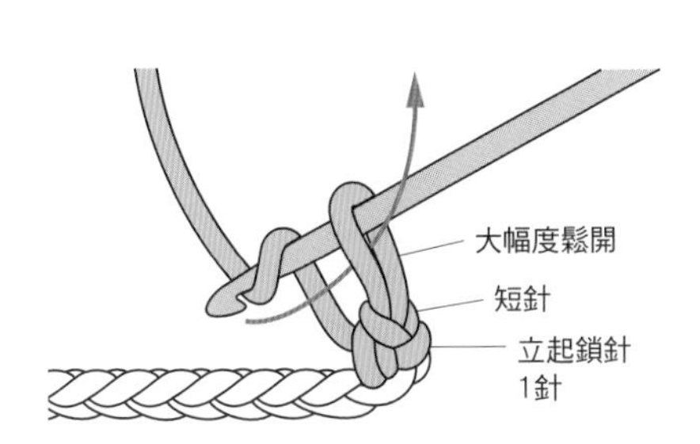

1 鉤立起鎖針1針與短針1針，將掛在針上的針目大幅度鬆開，鉤鎖針1針。

4 同樣大幅度鬆開針目，鉤鎖針1針，挑起鎖針裡山拉出線，鉤短針。

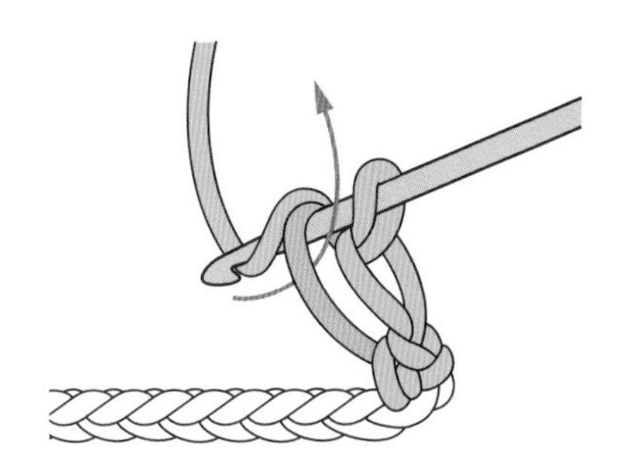

2 將針插入鎖針裡山，掛線拉出。

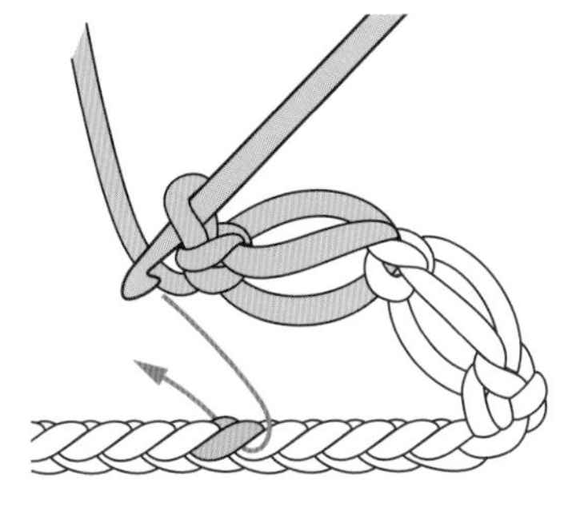

5 完成2針七寶針後，將針插入箭頭位置，鉤短針。

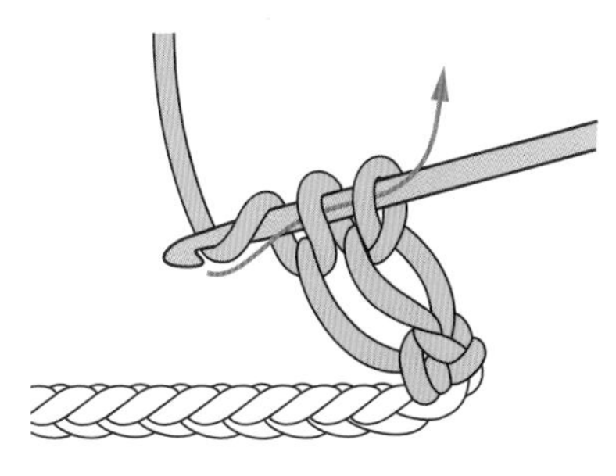

3 再一次掛線，依箭頭所示拉出，鉤短針1針（重複1～3完成七寶針）。

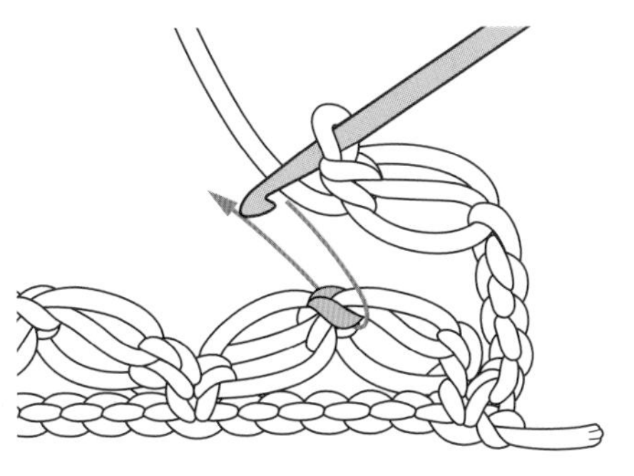

6 第1段完成後，第2段先鉤立起鎖針4針，再鉤七寶針1針後，將針插入箭頭位置，鉤短針1針。重複上述步驟來鉤織。

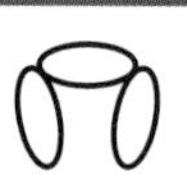

鎖針3針的結粒編

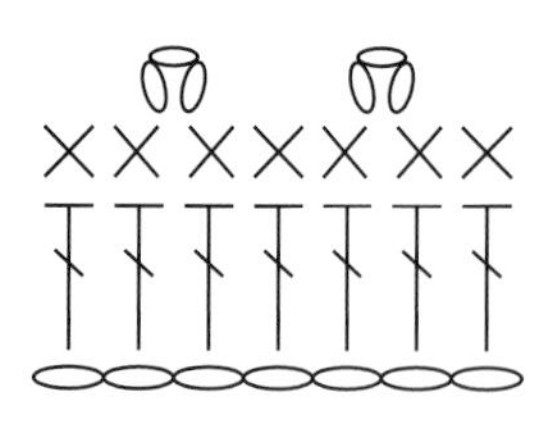

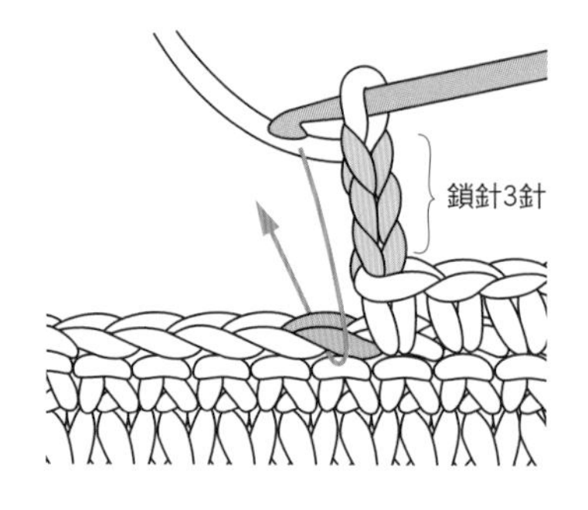

1 鉤鎖針3針，依箭頭所示，將針插入前一段針目的上方鎖狀2條線處。

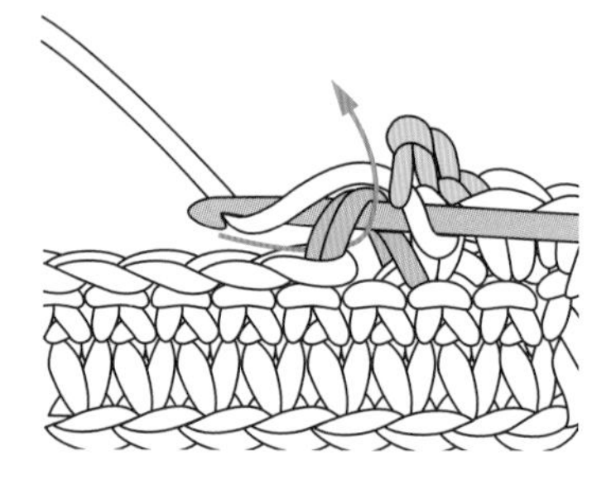

2 掛線拉出，鉤短針。

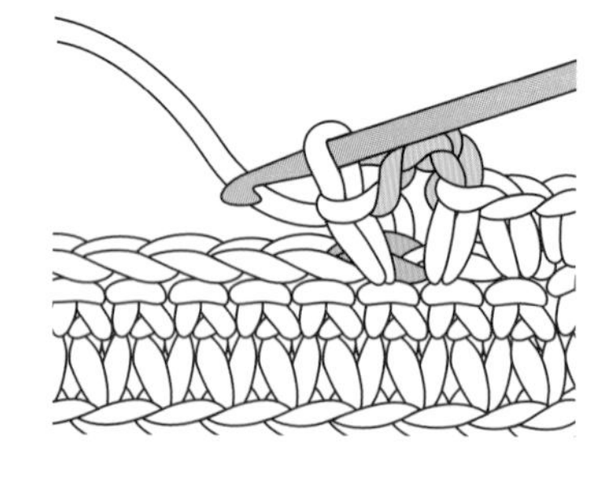

3 完成鎖針3針的結粒編。

鎖針3針的引拔結粒編

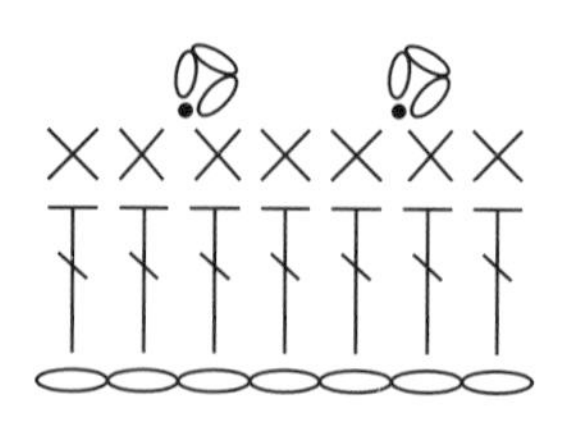

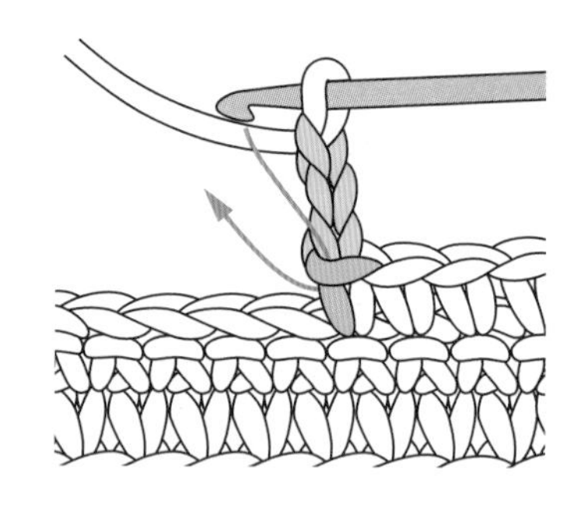

1 鉤鎖針3針，依箭頭所示，將針插入短針上方的半針鎖針與針腳1條線處。

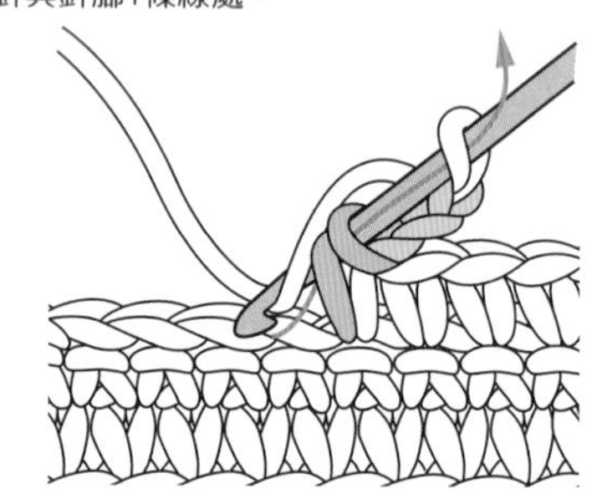

2 掛線，依箭頭所示引拔。

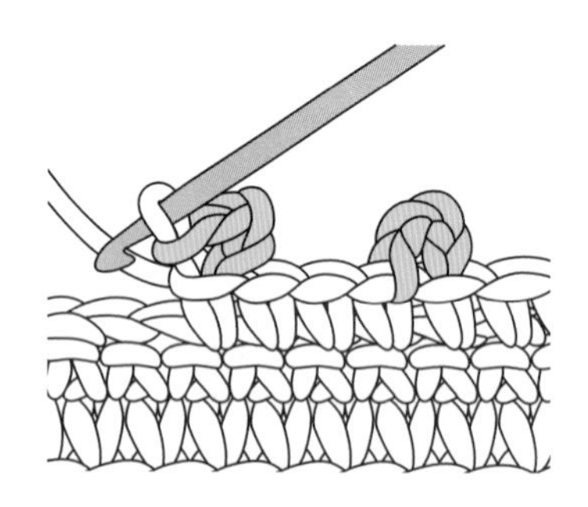

3 完成鎖針3針的引拔結粒編。

鎖針3針的短針結粒編

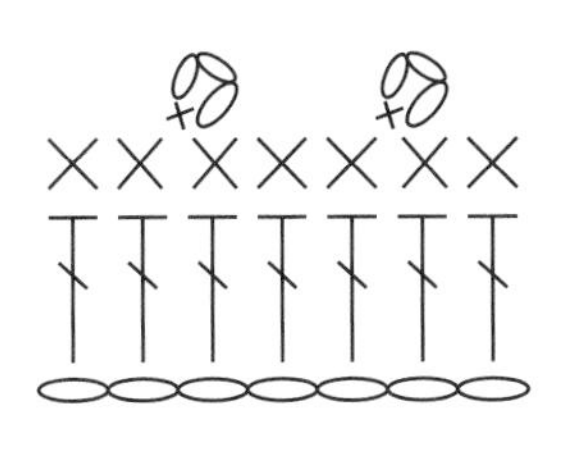

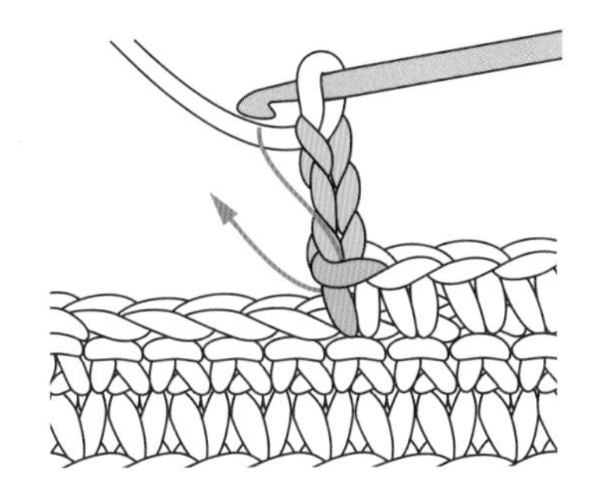

1　鉤鎖針3針，依箭頭所示，將針插入短針上方的半針鎖針與針腳1條線處。

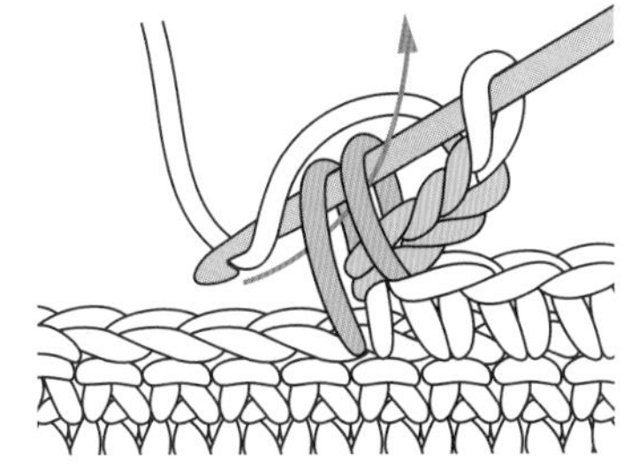

2　掛線，依箭頭所示拉出，鉤短針。

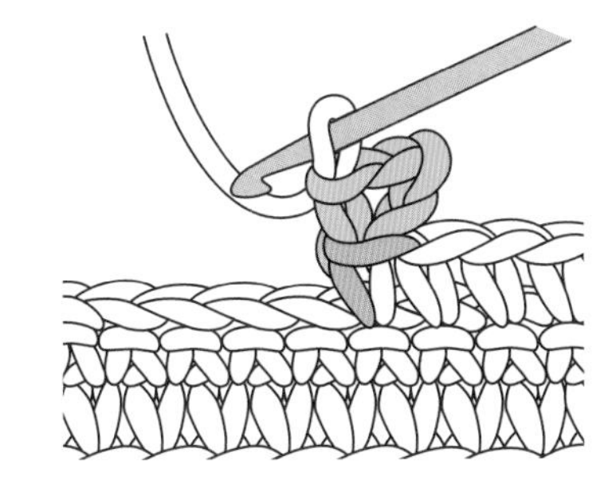

3　完成鎖針3針的短針結粒編。

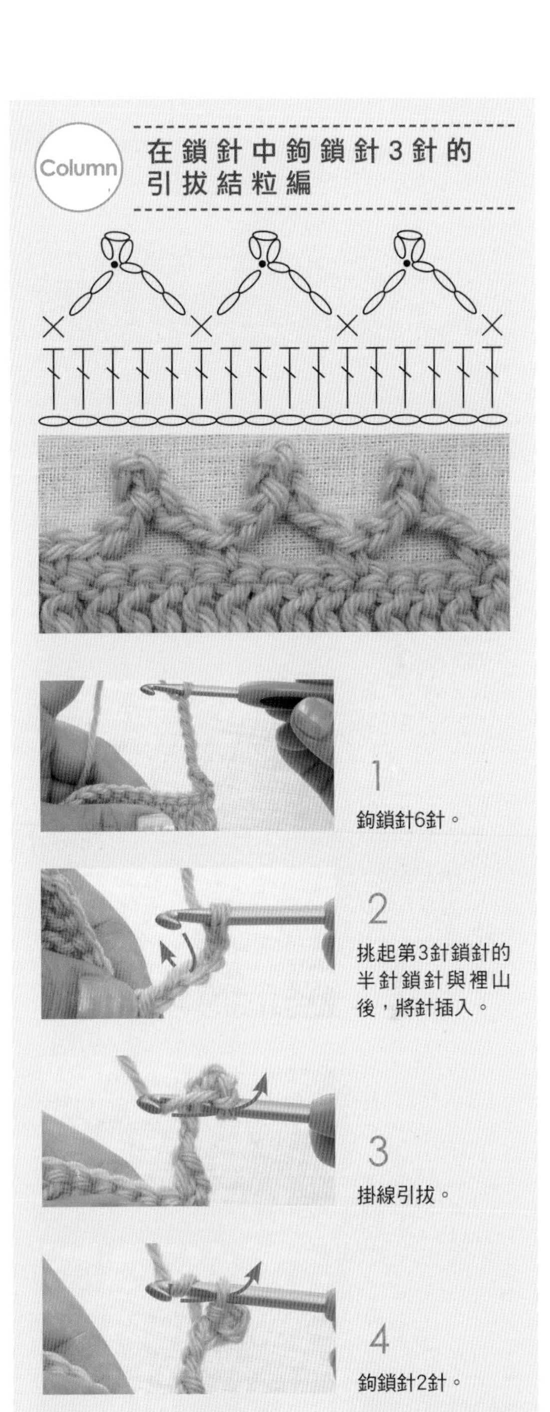

Column

在鎖針中鉤鎖針3針的引拔結粒編

1
鉤鎖針6針。

2
挑起第3針鎖針的半針鎖針與裡山後，將針插入。

3
掛線引拔。

4
鉤鎖針2針。

5
將針插入跳過前一段4針的針目上方鎖狀2條線處，鉤短針。

Column

可愛的結粒編

結粒編是以鎖針鉤小球或環狀，經常用來裝飾邊緣。改變鎖針數或連接環狀，變化出可愛圖樣。

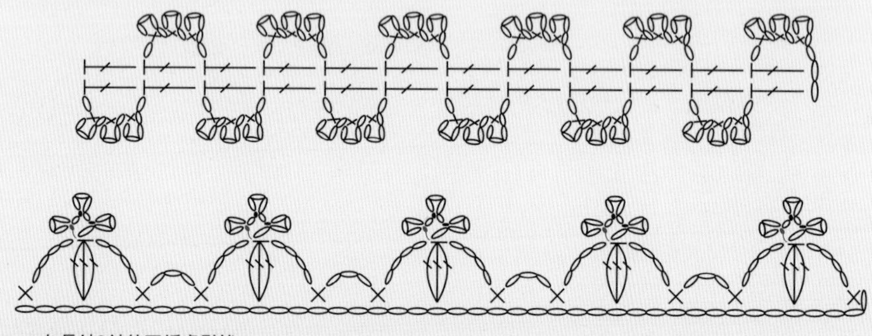

● 在長針3針的玉編處引拔

●方眼編與其變化

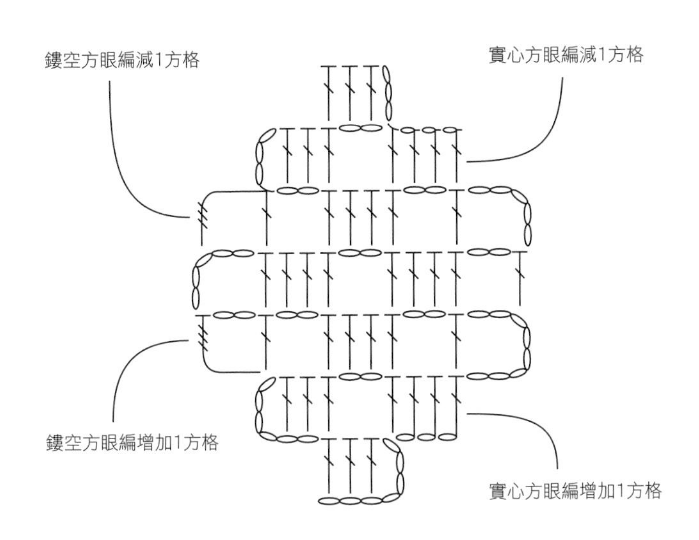

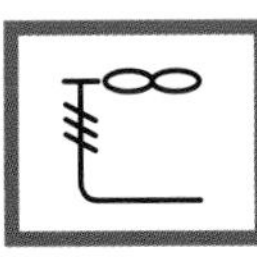

鏤空方眼編增加1方格

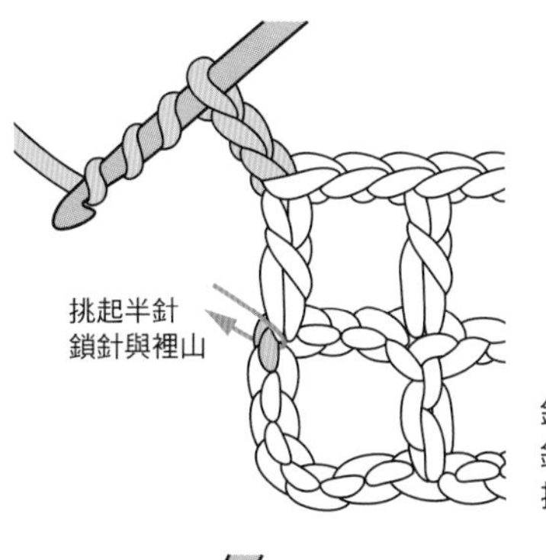

1

鉤1方格高度的鎖針2針，掛線3次，將針插入箭頭位置。

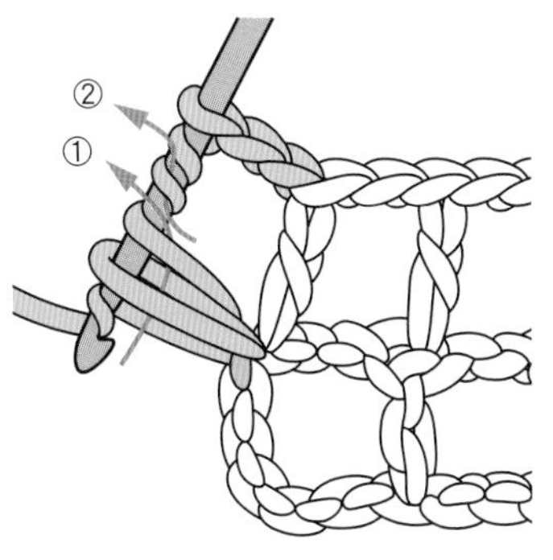

2

掛線後拉出。再一次掛線，依箭頭所示穿過2個環後引拔。再一次掛線，穿過2個環後拉出。

3

再一次掛線，穿過2個環後引拔。再一次掛線，穿過剩下的2個環後引拔。

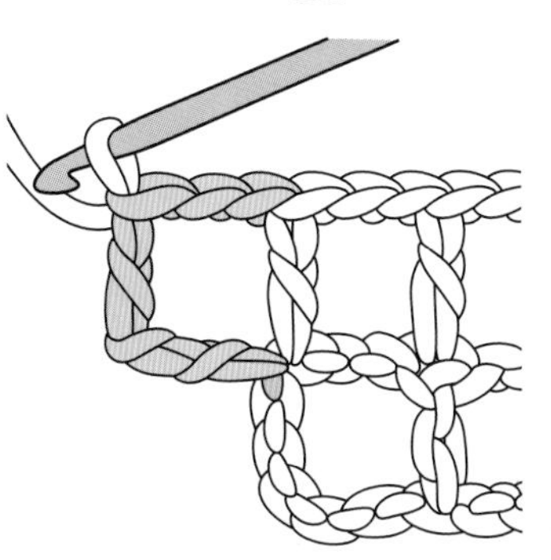

4

完成方眼編增加1方格。

實心方眼編增加1方格

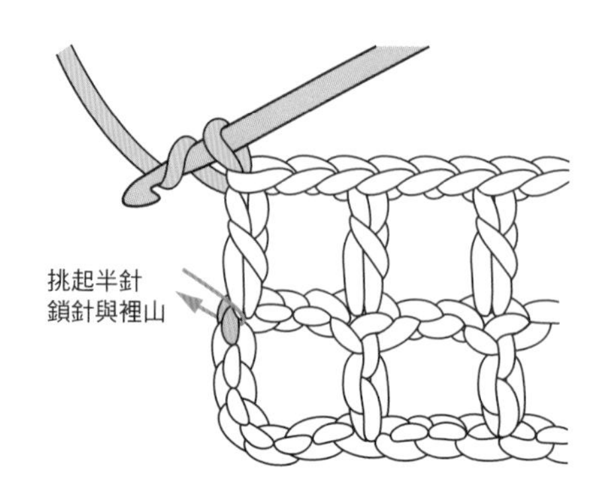

1 掛線，將針插入箭頭位置。

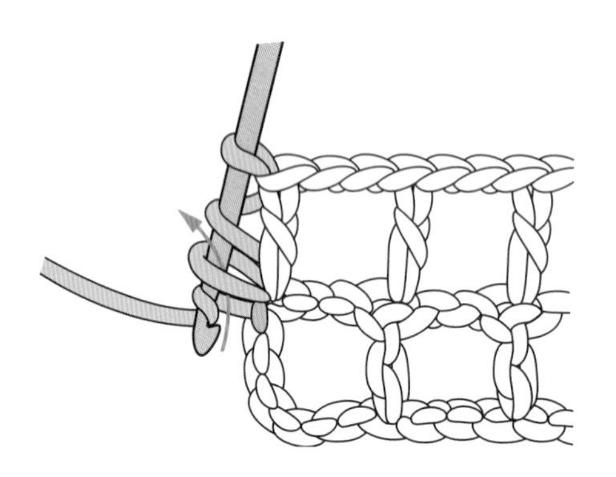

2 掛線，依箭頭所示，穿過1個環後引拔。

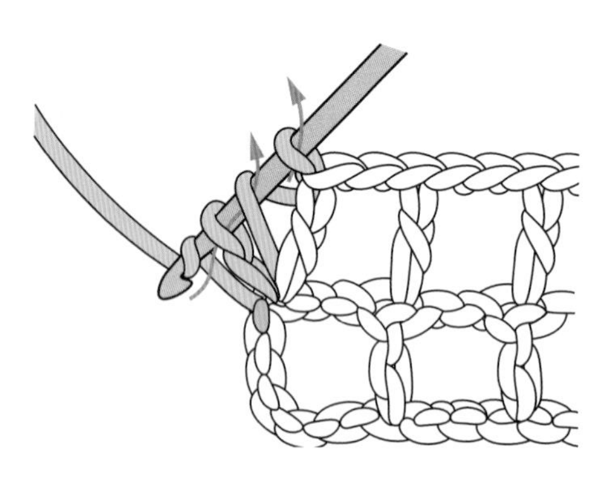

3 掛線，穿過2個環後引拔，再一次掛線，穿過剩下的2個環後引拔。

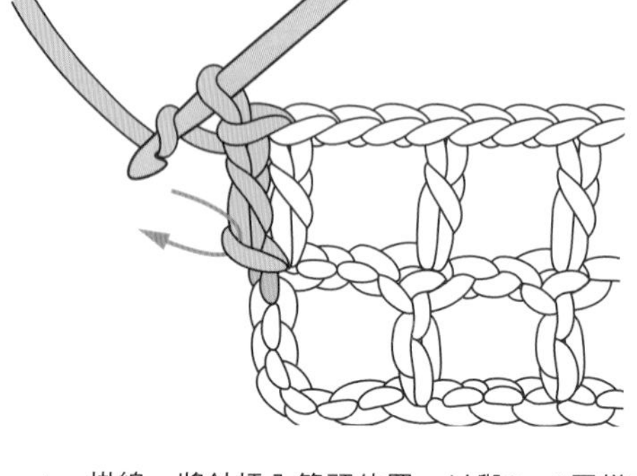

4 掛線，將針插入箭頭位置，以與2、3同樣方法來鉤織。

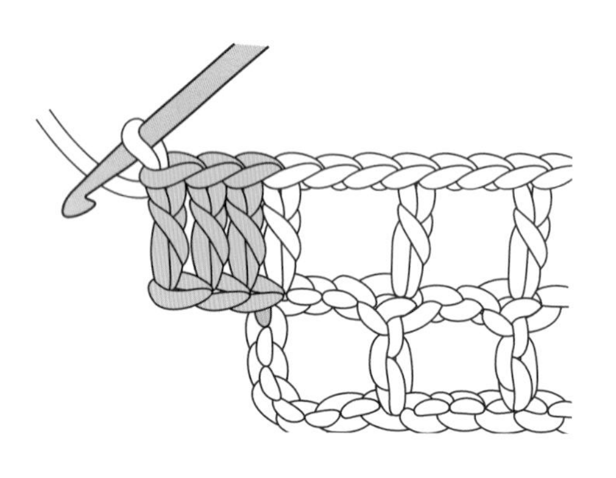

5 重複1～4的步驟，增加1方格。

鏤空方眼編減1方格

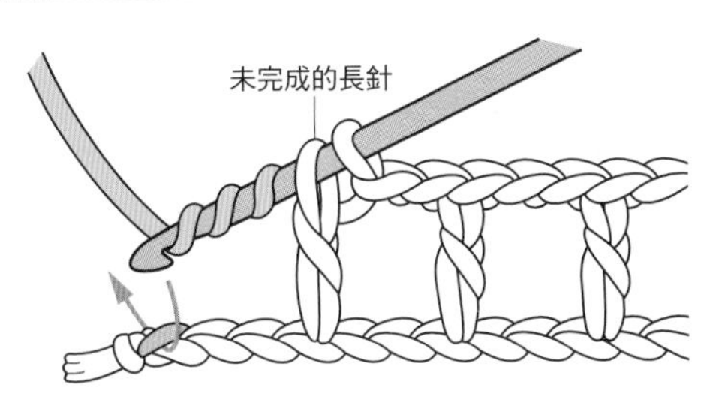

1 鉤未完成的長針（參閱p.108），掛線3圈，將針插入前一段末端的針目中。

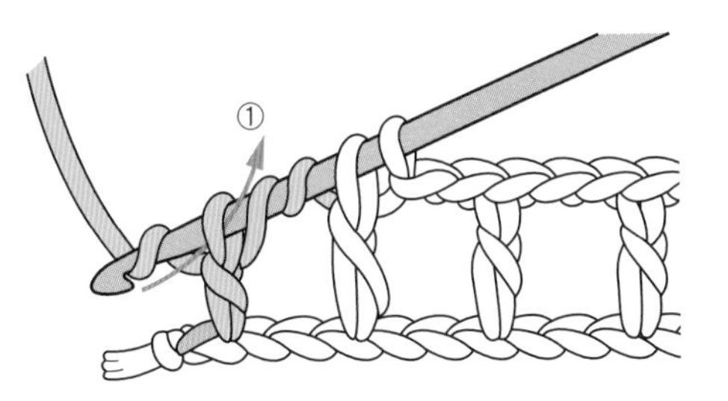

2 鉤未完成的長針，掛線，依箭頭所示，穿過1個環引拔。

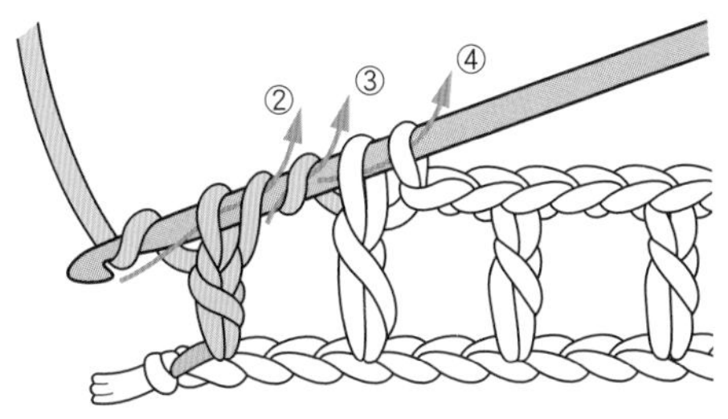

3 重複「掛線，穿過2個環後引拔」此一步驟2次，再一次掛線，穿過最後剩下的環後引拔。

4 減1方格後的情形。下一段的立起針目變成減1方格後的內側。

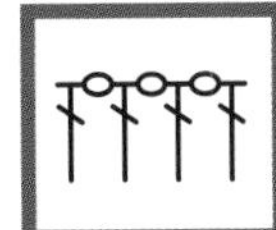

實心方眼編減1方格

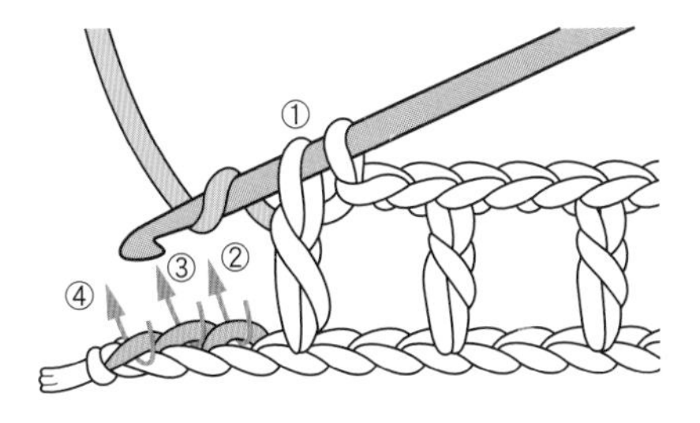

1 依箭頭順序將針插入，鉤未完成的長針4針。

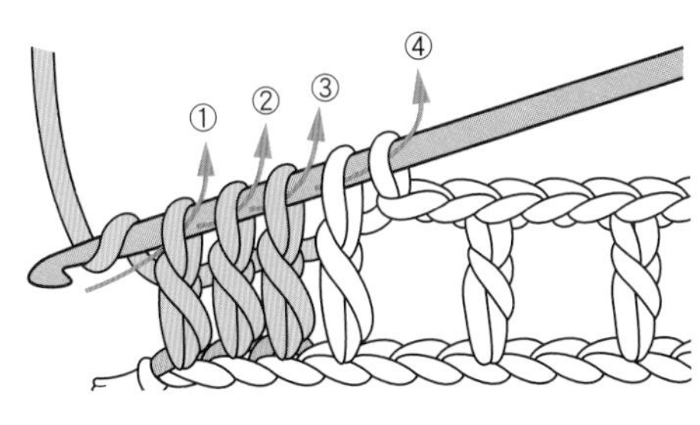

2 掛線，穿過1個環後引拔。重複「掛線，穿過2個環後引拔」此一步驟2次，再一次掛線，穿過最後剩下的環後引拔。

3 減1方格後的情形。下一段的立起針目變成減1方格後的內側。

串珠鑲邊的鉤法　作品在p.83

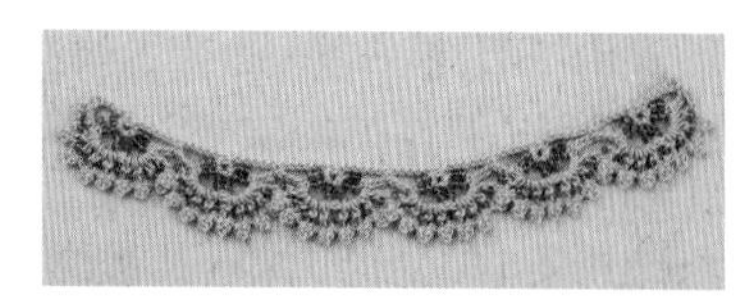

粉彩色T恤

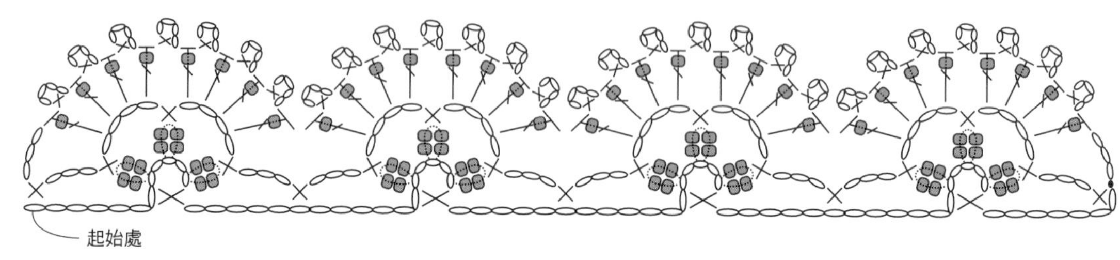

在長針最後引拔時穿進1顆　在鎖針穿進4顆

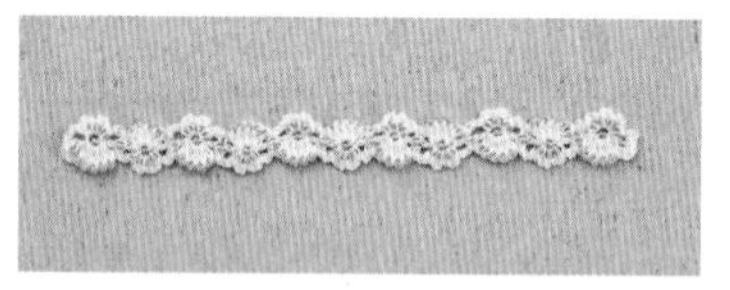

書籤・白襯衫

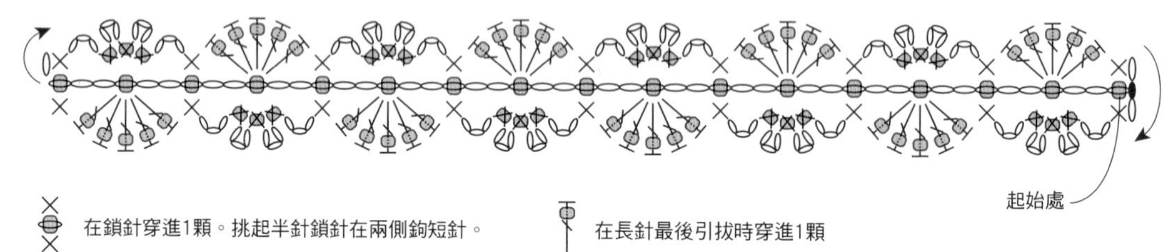

在鎖針穿進1顆。挑起半針鎖針在兩側鉤短針。　在長針最後引拔時穿進1顆

在短針穿進1顆

玻璃小物置物籃

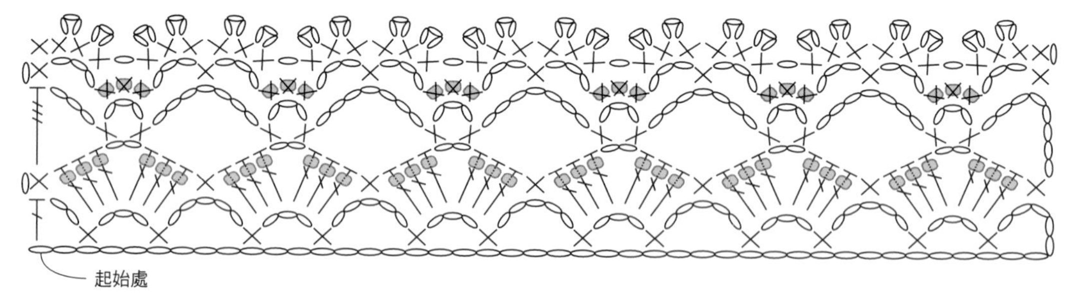

在長針最後引拔時穿進1顆　在短針穿進1顆

圍巾的鉤法　作品在p.95

[準備物品]
線／Clover Alpaca Mjuk（60-071）　70g
針／鉤針　6/0號

[完成尺寸]
寬 18cm　長 96cm

[鉤法]
※以1根線鉤

①鉤鎖針34針，花樣編95段。
②繼續鉤緣編2段。
＊緣編上的箭頭指的是將掛於針上的拉長。

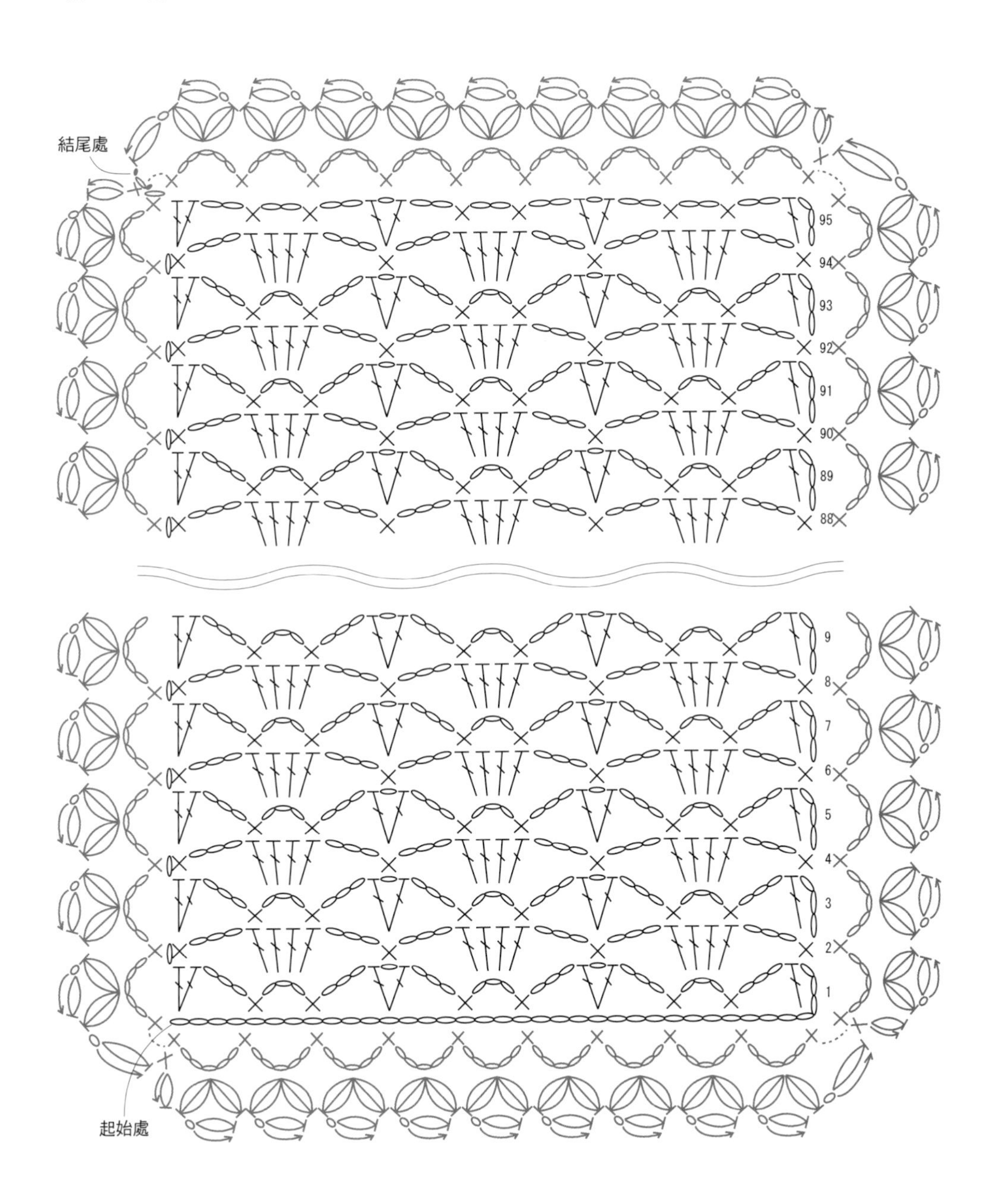

提包的鉤法

作品在p.94

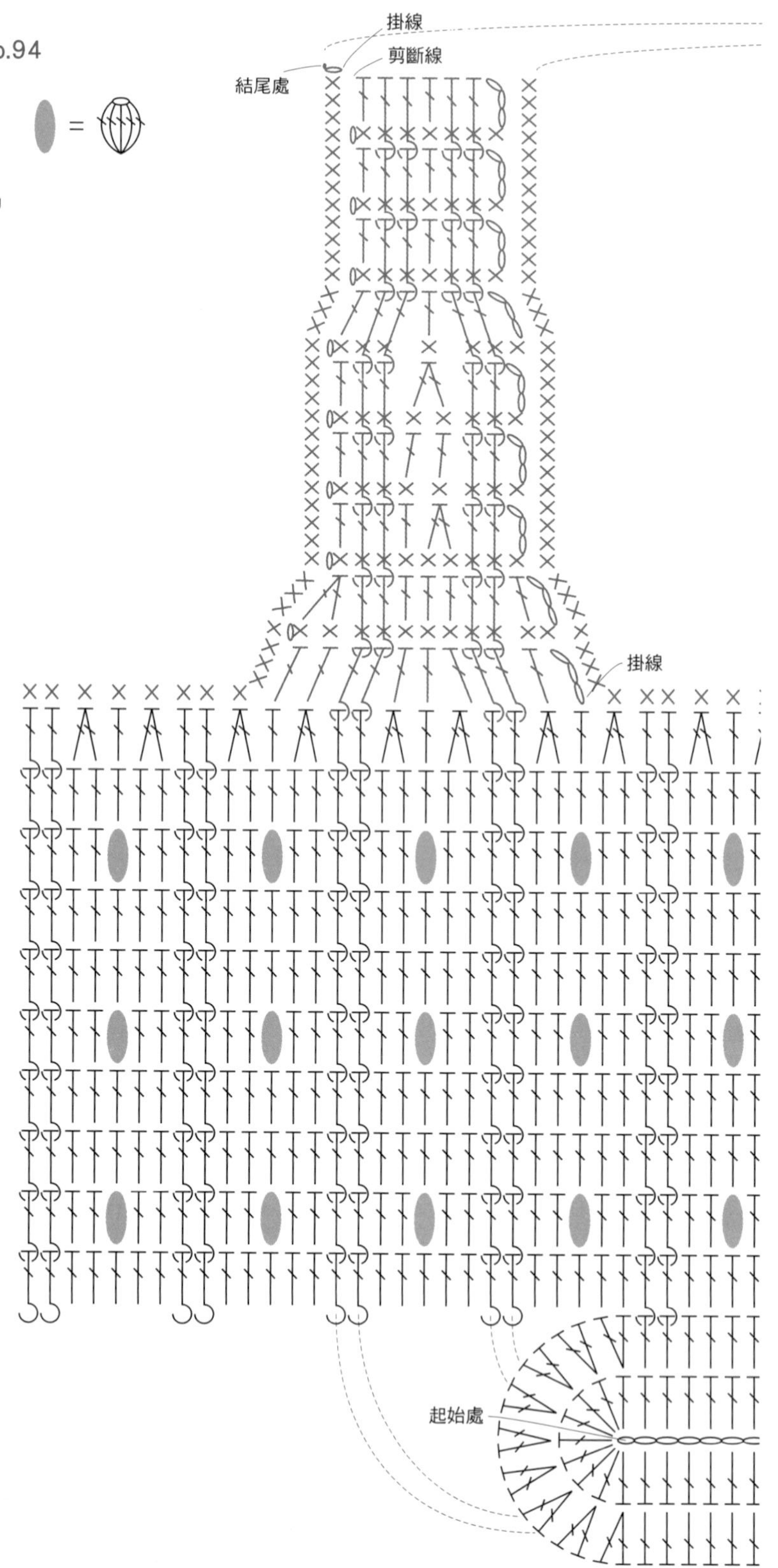

[準備物品]
a線／Hamanaka Softy Tweed（1） 160g
b線／Hamanaka Softy Tweed（5） 40g
針／鉤針 8/0號

[完成尺寸]
本體縱長 21cm
本體橫長 32cm
底部（4段）寬 7cm
提把長度 40cm
提把根部寬度 12cm
※本體尺寸含底部尺寸。

[鉤法]
※全部以2條線鉤。
①以a線鉤鎖針26針，再以長針鉤底部的2段。
②側面以花樣編鉤3～12段後剪斷線。
③裝上b線鉤提把2條線，最後一段正面向內對齊，以引拔綴縫縫合。
④提把兩側與側面上方鉤1段短針。
⑤提把中心5cm形成環狀，以卷縫縫合。

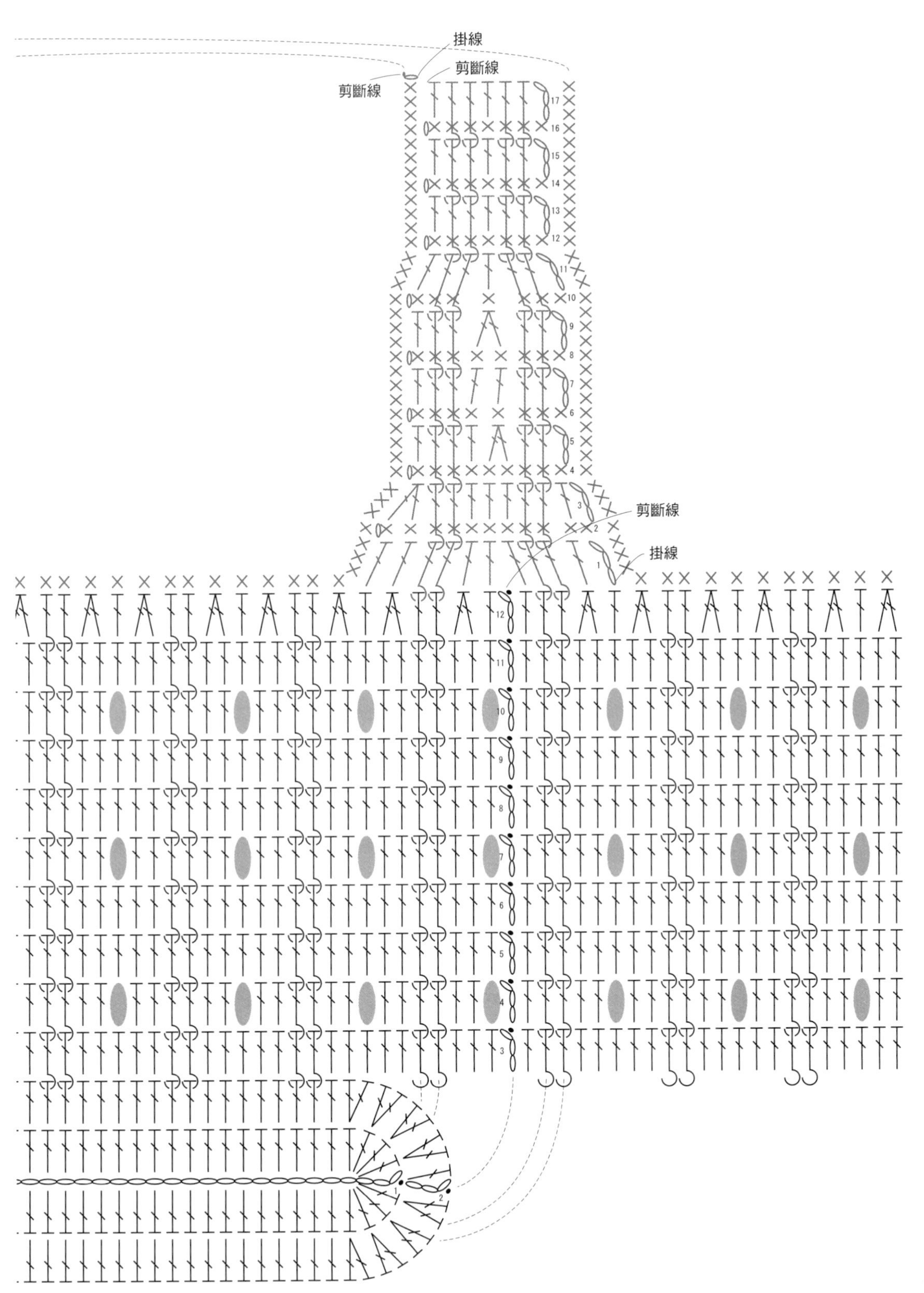
掛線
剪斷線
剪斷線
剪斷線
掛線

索　引

數字&英文

2針中長針鉤成1針 ……134
2針長針鉤成1針 ……135
2針短針鉤成1針 ……130
3個線圈的環狀圖樣 ……143
3針中長針鉤成1針 ……134
3針長針鉤成1針 ……135
3針短針鉤成1針 ……131
Y字編 ……124

一畫

一般主題花樣結尾處的處理法 ……54

二畫

七寶針 ……145

三畫

三卷長針 ……101
小飾巾的鉤法 ……91

四畫

中長針 ……22、98
中長針3針的玉編 ……109
中長針5針的爆米花編 ……113
中長針5針的爆米花編整束鉤入 ……113
中長針交叉編 ……116
中長針筋編 ……107
中途線不夠怎麼辦 ……33
分開鉤入 ……28
引拔併縫 ……74
引拔針 ……96
引拔針分開拼接（邊鉤織主題花樣邊拼接）……65
引拔針扣環 ……85
引拔針拼接（邊鉤織主題花樣邊拼接）……63
引拔針拼接4片主題花樣（完成主題花樣後拼接）……78
引拔針拼接4片主題花樣
（邊鉤織主題花樣邊拼接）……68
引拔針線繩 ……87
引拔綴縫 ……72

五畫

主題花樣的變化（形狀）……54
主題花樣的變化（線的不同）……56
以卷縫拼接4片主題花樣（完成主題花樣後拼接）……79
以長針拼接花瓣尖端（邊鉤織主題花樣邊拼接）……67
以短針拼接（邊鉤織主題花樣邊拼接）……66
以鎖針、引拔針拼接（完成主題花樣後拼接）……78
以鎖針、長針拼接①（完成主題花樣後拼接）……76
以鎖針、長針拼接②（完成主題花樣後拼接）……77
以鎖針、短針、長針鉤織的圖樣（網編）……27
以鎖針、短針拼接（完成主題花樣後拼接）……76
只用鎖針、長針鉤織的圖樣（方眼編）……26
只用鎖針、短針鉤織的圖樣（畝編）……26
四卷長針 ……102
未完成的針目 ……108
目間挑法 ……28

立體編（來回輪編）……35
立體編（單方向輪編）……34

六畫

在長針裡穿進3顆串珠……82
在塑膠環上鉤織……18
在鎖針中鉤鎖針3針的引拔結粒編……147
如何改變花瓣顏色鉤出美麗花樣……62
如何將線穿進綴縫針……53

七畫

串珠鉤入法（長針・引拔針）……82
串珠鉤入法（鎖針・短針）……81
串珠鑲邊……83
串珠鑲邊的鉤法……152
扭轉短針……105
每2段鉤橫條紋（編入花樣）……42
每一段鉤橫條紋（編入花樣）……40

八畫

使用塑膠環拼接連續主題花樣的方法……70
使用綴縫針的縫合法……73
依加針位置不同，鉤織出的形狀也會不同……31
卷針……144
卷縫併縫……75
杯墊與墊子的鉤法……36
表引中長針……137
表引長針……138
表引短針……136
長長針……100
長長針5針的玉編……112
長長針5針的玉編整束鉤入……112
長長針6針的爆米花編……115
長長針6針的爆米花編整束鉤入……115
長長針十字編……123
長長針交叉編……118
長針……24、99
長針3針的玉編……110
長針3針的玉編整束鉤入……110
長針5針的玉編……111
長針5針的玉編整束鉤入……111
長針5針的爆米花編……114
長針5針的爆米花編整束鉤入……114
長針十字編……122
長針交叉編……117
長針筋編……107
長針環編……142

九畫

便利性工具……10
挑半針鎖針……13
挑鎖針的裡山與半針鎖針……13
挑鎖針裡山……12
洗滌法……89
流蘇……88

● 十畫 ●

套疊式小物置放籃的鉤法……37
逆Y字編……125
逆短針……103
針目高度與立針……19
針的拿法與掛線法……10
針眼密度……33
針腳長度與平衡……121

● 十一畫 ●

將線穿入串珠的方法……81
從中心開始鉤織（長針）……30
從中心開始鉤織（短針）……29
從背面鉤長針5針的爆米花編……114
從鎖針起針開始鉤成環……17
從雙層的輪編起針開始鉤織……15
掛線……10

● 十二畫 ●

單層的輪編……14
圍巾的鉤法……153
短針……20、97
短針扣眼……84
短針扣環……84
短針畝編……106
短針筋編……106
短針環編……141
筆袋的鉤法……90
結尾處的線……21
結粒編的變化……148
提包的鉤法……154
換針後引拔拼接（邊鉤織主題花樣邊拼接）……64

● 十三畫 ●

裡引中長針……137
裡引長針……138
裡引短針……136
鉤入中長針2針……128
鉤入中長針3針……128
鉤入形式……132
鉤入長針2針……129
鉤入長針3針……129
鉤入短針2針……126
鉤入短針3針……127
鉤法的組合……139
鉤針・大鉤針的粗細參考標準……9
鉤針種類……9
鉤織主題花樣（四角形主題花樣）……52
鉤織主題花樣（立體主題花樣）……58

● 十四畫 ●

實心方眼編減1方格……151
實心方眼編增加1方格……150
網編主題花樣結尾處的處理……62

● 十五畫 ●

標籤解說……8
熨燙法……89
線的材質……8
線的粗細……8
線球……87
線頭拉出法……10
線頭的處理……80
緣編（段落針目分開挑針、整束挑針）……51
緣編（從起針挑針）……50
緣編（從起針整束挑起）……50
緣編（從結尾處挑起）……51
蝦編線繩……86
輪編換線的鉤法……43
髮圈的鉤法……92
髮飾品的鉤法……93

● 十六畫 ●

整束鉤入……28
橢圓形編……32

● 十七畫 ●

穗……88
縱向渡線（編入花樣）……44
蕾絲針與線的粗細參考標準……9
隱藏渡線・長針（編入花樣）……46
隱藏渡線・短針（編入花樣）……48

● 十八畫 ●

鎖針1針的起針……14
鎖針3針的引拔結粒編……146
鎖針3針的短針結粒編……147
鎖針3針的結粒編……146
鎖針……96
鎖針引拔併縫……74
鎖針引拔綴縫……71
鎖針正面與背面……12
鎖針的起針……11
鎖針短針綴縫……73
雙層的輪編起針……15

● 十九畫 ●

鏤空方眼編減1方格……151
鏤空方眼編增加1方格……149

● 二十二畫 ●

彎曲短針……104

● 二十三畫 ●

變形中長針3針的玉編……109
變形長針交叉編（右上）……119
變形長針交叉編（左上）……120

PROFILE 監修・作品設計・製作

瀨端靖子 (せばた やすこ)

日本女子大學畢業。從事女裝企劃・採購工作後，作為手藝作家開始活動，以手工編織、刺繡為主製作不同領域作品。廣泛活躍於雜誌、書籍、電視等各種領域，擔任Vogue手工編織指導員、NHK文化中心講師、NHK時尚工房講師。著有『かわいいかぎ針編み』、『きほんのかぎ針編みでもっといろいろできるよ。』（均為成美堂出版）等。2008年於橫濱・元町開設手藝雜貨店『Nelie Rubina』。開辦手工編織課、各類工坊。

http//nelie-rubina.com

TITLE

鉤針從入門到上手只要這一本

STAFF

出版　三悅文化圖書事業有限公司
作者　瀨端靖子(せばた やすこ)
譯者　劉中儀

總編輯　郭湘齡
責任編輯　王瓊苹
文字編輯　黃雅琳　林修敏
美術編輯　謝彥如
排版　二次方數位設計
製版　明宏彩色照相製版股份有限公司
印刷　桂林彩色印刷股份有限公司
法律顧問　經兆國際法律事務所　黃沛聲律師

戶名　瑞昇文化事業股份有限公司
劃撥帳號　19598343
地址　新北市中和區景平路464巷2弄1-4號
電話　(02)2945-3191
傳真　(02)2945-3190
網址　www.rising-books.com.tw
Mail　resing@ms34.hinet.net

本版日期　2016年4月
定價　300元

國家圖書館出版品預行編目資料

鉤針從入門到上手只要這一本 / 瀨端靖子作；劉中儀譯. -- 初版. -- 新北市：三悅文化圖書, 2013.12
160面；18.2*23.3　公分
ISBN 978-986-5959-70-8(平裝)

1.編織 2.手工藝

426.4　　102024486